よくわかるマスター

JN112048

はじめに

Microsoft Office Specialist（以下MOSと記載）は、Officeの利用能力を証明する世界的な資格試験制度です。

本書は、MOS Word 365＆2019 Expertに合格することを目的とした試験対策用教材です。出題範囲をすべて網羅しており、的確な解説と練習問題で試験に必要なWordの機能と操作方法を学習できます。さらに、出題傾向を分析し、出題される可能性が高いと思われる問題からなる「**模擬試験**」を5回分用意しています。模擬試験で、様々な問題に挑戦し、実力を試しながら、合格に必要なWordのスキルを習得できます。

また、添付の模擬試験プログラムを使うと、MOS 365＆2019の試験形式「**マルチプロジェクト**」の試験を体験でき、試験システムに慣れることができます。試験結果は自動採点され、正答率や解答の正誤を表示できるばかりでなく、ナレーション付きのアニメーションで標準解答を確認することもできます。

本書をご活用いただき、MOS Word 365＆2019 Expertに合格されますことを心よりお祈り申し上げます。

なお、基本操作の習得には、次のテキストをご利用ください。

●「よくわかる Microsoft Word 2019 基礎」（FPT1815）
●「よくわかる Microsoft Word 2019 応用」（FPT1816）

2021年3月31日
FOM出版

本書を使った学習の進め方

本書やご購入者特典には、試験の合格に必要なWordのスキルを習得するための秘密が詰まっています。

ここでは、それらをフル活用して、試験に合格できるレベルまでスキルアップするための学習方法をご紹介します。これを参考に、前提知識や好みに応じて適宜アレンジし、自分にあったスタイルで学習を進めましょう。

STEP 01

自分のWordのスキルを確認！

MOS Word Expertの学習を始める前に、Wordのスキルの習得状況を確認し、足りないスキルを事前に習得しましょう。

「Word Expertスキルチェックシート」を使ってチェック

「MOS Word 365&2019対策テキスト＆問題集」（FPT1913）でスキルを習得

※Word Expertスキルチェックシートについては、P.15を参照してください。

STEP 02

学習計画を立てる！

目標とする受験日を設定し、その受験日に照準を合わせて、どのような日程で学習を進めるかを考えます。

ご購入者特典の「学習スケジュール表」を使って、無理のない学習計画を立てよう

※ご購入者特典については、P.11を参照してください。

STEP 03

出題範囲の機能を理解し、操作方法をマスター！

出題範囲の機能をひとつずつ理解し、その機能を実行するための操作方法を確実に習得しましょう。

※出題範囲については、P.13を参照してください。

STEP 04

模擬試験で力試し！

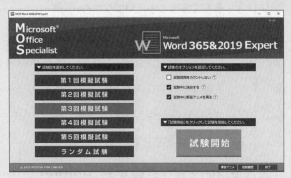

出題範囲をひととおり学習したら、模擬試験で実戦力を養います。

模擬試験は1回だけでなく、何度も繰り返して行って、自分が苦手な分野を克服しましょう。

※模擬試験については、P.202を参照してください。

STEP 05

出題範囲のコマンドを暗記する

合格を確実にするために、出題範囲のコマンドをおさらいしましょう。

ご購入者特典の「出題範囲コマンド一覧表」を使って、出題範囲のコマンドとその使い方を確認

※ご購入者特典については、P.11を参照してください。

STEP 06

試験の合格を目指して！

ここまでやれば試験対策はバッチリ！自信をもって受験に臨みましょう。

Contents 目次

Contents

■MOS 365&2019攻略ポイント ----------------------------- 256

■困ったときには --- 266

■索引 --- 274

Introduction 本書をご利用いただく前に

1 製品名の記載について

本書では、次の名称を使用しています。

正式名称	本書で使用している名称
Windows 10	Windows 10 または Windows
Microsoft Office 2019	Office 2019 または Office
Microsoft Word 2019	Word 2019 または Word

※主な製品を挙げています。その他の製品も略称を使用している場合があります。

2 学習環境について

◆出題範囲の学習環境

出題範囲の各Lessonを学習するには、次のソフトウェアが必要です。

> Word 2019 または Microsoft 365のWord

◆本書の開発環境

本書を開発した環境は、次のとおりです。

カテゴリ	開発環境
OS	Windows 10（ビルド19041.329）
アプリ	Microsoft Office 2019 Professional Plus（16.0.10369.20032）
グラフィックス表示	画面解像度　1280×768ピクセル
その他	インターネット接続環境

※お使いの環境によっては、画面の表示が異なる場合や記載の機能が操作できない場合があります。
※画面解像度によって、ボタンの形状やサイズが異なる場合があります。

◆模擬試験プログラムの動作環境

模擬試験プログラムを使って学習するには、次の環境が必要です。

カテゴリ	動作環境
OS	Windows 10 日本語版（32ビット、64ビット） ※Windows 10 Sモードでは動作しません。
アプリ	Office 2019 日本語版（32ビット、64ビット） Microsoft 365 日本語版（32ビット、64ビット） ※異なるバージョンのOffice（Office 2016、Office 2013など）が同時にインストールされていると、正しく動作しない可能性があります。 ※ストアアプリでは、一部の問題で採点できない場合があります。P.218「5 ストアアプリをお使いの場合」をご確認ください。
CPU	1GHz以上のプロセッサ
メモリ	OSが32ビットの場合：4GB以上 OSが64ビットの場合：8GB以上
グラフィックス表示	画面解像度　1280×768ピクセル以上
CD-ROMドライブ	24倍速以上のCD-ROMドライブ
サウンド	Windows互換サウンドカード（スピーカー必須）
ハードディスク	空き容量1GB以上

◆Officeの種類に伴う注意事項

Microsoftが提供するOfficeには「ボリュームライセンス」「プレインストール」「パッケージ」「Microsoft 365」などがあり、種類によって画面が異なります。

※本書はOffice 2019 Professional Plusボリュームライセンスをもとに開発しています。

●Office 2019 Professional Plusボリュームライセンス（2021年2月現在）

タブ全体がグレーで表示される

タブの名称が異なる

ボタンの形状が異なる

●Microsoft 365（2021年2月現在）

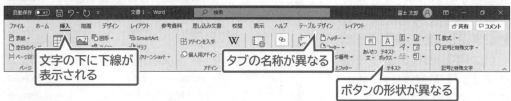

文字の下に下線が表示される

タブの名称が異なる

ボタンの形状が異なる

!Point

ボタンの形状

ディスプレイの画面解像度やウィンドウのサイズなど、お使いの環境によって、ボタンの形状やサイズ、位置が異なる場合があります。ボタンの操作は、ポップヒントに表示されるボタン名を確認してください。

※本書に掲載しているボタンは、ディスプレイの画面解像度を「1280×768ピクセル」、ウィンドウを最大化した環境を基準にしています。

例：日付と時刻

◆アップデートに伴う注意事項

Office 2019やMicrosoft 365は、自動アップデートによって定期的に不具合が修正され、機能が向上する仕様となっています。そのため、アップデート後に、コマンドの名称が変更されたり、リボンに新しいボタンが追加されたりする可能性があります。

今後のアップデートによってWordの機能が更新された場合には、本書の記載のとおりにならない、模擬試験プログラムの採点が正しく行われないなどの不整合が生じる可能性があります。あらかじめご了承ください。

※本書の最新情報について、P.11に記載されているFOM出版のホームページにアクセスして確認してください。

!Point

お使いのOfficeのビルド番号を確認する

Office 2019やMicrosoft 365をアップデートすることで、ビルド番号が変わります。
①Wordを起動します。
②《ファイル》タブ→《アカウント》→《Wordのバージョン情報》をクリックします。
③表示されるダイアログボックスで確認します。

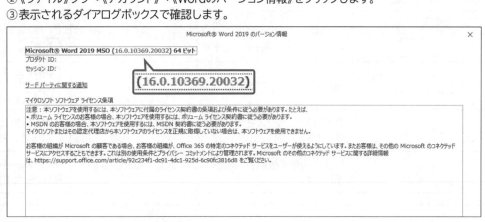

求められるスキル

出題範囲1

出題範囲2

出題範囲3

出題範囲4

確認問題 標準解答

3 テキストの見方について

出題範囲1　文書のオプションと設定の管理

1-1 文書とテンプレートを管理する

理解度チェック

習得すべき機能	参照Lesson	学習前	学習後	試験直前
■クイックアクセスツールバーをカスタマイズできる。	➡Lesson1	☑	☑	☑
■非表示のリボンタブを表示できる。	➡Lesson2	☑	☑	☑
■文書に外部コンテンツを埋め込み形式で挿入できる。	➡Lesson3	☑	☑	☑
■文書に外部コンテンツをリンク形式で挿入できる。	➡Lesson3	☑	☑	☑
■テンプレートを作成できる。	➡Lesson4	☑	☑	☑
■既存のテンプレートを編集できる。	➡Lesson5	☑	☑	☑
■既定のフォントを変更できる。	➡Lesson6	☑	☑	☑
■マクロのセキュリティを設定できる。	➡Lesson7	☑	☑	☑
■文書の自動保存のタイミングを設定できる。	➡Lesson8	☑	☑	☑
■自動保存された文書を回復できる。	➡Lesson9	☑	☑	☑
■2つの文書を比較できる。	➡Lesson10	☑	☑	☑
■複数の文書を組み込むことができる。	➡Lesson11	☑	☑	☑

1-1-1 クイックアクセスツールバーをカスタマイズする

解説　■クイックアクセスツールバーのカスタマイズ

「クイックアクセスツールバー」には、初期の設定で、（上書き保存）、（元に戻す）、（繰り返し）の3つのコマンドが登録されています。クイックアクセスツールバーには、ユーザーがよく使うコマンドを自由に登録できます。クイックアクセスツールバーにコマンドを登録しておくと、リボンタブを切り替えたり階層をたどったりする手間が省けるので効率的です。

2019 365 ◆クイックアクセスツールバーの（クイックアクセスツールバーのユーザー設定）

Lesson 1

OPEN 文書「Lesson1」を開いておきましょう。

次の操作を行いましょう。

(1) クイックアクセスツールバーにコマンド「ページ設定」を登録してください。

17

❶理解度チェック

学習前後の理解度の伸長を把握するために使います。本書を学習する前にすでに理解している項目は**「学習前」**に、本書を学習してから理解できた項目は**「学習後」**にチェックを付けます。**「試験直前」**は試験前の最終確認用です。

❷解説

出題範囲で求められている機能を解説しています。

- 2019：Word 2019での操作方法です。
- 365：Microsoft 365での操作方法です。

❸Lesson

出題範囲で求められている機能が習得できているかどうかを確認する練習問題です。

Point

本書の記述について

操作の説明のために使用している記号には、次のような意味があります。

記述	意味	例
[　]	キーボード上のキーを示します。	[Ctrl]　[F4]
[　]+[　]	複数のキーを押す操作を示します。	[Ctrl]+[V] （[Ctrl]を押しながら[V]を押す）
《　》	ダイアログボックス名やタブ名、項目名など画面の表示を示します。	《OK》をクリックします。 《ファイル》タブを選択します。
「　」	重要な語句や機能名、画面の表示、入力する文字などを示します。	「テンプレート」といいます。 「議事録原本」と入力します。

❹操作方法
一般的かつ効率的と考えられる操作方法です。

❺その他の方法
操作方法で紹介している以外の方法がある場合に記載しています。

❻Point
用語の解説や知っていると効率的に操作できる内容など、実力アップにつながるポイントです。

❼※印
補助的な内容や注意すべき内容を記載しています。

❽確認問題
各出題範囲で学習した内容を復習できる確認問題です。試験と同じような出題形式で実習できます。

Lesson 1 Answer

その他の方法
クイックアクセスツールバーのカスタマイズ
2019 365
◆《ファイル》タブ→《オプション》→左側の一覧から《クイックアクセスツールバー》を選択
◆クイックアクセスツールバーを右クリック→《クイックアクセスツールバーのユーザー設定》

Point
《Wordのオプション》の《クイックアクセスツールバー》
❶コマンドの選択
クイックアクセスツールバーに追加するコマンドの種類を選択します。
❷コマンドの一覧
❶で選択する種類に応じて、コマンドが表示されます。この一覧から追加するコマンドを選択します。
❸クイックアクセスツールバーのユーザー設定
設定するクイックアクセスツールバーをすべての文書に適用するか、現在の文書だけに適用するかを選択します。
❹現在のクイックアクセスツールバーの一覧
クイックアクセスツールバーの現在の設定状況が表示されます。
❺追加
❷で選択したコマンドを、クイックアクセスツールバーに追加します。
❻削除
❹で選択したコマンドを削除します。
❼上へ／下へ
❹のコマンドの順番を入れ替えます。
❽リセット
カスタマイズした内容をリセットして、元の状態に戻します。
❾インポート/エクスポート
クイックアクセスツールバーとリボンに関する設定を保存したり、既存の設定を取り込んだりします。

Point
クイックアクセスツールバーのコマンドの削除
2019 365
◆削除するコマンドを右クリック→《クイックアクセスツールバーから

(1)
① クイックアクセスツールバーの ■ （クイックアクセスツールバーのユーザー設定）をクリックします。
②《その他のコマンド》をクリックします。

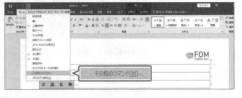

③《Wordのオプション》ダイアログボックスが表示されます。
④ 左側の一覧から《クイックアクセスツールバー》が選択されていることを確認します。
⑤《コマンドの選択》が《基本的なコマンド》になっていることを確認します。
⑥ コマンドの一覧から《ページ設定》を選択します。
⑦《追加》をクリックします。

⑧《OK》をクリックします。
⑨ クイックアクセスツールバーに ■ （ページ設定）が表示されます。

※クイックアクセスツールバーに追加したコマンドを削除しておきましょう。

18

出題範囲1　文書のオプションと設定の管理

Exercise 確認問題

解答 ▶ P.191

Lesson 22

 文書「Lesson22」を開いておきましょう。

次の操作を行いましょう。

	あなたは、話し方講座のテキストを改編します。
問題（1）	クイックアクセスツールバーにコマンド「クイック印刷」を登録してください。
問題（2）	文書の自動保存のタイミングを「5分」に設定してください。文書を保存しないで終了する場合は、最後に自動保存された文書を残すようにします。
問題（3）	警告を表示せずにすべてのマクロを無効にしてください。
問題（4）	日本語用のフォントを「游ゴシック」に設定し、この文書の既定のフォントとしてください。
問題（5）	1ページ目の「Merci」の校正言語を「フランス語（フランス）」に設定してください。メッセージバーが表示された場合は、表示されたままにします。
問題（6）	1ページ目の「御前　奏人」に「みさき　かなと」とふりがなを設定してください。
問題（7）	見出し「5.プラス思考で肯定的に話す」の「…常にプラス思考を心がけることが大切です。」の次の行に、フォルダー「Lesson22」の文書「StepUp」をリンク形式で挿入してください。

4 添付CD-ROMについて

◆CD-ROMの収録内容

添付のCD-ROMには、本書で使用する次のファイルが収録されています。

収録ファイル	説明
出題範囲の実習用データファイル	「出題範囲1」から「出題範囲4」の各Lessonで使用するファイルです。初期の設定では、《ドキュメント》内にインストールされます。
模擬試験のプログラムファイル	模擬試験を起動し、実行するために必要なプログラムです。初期の設定では、Cドライブのフォルダー「FOM Shuppan Program」内にインストールされます。
模擬試験の実習用データファイル	模擬試験の各問題で使用するファイルです。初期の設定では、《ドキュメント》内にインストールされます。

◆利用上の注意事項

CD-ROMのご利用にあたって、次のような点にご注意ください。

- ●CD-ROMに収録されているファイルは、著作権法によって保護されています。CD-ROMを第三者へ譲渡・貸与することを禁止します。
- ●お使いの環境によって、CD-ROMに収録されているファイルが正しく動作しない場合があります。あらかじめご了承ください。
- ●お使いの環境によって、CD-ROMの読み込み中にコンピューターが振動する場合があります。あらかじめご了承ください。
- ●CD-ROMを使用して発生した損害について、富士通エフ・オー・エム株式会社では程度に関わらず一切責任を負いません。あらかじめご了承ください。

◆取り扱いおよび保管方法

CD-ROMの取り扱いおよび保管方法について、次のような点をご確認ください。

- ●ディスクは両面とも、指紋、汚れ、キズなどを付けないように取り扱ってください。
- ●ディスクが汚れたときは、メガネ拭きのような柔らかい布で内周から外周に向けて放射状に軽くふき取ってください。専用クリーナーや溶剤などは使用しないでください。
- ●ディスクは両面とも、鉛筆、ボールペン、油性ペンなどで文字や絵を書いたり、シールなどを貼付したりしないでください。
- ●ひび割れや変形、接着剤などで補修したディスクは危険ですから絶対に使用しないでください。
- ●直射日光のあたる場所や、高温・多湿の場所には保管しないでください。
- ●ディスクは使用後、大切に保管してください。

◆CD-ROMのインストール

学習の前に、お使いのパソコンにCD-ROMの内容をインストールしてください。

① CD-ROMをドライブにセットします。

② 画面の右下に表示される《**DVD RWドライブ（D:）WD2019E**》をクリックします。

※お使いのパソコンによって、ドライブ名は異なります。

③《mosstart.exeの実行》をクリックします。

※《ユーザーアカウント制御》ダイアログボックスが表示される場合は、《はい》をクリックします。

④ インストールウィザードが起動し、《ようこそ》が表示されます。

⑤《次へ》をクリックします。

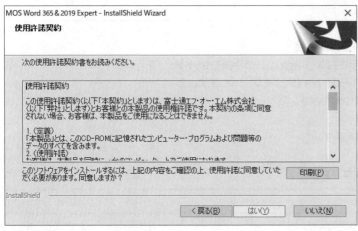

⑥《使用許諾契約》が表示されます。

⑦《はい》をクリックします。

※《いいえ》をクリックすると、セットアップが中止されます。

⑧《模擬試験プログラムの保存先の選択》が表示されます。

模擬試験のプログラムファイルのインストール先を指定します。

⑨《インストール先のフォルダー》を確認します。

※ほかの場所にインストールする場合は、《参照》をクリックします。

⑩《次へ》をクリックします。

求められるスキル

出題範囲1

出題範囲2

出題範囲3

出題範囲4

確認問題　標準解答

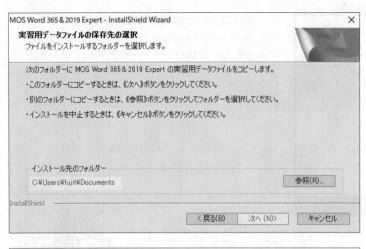

⑪《実習用データファイルの保存先の選択》が表示されます。

出題範囲と模擬試験の実習用データファイルのインストール先を指定します。

⑫《インストール先のフォルダー》を確認します。

※ほかの場所にインストールする場合は、《参照》をクリックします。

⑬《次へ》をクリックします。

⑭ インストールが開始されます。

⑮ インストールが完了したら、図のようなメッセージが表示されます。

※インストールが完了するまでに10分程度かかる場合があります。

⑯《完了》をクリックします。

※模擬試験プログラムの起動方法については、P.203を参照してください。

! Point

セットアップ画面が表示されない場合

セットアップ画面が自動的に表示されない場合は、次の手順でセットアップを行います。

① タスクバーの ▥ (エクスプローラー) →《PC》をクリックします。

②《WD2019E》ドライブを右クリックします。

③《開く》をクリックします。

④ ⑪ (mosstart) を右クリックします。

⑤《開く》をクリックします。

⑥ 指示に従って、セットアップを行います。

! Point

管理者以外のユーザーがインストールする場合

管理者以外のユーザーがインストールしようとすると、管理者ユーザーのパスワードを要求するメッセージが表示されます。メッセージが表示される場合は、パソコンの管理者にインストールの可否を確認してください。

管理者のパスワードを入力してインストールを続けると、出題範囲や模擬試験の実習用データファイルは、管理者の《ドキュメント》(C:¥Users¥管理者ユーザー名¥Documents)に保存されます。必要に応じて、インストール先のフォルダーを変更してください。

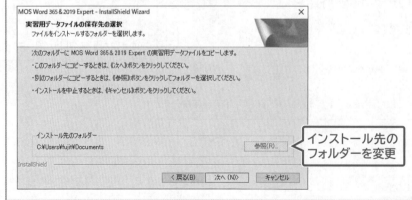

インストール先の
フォルダーを変更

◆実習用データファイルの確認

インストールが完了すると、《ドキュメント》内にデータファイルがコピーされます。
《ドキュメント》の各フォルダーには、次のようなファイルが収録されています。

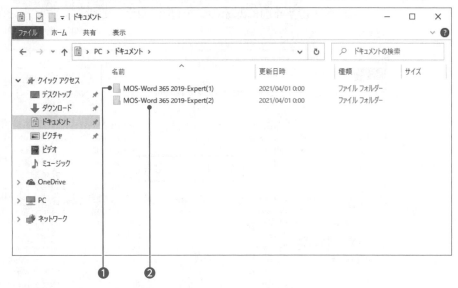

❶ MOS-Word 365 2019-Expert（1）

「**出題範囲1**」から「**出題範囲4**」の各Lessonで使用するファイルがコピーされます。
これらのファイルは、「**出題範囲1**」から「**出題範囲4**」の学習に必須です。
Lesson1を学習するときは、ファイル「**Lesson1**」を開きます。
Lessonによっては、ファイルを使用しない場合があります。

❷ MOS-Word 365 2019-Expert（2）

模擬試験で使用するファイルがコピーされます。
これらのファイルは、模擬試験プログラムを使わずに学習される方のために用意したファイルで、各ファイルを直接開いて操作することが可能です。
第1回模擬試験のプロジェクト1を学習するときは、ファイル「**mogi1-project1**」を開きます。
模擬試験プログラムを使って学習する場合は、これらのファイルは不要です。

> **！ Point**
>
> **データファイルの既定の場所**
> 本書では、データファイルの場所を《ドキュメント》内としています。
> 《ドキュメント》以外の場所にセットアップした場合は、フォルダーを読み替えてください。

> **！ Point**
>
> **データファイルのダウンロード**
> データファイルは、FOM出版のホームページで提供しています。ダウンロードしてご利用ください。
>
> ホームページ・アドレス
>
> > ### https://www.fom.fujitsu.com/goods/
>
> ※アドレスを入力するとき、間違いがないか確認してください。
>
> ホームページ検索用キーワード
>
> > ### FOM出版
>
> ダウンロードしたデータファイルを開く際、そのファイルが安全かどうかを確認するメッセージが表示される場合があります。データファイルは安全なので、《編集を有効にする》をクリックして、編集可能な状態にしてください。
>
> ℹ 保護ビュー　注意—インターネットから入手したファイルは、ウイルスに感染している可能性があります。編集する必要がなければ、保護ビューのままにしておくことをお勧めします。　　　編集を有効にする(E)　✕

求められるスキル

出題範囲1

出題範囲2

出題範囲3

出題範囲4

確認問題 標準解答

◆ファイルの操作方法

「**出題範囲1**」から「**出題範囲4**」の各Lessonを学習する場合、《**ドキュメント**》内のフォルダー「**MOS-Word 365 2019-Expert（1）**」から学習するファイルを選択して開きます。
Lessonを実習する前に対象のファイルを開き、実習後はファイルを保存せずに閉じてください。

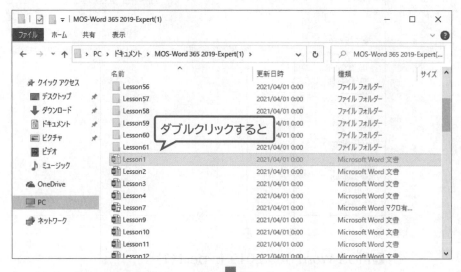

ダブルクリックすると

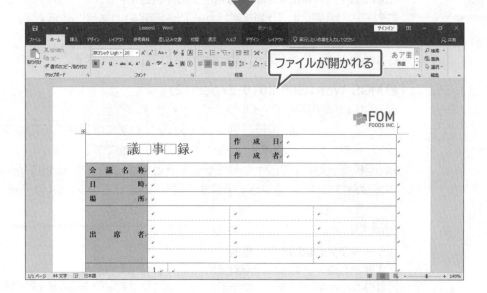

ファイルが開かれる

❗ Point

編集記号の表示

本書では、Wordの編集記号を表示した状態で画面を掲載しています。
「編集記号」とは、文書内の改行位置や改ページ位置、空白などを表す記号のことです。画面上に表示することで、改ページされている箇所や空白のある場所がわかりやすくなります。
編集記号を表示するには、《ホーム》タブ→《段落》グループの ⁂ （編集記号の表示/非表示）をクリックします。

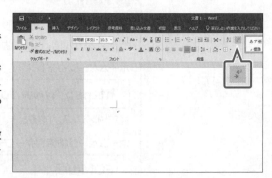

5 プリンターの設定について

本書の学習を開始する前に、プリンターが設定されていることを確認してください。
プリンターが設定されていないと、印刷に関する問題を解答することができません。また、
模擬試験プログラムで試験結果レポートを印刷することができません。あらかじめプリン
ターを設定しておきましょう。
プリンターの設定方法は、プリンターの取扱説明書を確認してください。
パソコンに設定されているプリンターを確認しましょう。

① ⊞ (スタート) をクリックします。
② ⚙ (設定) をクリックします。

③《デバイス》をクリックします。

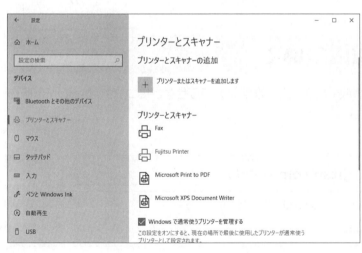

④ 左側の一覧から《プリンターとスキャナー》を選
択します。
⑤《プリンターとスキャナー》に接続されているプリ
ンターのアイコンが表示されていることを確認
します。
※プリンターが接続されていない場合の対応については、
P.273を参照してください。

⚠ Point

通常使うプリンターの設定
初期の設定では、最後に使用したプリンターが通常使うプリンターとして設定されます。
通常使うプリンターを固定する方法は、次のとおりです。
◆《☐Windowsで通常使うプリンターを管理する》→プリンターを選択→《管理》→《既定として設定
する》

求められるスキル

出題範囲1

出題範囲2

出題範囲3

出題範囲4

確認問題 標準解答

6 ご購入者特典について

ご購入いただいた方への特典として、次のツールを提供しています。PDFファイルを表示してご利用ください。

- ・特典1 便利な学習ツール（学習スケジュール表・習熟度チェック表・出題範囲コマンド一覧表）
- ・特典2 MOSの概要

◆表示方法

🖥 パソコンで表示する

① ブラウザーを起動し、次のホームページにアクセスします。

https://www.fom.fujitsu.com/goods/eb/

※アドレスを入力するとき、間違いがないか確認してください。

② 「MOS Word 365&2019 Expert 対策テキスト＆問題集（FPT2015）」の《特典PDF・学習データ・解答動画を入手する》を選択します。

③ 本書に関する質問に回答します。

④ 《特典PDFを見る》を選択します。

⑤ ドキュメントを選択します。

⑥ PDFファイルが表示されます。

※必要に応じて、印刷または保存してご利用ください。

📱 スマートフォン・タブレットで表示する

① スマートフォン・タブレットで下のQRコードを読み取ります。

② 「MOS Word 365&2019 Expert 対策テキスト＆問題集（FPT2015）」の《特典PDF・学習データ・解答動画を入手する》を選択します。

③ 本書に関する質問に回答します。

④ 《特典PDFを見る》を選択します。

⑤ ドキュメントを選択します。

⑥ PDFファイルが表示されます。

7 本書の最新情報について

本書に関する最新のQ＆A情報や訂正情報、重要なお知らせなどについては、FOM出版のホームページでご確認ください。

ホームページ・アドレス

https://www.fom.fujitsu.com/goods/

※アドレスを入力するとき、間違いがないか確認してください。

ホームページ検索用キーワード

FOM出版

MOS Word 365＆2019 Expertに
求められるスキル

1 | MOS Word 365＆2019 Expertの出題範囲

MOS Word 365＆2019 Expertの出題範囲は、次のとおりです。

※出題範囲には次の内容が含まれますが、この内容以外からも出題される可能性があります。

1 文書のオプションと設定の管理

1-1 文書とテンプレートを管理する	・既存の文書テンプレートを変更する ・文書のバージョンを管理する ・複数の文書を比較する、組み込む ・外部コンテンツにリンクする ・文書中のマクロを有効にする ・クイックアクセスツールバーをカスタマイズする ・非表示のリボンタブを表示する ・Normalテンプレートの既定のフォントを変更する
1-2 共同作業用に文書を準備する	・編集を制限する ・パスワードを使用して文書を保護する
1-3 言語オプションを使用する、設定する	・編集言語や表示言語を設定する ・言語（日本語）に特有の機能を使用する

2 高度な編集機能や書式設定機能の利用

2-1 文書のコンテンツを検索する、置換する、貼り付ける	・ワイルドカードや特殊文字を使って文字列を検索する、置換する ・書式設定やスタイルを検索する、置換する ・貼り付けのオプションを適用する
2-2 段落レイアウトのオプションを設定する	・ハイフネーションや行番号を設定する ・改ページ位置の自動修正オプションを設定する
2-3 スタイルを作成する、管理する	・段落や文字のスタイルを作成する ・既存のスタイルを変更する ・スタイルを他の文書やテンプレートにコピーする

3 ユーザー設定のドキュメント要素の作成

3-1 文書パーツを作成する、変更する	・クイックパーツを作成する ・文書パーツを管理する
3-2 ユーザー設定のデザイン要素を作成する	・ユーザー設定の配色のセットを作成する ・ユーザー設定のフォントのセットを作成する ・ユーザー設定のテーマを作成する ・ユーザー設定のスタイルセットを作成する

3-3 索引を作成する、管理する	・ 索引を登録する ・ 索引を作成する ・ 索引を更新する
3-4 図表一覧を作成する、管理する	・ 図表番号を挿入する ・ 図表番号のプロパティを設定する ・ 図表目次を挿入する、変更する

4 高度なWord機能の利用

4-1 フォーム、フィールド、コントロールを管理する	・ ユーザー設定のフィールドを追加する ・ フィールドのプロパティを変更する ・ 標準的なコンテンツコントロールを挿入する ・ 標準的なコンテンツコントロールを設定する
4-2 マクロを作成する、変更する	・ 簡単なマクロを記録する ・ 簡単なマクロに名前を付ける ・ 簡単なマクロを編集する ・ マクロを他の文書やテンプレートにコピーする
4-3 差し込み印刷を行う	・ 宛先リストを管理する ・ 差し込みフィールドを挿入する ・ 差し込み印刷の結果をプレビューする ・ 差し込み印刷で文書、ラベル、封筒を作成する

MOS Word 365&2019 Expertの学習を始める前に、最低限必要とされるWordのスキルを習得済みかどうか確認しましょう。

	事前に習得すべき項目	習得済み
1	ナビゲーションウィンドウを使って、文書内の特定の場所に移動できる。	☑
2	編集記号の表示/非表示を切り替えることができる。	☑
3	文書にスタイルセットを適用できる。	☑
4	ヘッダーやフッターを挿入したり、変更したりできる。	☑
5	文字列を検索したり、置換したりできる。	☑
6	文字の効果を適用できる。	☑
7	行間、段落の間隔、インデントを設定できる。	☑
8	文字列に組み込みスタイルを適用できる。	☑
9	セクションごとにページ設定を変更できる。	☑
10	変更履歴を承諾したり、元に戻したりできる。	☑
習得済み個数		個

習得済みのチェック個数に合わせて、事前に次の内容を学習することをお勧めします。

チェック個数	学習内容
10個	最低限必要とされるWordのスキルを習得済みです。 本書を使って、MOS Word 365&2019 Expertの学習を始めてください。
6～9個	最低限必要とされるWordのスキルをほぼ習得済みです。 FOM出版の書籍「MOS Word 365&2019 対策テキスト&問題集」(FPT1913)を使って、習得できていない箇所を学習したあと、MOS Word 365&2019 Expertの学習を始めてください。
0～5個	最低限必要とされるWordのスキルを習得できていません。 FOM出版の書籍「よくわかる Microsoft Word 2019 基礎」(FPT1815)や「よくわかる Microsoft Word 2019 応用」(FPT1816)「MOS Word 365&2019 対策テキスト&問題集」(FPT1913)を使って、Wordの操作方法を学習したあと、MOS Word 365&2019 Expertの学習を始めてください。

MOS Word
365&2019 Expert

出題範囲 1

文書のオプションと
設定の管理

1-1 | 文書とテンプレートを管理する

☑ 理解度チェック

習得すべき機能	参照Lesson	学習前	学習後	試験直前
■ クイックアクセスツールバーをカスタマイズできる。	➡Lesson1	☑	☑	☑
■ 非表示のリボンタブを表示できる。	➡Lesson2	☑	☑	☑
■ 文書に外部コンテンツを埋め込み形式で挿入できる。	➡Lesson3	☑	☑	☑
■ 文書に外部コンテンツをリンク形式で挿入できる。	➡Lesson3	☑	☑	☑
■ テンプレートを作成できる。	➡Lesson4	☑	☑	☑
■ 既存のテンプレートを編集できる。	➡Lesson5	☑	☑	☑
■ 既定のフォントを変更できる。	➡Lesson6	☑	☑	☑
■ マクロのセキュリティを設定できる。	➡Lesson7	☑	☑	☑
■ 文書の自動保存のタイミングを設定できる。	➡Lesson8	☑	☑	☑
■ 自動保存された文書を回復できる。	➡Lesson9	☑	☑	☑
■ 2つの文書を比較できる。	➡Lesson10	☑	☑	☑
■ 複数の文書を組み込むことができる。	➡Lesson11	☑	☑	☑

1-1-1 | クイックアクセスツールバーをカスタマイズする

 解説

■ クイックアクセスツールバーのカスタマイズ

「**クイックアクセスツールバー**」には、初期の設定で、 ⊟ （上書き保存）、 ↶ （元に戻す）、 ↻ （繰り返し）の3つのコマンドが登録されています。クイックアクセスツールバーには、ユーザーがよく使うコマンドを自由に登録できます。クイックアクセスツールバーにコマンドを登録しておくと、リボンタブを切り替えたり階層をたどったりする手間が省けるので効率的です。

2019 365 ◆クイックアクセスツールバーの ▾ （クイックアクセスツールバーのユーザー設定）

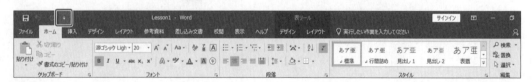

Lesson 1

 文書「Lesson1」を開いておきましょう。

次の操作を行いましょう。
(1) クイックアクセスツールバーにコマンド「ページ設定」を登録してください。

求められるスキル

出題範囲 1

出題範囲 2

出題範囲 3

出題範囲 4

確認問題 標準解答

その他の方法

クイックアクセスツールバーの カスタマイズ

2019 365

◆《ファイル》タブ→《オプション》→ 左側の一覧から《クイックアクセス ツールバー》を選択

◆クイックアクセスツールバーを右ク リック→《クイックアクセスツール バーのユーザー設定》

！Point

《Wordのオプション》の 《クイックアクセスツールバー》

❶コマンドの選択
クイックアクセスツールバーに追加す るコマンドの種類を選択します。

❷コマンドの一覧
❶で選択する種類に応じて、コマン ドが表示されます。この一覧から追 加するコマンドを選択します。

❸クイックアクセスツールバーの ユーザー設定
設定するクイックアクセスツールバー をすべての文書に適用するか、現在 の文書だけに適用するかを選択し ます。

❹現在のクイックアクセスツール バーの一覧
クイックアクセスツールバーの現在の 設定状況が表示されます。

❺追加
❷で選択したコマンドを、クイックア クセスツールバーに追加します。

❻削除
❹で選択したコマンドを削除します。

❼上へ／下へ
❹のコマンドの順番を入れ替えます。

❽リセット
カスタマイズした内容をリセットし て、元の状態に戻します。

❾インポート/エクスポート
クイックアクセスツールバーとリボン に関する設定を保存したり、既存の 設定を取り込んだりします。

！Point

クイックアクセスツールバーの コマンドの削除

2019 365

◆削除するコマンドを右クリック→ 《クイックアクセスツールバーから 削除》

(1)

① クイックアクセスツールバーの ▾ (クイックアクセスツールバーのユーザー設 定) をクリックします。

②《その他のコマンド》をクリックします。

③《Wordのオプション》ダイアログボックスが表示されます。

④ 左側の一覧から《クイックアクセスツールバー》が選択されていることを確認し ます。

⑤《コマンドの選択》が《基本的なコマンド》になっていることを確認します。

⑥ コマンドの一覧から《ページ設定》を選択します。

⑦《追加》をクリックします。

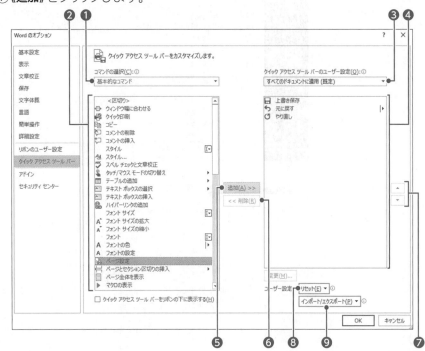

⑧《OK》をクリックします。

⑨ クイックアクセスツールバーに 🔂 (ページ設定) が表示されます。

※クイックアクセスツールバーに追加したコマンドを削除しておきましょう。

1-1-2 | 非表示のリボンタブを表示する

 解　説

■リボンタブの表示

通常、表示されるリボンタブのほかに、選択対象や操作内容に合わせて自動的に表示されるリボンタブや、必要に応じてユーザー自身で表示するリボンタブもあります。

ユーザー自身で表示するリボンタブ

通常表示されるリボンタブ　　　　　　　選択対象や操作内容に合わせて
表示されるリボンタブ

2019 **365** ◆《ファイル》タブ→《オプション》→左側の一覧から《リボンのユーザー設定》を選択

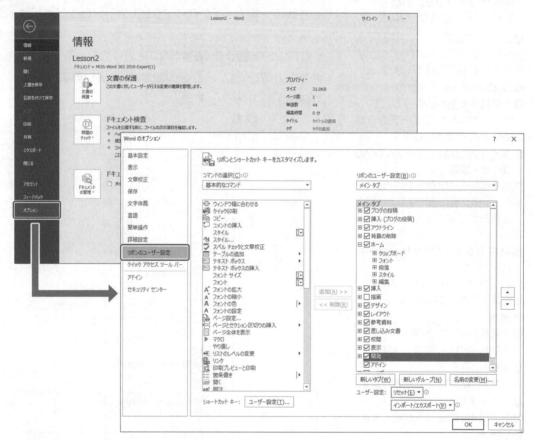

Lesson 2

 文書「Lesson2」を開いておきましょう。

次の操作を行いましょう。
(1) 《開発》タブを表示してください。

Lesson 2 Answer

(1)
①《ファイル》タブを選択します。
②《オプション》をクリックします。

求められるスキル

出題範囲1

出題範囲2

出題範囲3

出題範囲4

確認問題 標準解答

その他の方法

リボンタブの表示

`2019` `365`

◆リボンを右クリック→《リボンの
ユーザー設定》

③《**Wordのオプション**》ダイアログボックスが表示されます。

④左側の一覧から《**リボンのユーザー設定**》を選択します。

⑤《**リボンのユーザー設定**》の ▼ をクリックし、一覧から《**メインタブ**》を選択します。

⑥《**開発**》を ☑ にします。

⑦《**OK**》をクリックします。

⑧《**開発**》タブが表示されます。

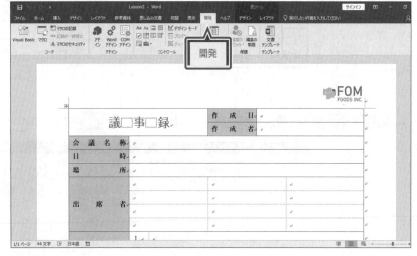

※《**開発**》タブを非表示にしておきましょう。

1-1-3 外部コンテンツにリンクする

 解 説

■オブジェクトの挿入

作業中の文書に、別のWord文書やExcelのワークシート、PowerPointのスライドなどをオブジェクトとして挿入できます。挿入したオブジェクトは、元のアプリケーションソフトを使って編集することができます。

オブジェクトは、文書に埋め込み形式で挿入する方法と、リンク形式で挿入する方法があります。

●埋め込み

オブジェクトを埋め込み形式で挿入すると、挿入元のデータと文書内のデータは切り離されるため、挿入元のデータが変更されても文書内のデータは変更されません。

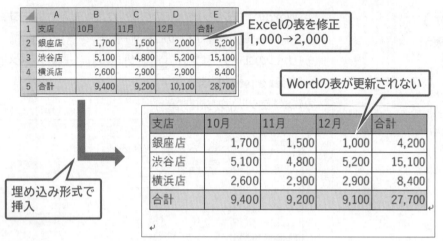

●リンク

オブジェクトをリンク形式で挿入すると、挿入元のデータと文書内のデータが参照関係（リンク）になります。挿入元のデータが変更されると、文書内のデータも変更されます。

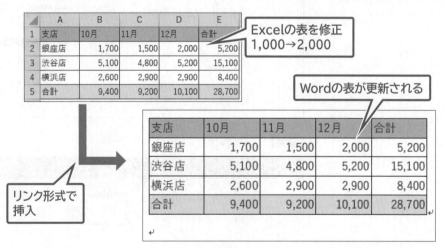

2019 **365** ◆《挿入》タブ→《テキスト》グループの □（オブジェクト）

Lesson 3

 文書「Lesson3」を開いておきましょう。

次の操作を行いましょう。

(1)「● 2020年度上期販売実績」の次の行に、フォルダー「Lesson3」のブック「2020年度上期販売実績」を埋め込み形式で挿入してください。

(2)「● 2020年度下期販売計画」の次の行に、フォルダー「Lesson3」のブック「2020年度下期販売計画」をリンク形式で挿入してください。

Lesson 3 Answer

(1)

①「● 2020年度上期販売実績」の次の行にカーソルを移動します。

②《挿入》タブ→《テキスト》グループの (オブジェクト) をクリックします。

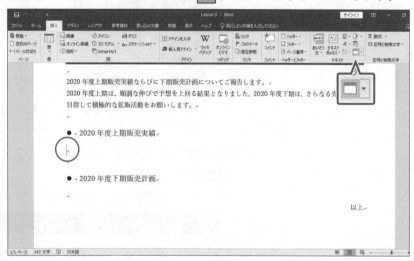

③《オブジェクトの挿入》ダイアログボックスが表示されます。

④《ファイルから》タブを選択します。

⑤《参照》をクリックします。

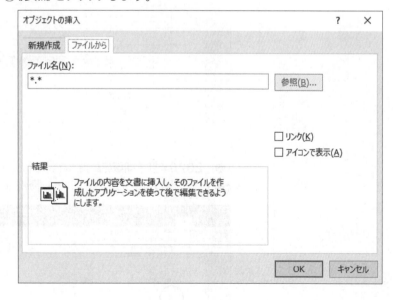

求められるスキル

出題範囲 1

出題範囲 2

出題範囲 3

出題範囲 4

確認問題 標準解答

⑥《オブジェクトの挿入》ダイアログボックスが表示されます。

⑦フォルダー「**Lesson3**」を開きます。

※《PC》→《ドキュメント》→「MOS-Word 365 2019-Expert（1）」→「Lesson3」を選択します。

⑧一覧から「**2020年度上期販売実績**」を選択します。

⑨《**挿入**》をクリックします。

⑩《**オブジェクトの挿入**》ダイアログボックスに戻ります。

⑪《**OK**》をクリックします。

⑫Excelの表が埋め込み形式で挿入されます。

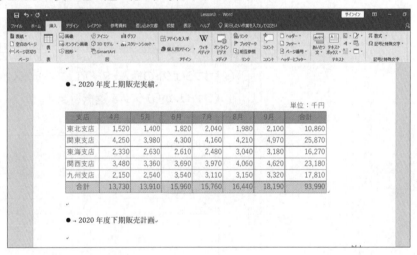

（2）

①「**●　2020年度下期販売計画**」の次の行にカーソルを移動します。

②《**挿入**》タブ→《**テキスト**》グループの  （オブジェクト）をクリックします。

③《オブジェクトの挿入》ダイアログボックスが表示されます。

④《ファイルから》タブを選択します。

⑤《参照》をクリックします。

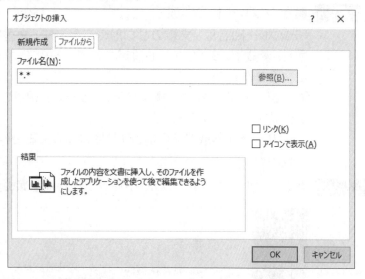

⑥《オブジェクトの挿入》ダイアログボックスが表示されます。

⑦フォルダー「**Lesson3**」を開きます。

※《PC》→《ドキュメント》→「MOS-Word 365 2019-Expert(1)」→「Lesson3」を選択します。

⑧一覧から「**2020年度下期販売計画**」を選択します。

⑨《挿入》をクリックします。

⑩《オブジェクトの挿入》ダイアログボックスに戻ります。

⑪《リンク》を☑にします。

⑫《OK》をクリックします。

※お使いの環境によっては、《使用中のファイル》のメッセージが表示される場合があります。
　その場合は《読み取り専用》をクリックしてください。

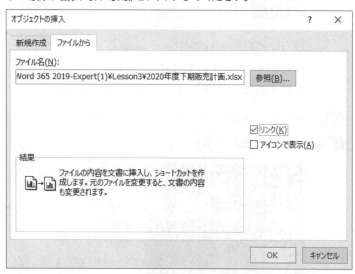

⑬Excelの表がリンク形式で挿入されます。

● 2020 年度下期販売計画

単位：千円

支店	10月	11月	12月	1月	2月	3月	合計
東北支店	1,700	1,500	2,000	2,200	2,200	2,300	11,900
関東支店	5,100	4,800	5,200	5,000	5,100	6,000	31,200
東海支店	2,600	2,900	2,900	2,700	3,300	3,500	17,900
関西支店	4,200	4,000	4,400	4,800	4,900	5,500	27,800
九州支店	2,400	2,800	3,900	3,400	3,500	3,700	19,700
合計	16,000	16,000	18,400	18,100	19,000	21,000	108,500

以上

!) Point

Excelオブジェクトの編集

挿入したオブジェクトをあとから編集できます。オブジェクトを編集する方法は、次のとおりです。

埋め込みオブジェクトの場合

`2019` `365`

◆オブジェクトをダブルクリック→データを編集→オブジェクト以外の文書内をクリック

リンクオブジェクトの場合

`2019` `365`

◆オブジェクトをダブルクリック→データを編集→Excelのブックを上書き保存→Excelの ✕（閉じる）をクリック→リンクオブジェクトを右クリック→《リンク先の更新》

!) Point

リンクの更新

初期の設定では、リンクが設定されたWord文書を開くと、リンクの更新に関するメッセージが表示され、自動的にリンクを更新できます。
リンクの更新を手動に変更する方法は、次のとおりです。

`2019` `365`

◆リンクされたオブジェクトを右クリック→《リンクされた（オブジェクト名）オブジェクト》→《リンクの設定》→《◉手動で更新》

求められるスキル

出題範囲1

出題範囲2

出題範囲3

出題範囲4

確認問題 標準解答

1-1-4 ｜ 既存の文書テンプレートを変更する

 解 説

■テンプレートの作成

「**テンプレート**」とは、文書のひな形のことです。文書にあらかじめタイトルや項目が入力され、書式やスタイルなども設定されているので、一部の文字列を入力するだけで簡単に文書を作成できます。

Wordには、あらかじめ様々なテンプレートが用意されていますが、自分でテンプレートを作成することもできます。

テンプレートを作成するには、ひな形となる文書を作成し、それをテンプレートとして保存します。

2019　365　◆《ファイル》タブ→《エクスポート》→《ファイルの種類の変更》→《テンプレート》

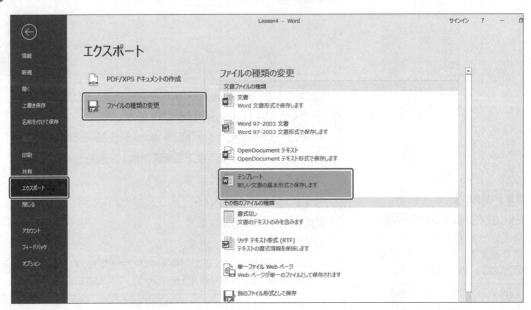

■テンプレートの編集

作成したテンプレートを編集できます。テンプレートを編集するには、Wordのスタート画面から編集するテンプレートを開きます。

2019　◆スタート画面を表示→《他の文書を開く》

365　◆スタート画面を表示→《開く》

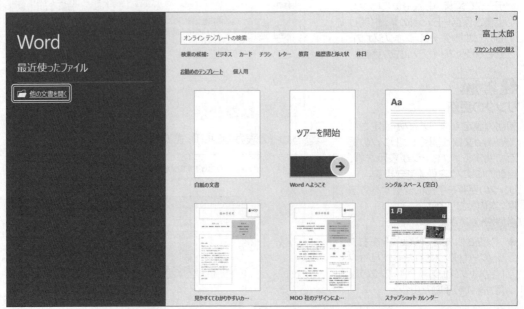

Lesson 4

Lesson 4 Answer

求められるスキル

出題範囲1

出題範囲2

出題範囲3

出題範囲4

確認問題 標準解答

 文書「Lesson4」を開いておきましょう。

次の操作を行いましょう。

(1) 作業中の文書を「議事録原本」と名前を付けて、《Officeのカスタムテンプレート》にテンプレートとして保存してください。

(1)

① 《ファイル》タブを選択します。

② 《エクスポート》→《ファイルの種類の変更》→《文書ファイルの種類》の《テンプレート》→《名前を付けて保存》をクリックします。

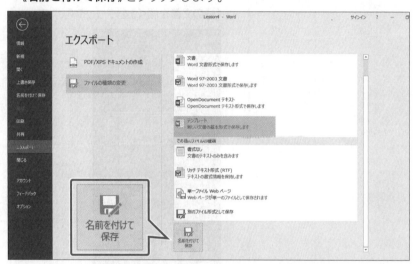

③ 《名前を付けて保存》ダイアログボックスが表示されます。

④ 《ファイルの種類》が《Wordテンプレート》になっていることを確認します。

※保存先が《Officeのカスタムテンプレート》に変わります。お使いの環境によっては、保存場所が別の場所になっている場合があります。その場合、《PC》→《ドキュメント》→《Officeのカスタムテンプレート》を指定します。

⑤ 《ファイル名》に「議事録原本」と入力します。

⑥ 《保存》をクリックします。

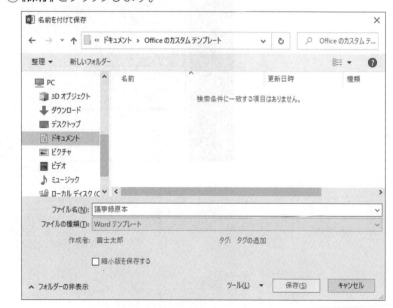

※作成したテンプレートを削除しておきましょう。

その他の方法

テンプレートの作成

`2019` `365`

◆ 《ファイル》タブ→《名前を付けて保存》→《参照》→《ファイルの種類》の∨→《Wordテンプレート》

◆ [F12]→《ファイルの種類》の∨→《Wordテンプレート》

!Point

テンプレートの保存先

作成したテンプレートは、任意のフォルダーに保存することができますが、《ドキュメント》内の《Officeのカスタムテンプレート》に保存すると、Wordのスタート画面から利用できるようになります。

!Point

テンプレートの利用

`2019`

◆ スタート画面を表示→《個人用》→テンプレートを選択

◆ スタート画面を表示→《その他のテンプレート》→《個人用》→テンプレートを選択

`365`

◆ スタート画面を表示→《新規》→《個人用》→テンプレートを選択

!Point

テンプレートの拡張子

Wordのテンプレートの拡張子は「.dotx」または「.dotm」です。

!Point

テンプレートの削除

`2019` `365`

◆ 《エクスプローラー》→《PC》→《ドキュメント》→《Officeのカスタムテンプレート》→作成したテンプレートを選択→[Delete]

※Wordにあらかじめ用意されているテンプレートを削除することはできません。

Lesson 5

 Wordを起動し、スタート画面を表示しておきましょう。

次の操作を行いましょう。

(1) フォルダー「Lesson5」のテンプレート「議事録原本」をテンプレートとして
開き、「報□告□書」を「議□事□録」に修正してください。次に、テンプ
レートを上書き保存してください。

※□は全角空白を表します。

Lesson 5 Answer

(1)

①Wordのスタート画面が表示されていることを確認します。

②**《他の文書を開く》**をクリックします。

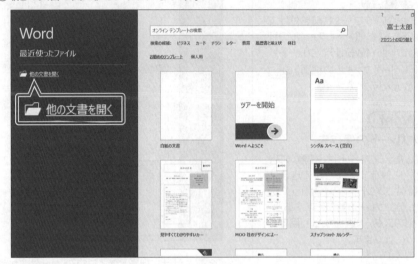

③**《参照》**をクリックします。

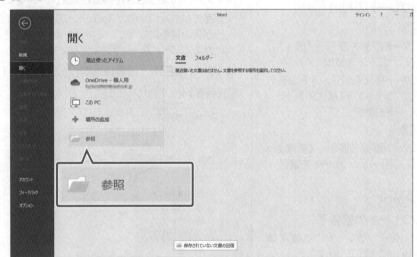

④《ファイルを開く》ダイアログボックスが表示されます。

⑤フォルダー「**Lesson5**」を開きます。

※《PC》→《ドキュメント》→「MOS-Word 365 2019-Expert（1）」→「Lesson5」を選択します。

⑥一覧から「**議事録原本**」を選択します。

⑦《**開く**》をクリックします。

⑧テンプレートが開かれます。

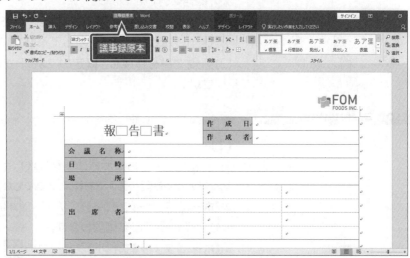

⑨「**報□告□書**」を「**議□事□録**」に修正します。

⑩クイックアクセスツールバーの 🖫 （上書き保存）をクリックします。

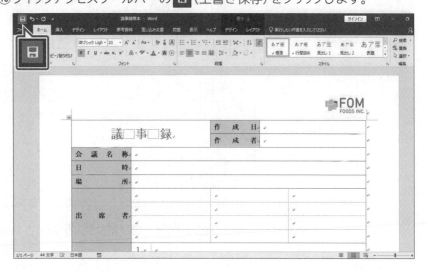

1-1-5 Normalテンプレートの既定のフォントを変更する

 解 説　■Normalテンプレートの既定のフォントの変更

「**Normalテンプレート**」とは、Wordで新規文書を作成したときに適用されるテンプレートです。初期の設定では、Normalテンプレートが適用された新規文書に文字列を入力すると、フォントは「**游明朝**」で表示されます。これはNormalテンプレートに適用されているテーマ「**Office**」で本文のフォントが「**游明朝**」に設定されているためです。

新規文書のフォントを変更したい場合は、Normalテンプレートの既定のフォントを変更します。Normalテンプレートの設定を変更すると、今後作成する文書に適用されます。

※テーマについては、P.119を参照してください。

2019　365　◆《ホーム》タブ→《フォント》グループの 🖙 （フォント）

Lesson 6

 Wordを起動し、新しい文書を作成しておきましょう。
※このLessonの実習用ファイルはありません。

次の操作を行いましょう。

(1) 日本語用と英数字用のフォントを「MSゴシック」に設定し、Normalテンプレートの既定のフォントとしてください。

(2) 新規文書を作成し、既定のフォントが変更されていることを確認してください。

Lesson 6 Answer

(1)

①1行目にカーソルがあることを確認します。

※スタイルが《標準》の箇所であれば、どこでもかまいません。

②《**ホーム**》タブ→《**フォント**》グループの 游明朝 (本文(▼ （フォント）が《**游明朝**》と表示されていることを確認します。

③《**ホーム**》タブ→《**フォント**》グループの 🖙 （フォント）をクリックします。

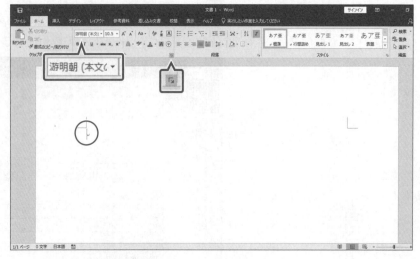

④《**フォント**》ダイアログボックスが表示されます。

> **⚠ Point**
>
> ### テーマのフォント
> 《日本語用のフォント》や《英数字用のフォント》で、「+見出しのフォント」「+本文のフォント」が表示されたフォントは、テーマのフォントです。テーマやテーマのフォントを変更すると、「+見出しのフォント」「+本文のフォント」のフォントも連動して変更され、見た目をすばやく整えることができます。

> **⚠ Point**
>
> ### 既定のフォントの適用範囲
> **❶この文書だけ**
> 作業中の文書の既定のフォントを変更します。新規文書には適用されません。
> **❷Normalテンプレートを使用したすべての文書**
> Normalテンプレートは、Wordで新規文書を作成したときに適用されるテンプレートです。新規文書の既定のフォントが変更されます。

> **⚠ Point**
>
> ### Normalテンプレートの削除
> Normalテンプレート(「Normal.dotm」)を削除すると、次にWordを起動したときにNormalテンプレートが自動的に作成されます。自動的に作成されたNormalテンプレートはすべて初期の設定になっています。
> 「Normal.dotm」は、次のフォルダーに保存されています。
>
> > ●C:¥Users¥ユーザー名
> > 　¥AppData¥Roaming
> > 　¥Microsoft¥Templates
> > または
> > ●C:¥Users¥ユーザー名
> > 　¥AppData¥Local¥Packages
> > 　¥Microsoft.Office.
> > 　Desktop_8wekyb3d8bbwe
> > 　¥LocalCache¥Roaming
> > 　¥Microsoft¥Templates
>
> ※フォルダー「AppData」は隠しフォルダーになっています。隠しフォルダーを表示する方法は、次のとおりです。
>
> **2019** **365**
> ◆エクスプローラーを表示→《表示》タブ→《表示/非表示》グループの《☑隠しファイル》

⑤《フォント》タブを選択します。

⑥《日本語用のフォント》の ▽ をクリックし、一覧から《MSゴシック》を選択します。

⑦《英数字用のフォント》の ▽ をクリックし、一覧から《MSゴシック》を選択します。

⑧《既定に設定》をクリックします。

⑨《Microsoft Word》ダイアログボックスが表示されます。

⑩《Normalテンプレートを使用したすべての文書》を ◉ にします。

⑪《OK》をクリックします。

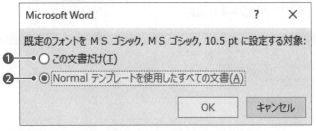

⑫既定のフォントが変更されます。

(2)

①《ファイル》タブ→《新規》→《白紙の文書》をクリックします。

②1行目にカーソルがあることを確認します。

※スタイルが《標準》の箇所であれば、どこでもかまいません。

③《ホーム》タブ→《フォント》グループの MS ゴシック ▽ (フォント) が《MSゴシック》と表示されていることを確認します。

※Normalテンプレート(「Normal.dotm」)を削除しておきましょう。

求められるスキル

出題範囲1

出題範囲2

出題範囲3

出題範囲4

確認問題 標準解答

1-1-6　文書中のマクロを有効にする

解説　■ 文書中のマクロを有効にする

「**マクロ**」とは、一連の操作を記録しておき、記録した操作をまとめて実行できるように
したものです。頻繁に発生する操作をマクロにしておくと、同じ操作を繰り返す必要が
なく、作業時間を節約し、効率的に作業できます。
※マクロについては、P.161を参照してください。

初期の設定では、マクロを含む文書を開こうとすると、リボンの下に《**セキュリティの警告**》
のメッセージバーが表示されます。この警告は、文書が安全かどうかを確認するよう
に、ユーザーに注意を促すものです。この段階では、マクロが動作しないように無効に
なっています。

信頼できる発行元から提供された文書であることがわかっている場合だけ、《**コンテンツ
の有効化**》をクリックし、文書中のマクロを有効にします。

■ マクロのセキュリティ

マクロを含む文書を開くときに、警告を表示するかどうか、またマクロを無効にして文
書を開くのか、有効にして文書を開くのかを設定することができます。
マクロのセキュリティを設定する方法は、次のとおりです。

2019　**365**　◆《開発》タブ→《コード》グループの　🛡 マクロのセキュリティ　（マクロのセキュリティ）→左側の一覧から
《マクロの設定》を選択

Lesson 7

 Wordを起動し、新しい文書を作成しておきましょう。
※このLessonの実習用ファイルはありません。

次の操作を行いましょう。

(1) 警告を表示せずにすべてのマクロを無効にしてください。

Lesson 7 Answer

(1)

①《**開発**》タブ→《**コード**》グループの （マクロのセキュリティ）をクリックします。

※《開発》タブを表示しておきましょう。

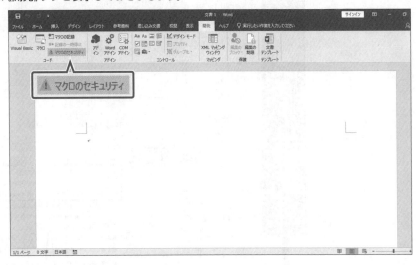

②《**セキュリティセンター**》ダイアログボックスが表示されます。

※お使いの環境によっては、《トラストセンター》ダイアログボックスと表示される場合があります。

③左側の一覧から《**マクロの設定**》を選択します。

④《**警告を表示せずにすべてのマクロを無効にする**》を ◉ にします。

⑤《**OK**》をクリックします。

※《セキュリティセンター》ダイアログボックスを表示し、《マクロの設定》を元の設定に戻しておきましょう。

※《開発》タブを非表示にしておきましょう。

Point

《マクロの設定》

❶**警告を表示せずにすべてのマクロを無効にする**

マクロを含む文書を開いた時点で、すべてのマクロを無効にします。メッセージバーにセキュリティの警告は表示されません。

❷**警告を表示してすべてのマクロを無効にする**

マクロを含む文書を開いた時点で一時的にマクロを無効にし、メッセージバーにセキュリティの警告を表示します。

❸**デジタル署名されたマクロを除き、すべてのマクロを無効にする**

信頼できる発行元によってデジタル署名されたマクロを含む文書の場合、文書を開いた時点でマクロを有効にします。信頼できない発行元から配布された場合、文書を開いた時点で一時的にマクロを無効にし、メッセージバーにセキュリティの警告を表示します。

❹**すべてのマクロを有効にする**

マクロを含む文書を開いた時点で、すべてのマクロを有効にします。メッセージバーにセキュリティの警告は表示されません。

求められるスキル

出題範囲1

出題範囲2

出題範囲3

出題範囲4

確認問題・標準解答

解説 ■自動保存の設定

誤って文書を保存せずに閉じてしまったり、突然パソコンの調子が悪くなり入力済みの
データが消えてしまったりした場合でも、自動保存の設定をしておくと文書の一部ま
たは全部を回復できます。自動保存の間隔は、初期の設定では10分ごとですが、必要
に応じて変更することができます。

`2019` `365` ◆《ファイル》タブ→《オプション》→左側の一覧から《保存》を選択→《文書の保存》

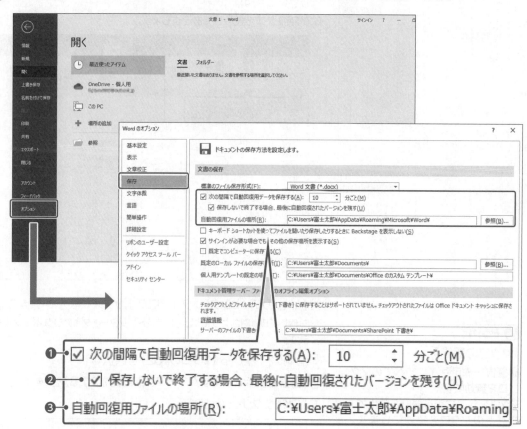

❶✓ 次の間隔で自動回復用データを保存する(A): `10` ⬍ 分ごと(M)
❷ ✓ 保存しないで終了する場合、最後に自動回復されたバージョンを残す(U)
❸ 自動回復用ファイルの場所(R): `C:¥Users¥富士太郎¥AppData¥Roaming`

❶次の間隔で自動回復用データを保存する

自動回復用データを保存する間隔を設定します。間隔を短くしておくと、自動回復用
データが最新の文書である可能性が高まります。

❷保存しないで終了する場合、最後に自動回復されたバージョンを残す

文書を保存しないで終了した場合に、最後に保存された自動回復用データで文書を回
復します。

❸自動回復用ファイルの場所

自動回復用データを保存する場所を設定します。保存する場所は任意のフォルダーに変
更することもできます。

■文書の回復

自動保存の設定を行っておくと、文書を保存せずに閉じてしまった場合でも、最後に
自動保存された文書を回復することができます。自動保存された文書を回復する方法
は、まだ保存されていない文書と既に保存されている文書とで異なります。

●保存されていない文書の場合

2019 365 ◆《ファイル》タブ→《情報》→《ドキュメントの管理》→《保存されていない文書の回復》
◆《ファイル》タブ→《情報》→《文書の管理》→《保存されていない文書の回復》

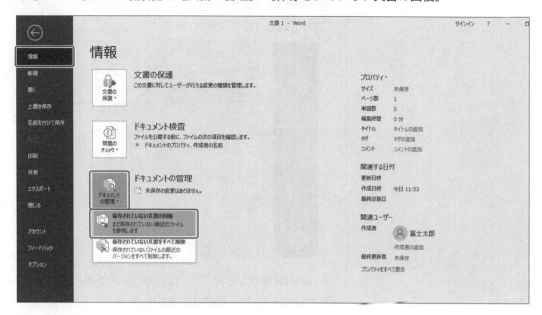

●既に保存されている文書の場合

2019 365 ◆《ファイル》タブ→《情報》→《ドキュメントの管理》の一覧から選択
◆《ファイル》タブ→《情報》→《文書の管理》の一覧から選択

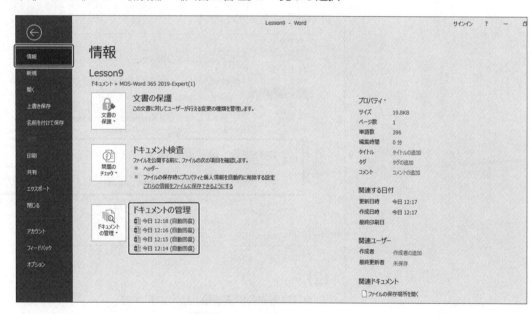

Lesson 8

 Wordを起動し、新しい文書を作成しておきましょう。
※このLessonの実習用ファイルはありません。

次の操作を行いましょう。

(1) 文書の自動保存のタイミングを「1分」に設定してください。文書を保存しないで終了する場合は、最後に自動保存された文書を残すようにします。

(2) 「9月度販売会議議事録」と入力し、1分以上経過後、文書を保存せずにWordを終了してください。

(3) 保存されていない文書を回復し、フォルダー「MOS-Word 365 2019-Expert (1)」に「9月度販売会議議事録」と名前を付けて保存してください。

求められるスキル

出題範囲1

出題範囲2

出題範囲3

出題範囲4

確認問題 標準解答

(1)

①《**ファイル**》タブを選択します。

②《**オプション**》をクリックします。

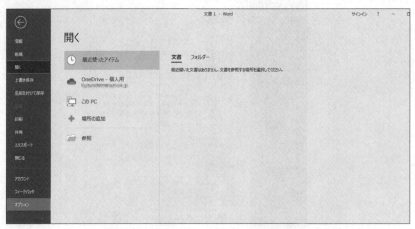

③《**Wordのオプション**》ダイアログボックスが表示されます。

④左側の一覧から《**保存**》を選択します。

⑤《**文書の保存**》の《**次の間隔で自動回復用データを保存する**》を ☑ にします。

⑥「**1**」分ごとに設定します。

⑦《**保存しないで終了する場合、最後に自動回復されたバージョンを残す**》を ☑ にします。

⑧《**OK**》をクリックします。

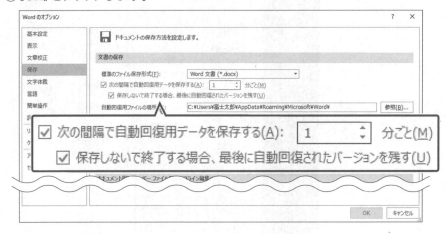

(2)

①「**9月度販売会議議事録**」と入力します。

②1分以上経過後、☒ （閉じる）をクリックします。

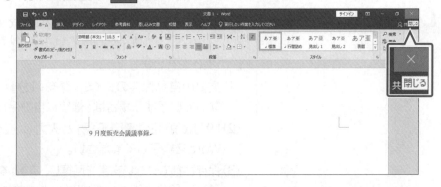

③《**保存しない**》をクリックします。

(3)

①Wordを起動し、新しい文書を作成します。

②《ファイル》タブを選択します。

③《情報》→《ドキュメントの管理》→《保存されていない文書の回復》をクリックします。

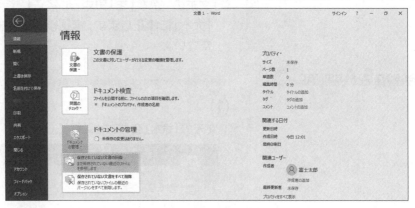

④《ファイルを開く》ダイアログボックスが表示されます。

⑤一覧から「9月度販売会議議事録…」を選択します。

⑥《開く》をクリックします。

⑦《復元された未保存のファイル》のメッセージバーが表示されます。

⑧《名前を付けて保存》をクリックします。

※お使いの環境によっては、メッセージバーが表示されない場合があります。その場合は、《ファイル》タブ→《名前を付けて保存》→《参照》をクリックします。

⑨《名前を付けて保存》ダイアログボックスが表示されます。

⑩フォルダー「MOS-Word 365 2019-Expert(1)」を開きます。

※《PC》→《ドキュメント》→「MOS-Word 365 2019-Expert(1)」を選択します。

⑪《ファイル名》に「9月度販売会議議事録」と入力します。

⑫《保存》をクリックします。

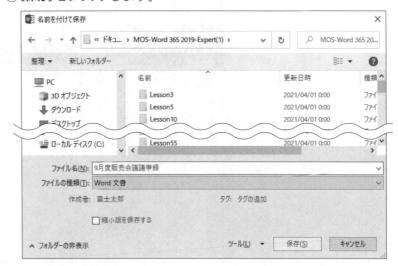

⑬文書が保存されます。

求められるスキル

出題範囲1

出題範囲2

出題範囲3

出題範囲4

確認問題 標準解答

36

Lesson 9

 文書「Lesson9」を開いておきましょう。
※このLessonに進む前に、Lesson8を実習してください。

次の操作を行いましょう。

(1)文末の「鈴木」を「田中」に修正してください。1分以上経過後、「田中」を「大木」に修正します。修正後、「田中」と入力した時点に文書を回復してください。

Lesson 9 Answer

(1)

①文末の**「鈴木」**を**「田中」**に修正します。

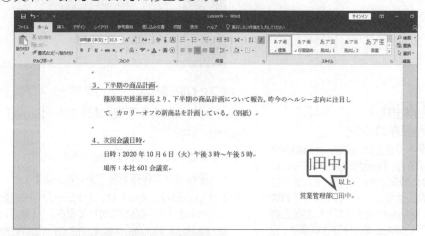

②1分以上経過後、文末の**「田中」**を**「大木」**に修正します。

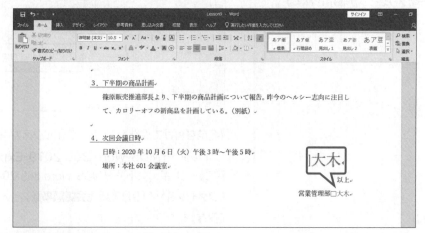

③《ファイル》タブを選択します。

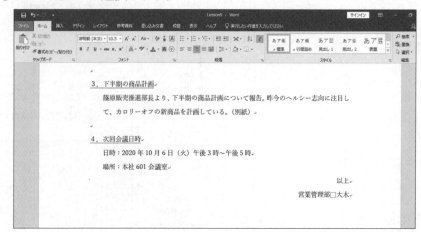

④《情報》→《ドキュメントの管理》の《今日○○：○○（自動回復）》を選択します。

※複数ある場合は、一番古い時間を選択します。

⑤自動保存された文書と、《自動回復されたバージョン》のメッセージバーが表示されます。

⑥《復元》をクリックします。

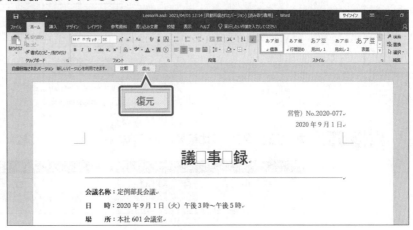

⑦メッセージを確認し、《OK》をクリックします。

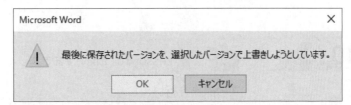

⑧文末の「**大木**」が「**田中**」に戻ります。

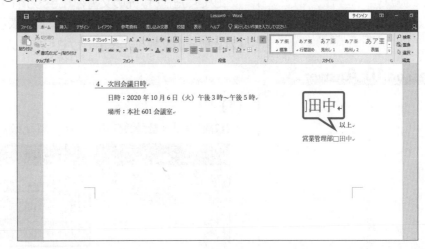

※《Wordのオプション》ダイアログボックスを表示し、文書の自動保存のタイミングを元の設定に戻しておきましょう。

求められるスキル

出題範囲1

出題範囲2

出題範囲3

出題範囲4

確認問題 標準解答

1-1-8 複数の文書を比較する、組み込む

 解説 ■文書の比較

「**比較**」とは、元になる文書と変更された文書の2つの文書を比較することです。変更された箇所があった場合、その部分が比較結果に表示されます。その比較結果を新規文書として名前を付けて保存することもできます。

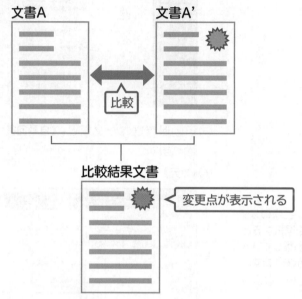

2019 **365** ◆《校閲》タブ→《比較》グループの □ (比較)→《比較》

Lesson 10

OPEN 文書「Lesson10」を開いておきましょう。

次の操作を行いましょう。

(1) 現在の文書と、フォルダー「Lesson10」の文書「議事録（前田修正）」を比較してください。元の文書を「Lesson10」、変更された文書を「議事録（前田修正）」とし、変更内容は新規文書に表示します。

(2) 比較元の文書を非表示にしてください。

Lesson 10 Answer

(1)

①《校閲》タブ→《比較》グループの (比較)→《**比較**》をクリックします。

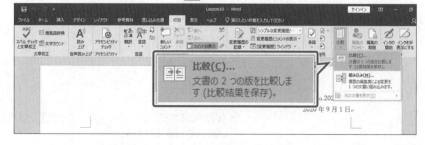

②《文書の比較》ダイアログボックスが表示されます。

③《元の文書》の ∨ をクリックし、一覧から「Lesson10」を選択します。

④《変更された文書》の ☐ をクリックします。

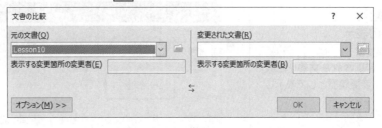

⑤《ファイルを開く》ダイアログボックスが表示されます。

⑥フォルダー「**Lesson10**」を開きます。

※《PC》→《ドキュメント》→「MOS-Word 365 2019-Expert(1)」→「Lesson10」を選択します。

⑦一覧から「**議事録（前田修正）**」を選択します。

⑧《**開く**》をクリックします。

⑨《**文書の比較**》ダイアログボックスに戻ります。

⑩《**オプション**》をクリックします。

※《変更箇所の表示》が表示されている場合は、《オプション》をクリックする必要はありません。

⑪《**新規文書**》を ◉ にします。

⑫《**OK**》をクリックします。

❗ Point

《文書の比較》

❶元の文書
元になる文書を指定します。

❷変更された文書
変更された文書を指定します。

❸オプション
❹と❺を表示したり、非表示にしたりします。

❹比較の設定
比較する項目を設定します。

❺変更箇所の表示
変更された箇所を文字単位で表示するか単語単位で表示するかを選択したり、比較した結果をどの文書に表示するかを選択したりします。

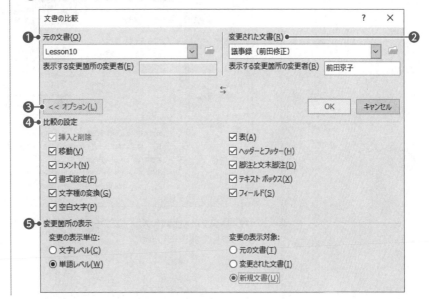

求められるスキル

出題範囲1

出題範囲2

出題範囲3

出題範囲4

確認問題 標準解答

⑬《変更履歴》ウィンドウ、比較結果文書、元の文書、変更された文書が表示されます。

※3個の変更箇所が表示されます。

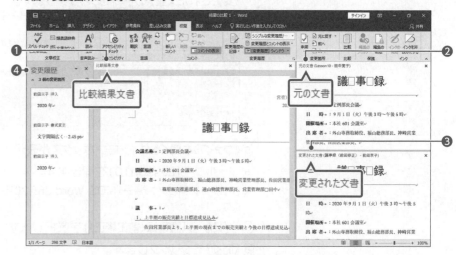

<table>
<tr><td>

！ Point

比較結果の表示

❶比較結果文書
元の文書と変更された文書を比較した結果を、変更履歴として表示します。

❷元の文書
比較するときの元の文書が表示されます。

❸変更された文書
比較するときの変更された文書が表示されます。

❹《変更履歴》ウィンドウ
変更された内容が変更履歴として一覧で表示されます。

</td></tr>
</table>

(2)

①《校閲》タブ→《比較》グループの （比較）→《元の文書を表示》→《比較元の文書を表示しない》をクリックします。

②比較元の文書が非表示になります。

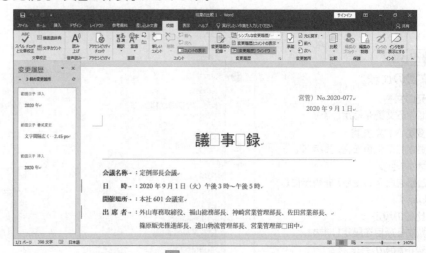

※《校閲》タブ→《比較》グループの （比較）→《元の文書を表示》→《両方の文書を表示》をクリックしておきましょう。

解 説 ■文書の組み込み

「**組み込み**」と使うと、元になる文書と変更された文書を比較し、お互いの変更点をひとつにまとめることができます。組み込みは繰り返し実行できるので、複数の文書の変更内容をひとつの文書にまとめることができます。

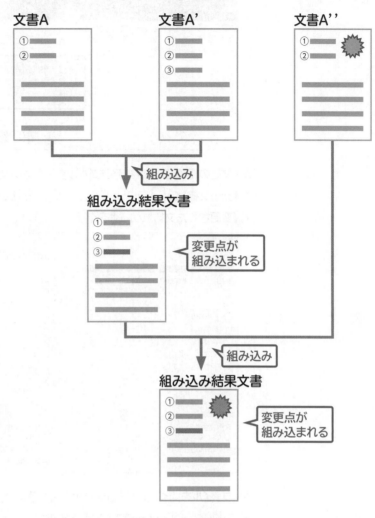

求められるスキル

出題範囲1

出題範囲2

出題範囲3

出題範囲4

確認問題 標準解答

2019 365 ◆《校閲》タブ→《比較》グループの 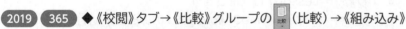 (比較)→《組み込み》

Lesson 11

 文書「Lesson11」を開いておきましょう。

次の操作を行いましょう。

(1) 現在の文書に、フォルダー「Lesson11」の文書「議事録（前田修正）」を組み込んでください。元の文書を「Lesson11」、変更された文書を「議事録（前田修正）」とし、変更内容は新規文書に表示します。

次に、組み込んだ結果に、フォルダー「Lesson11」の文書「議事録（渡辺修正）」を組み込んでください。元の文書を「結果の組み込みn」、変更された文書を「議事録（渡辺修正）」とし、変更内容は元の文書に表示します。

(1)

①《校閲》タブ→《比較》グループの 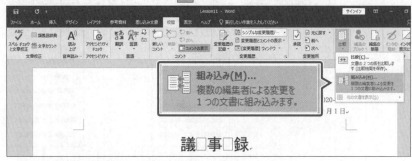 (比較)→《組み込み》をクリックします。

②《文書の組み込み》ダイアログボックスが表示されます。

③《元の文書》の ▽ をクリックし、一覧から「**Lesson11**」を選択します。

④《変更された文書》の 📄 をクリックします。

⑤《ファイルを開く》ダイアログボックスが表示されます。

⑥フォルダー「**Lesson11**」を開きます。

※《PC》→《ドキュメント》→「MOS-Word 365 2019-Expert(1)」→「Lesson11」を選択します。

⑦一覧から「**議事録（前田修正）**」を選択します。

⑧《開く》をクリックします。

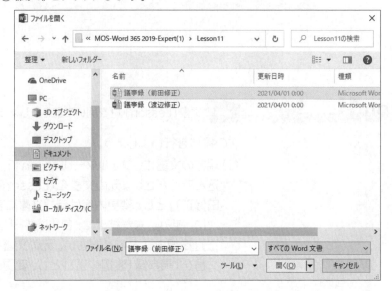

⑨《**文書の組み込み**》ダイアログボックスに戻ります。

⑩《**新規文書**》を ● にします。

※《変更箇所の表示》が表示されていない場合は、《オプション》をクリックして表示します。

⑪《**OK**》をクリックします。

※お使いの環境によっては、メッセージが表示される場合があります。その場合は、《文書》を
　● にし、《反映の続行》をクリックします。

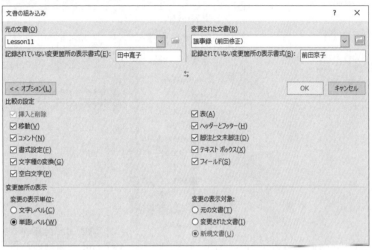

⑫《**変更履歴**》ウィンドウ、組み込み結果文書、元の文書、変更された文書が表示
　されます。

※2個の変更箇所が表示されます。

⑬《**校閲**》タブ→《**比較**》グループの （比較）→《**組み込み**》をクリックします。

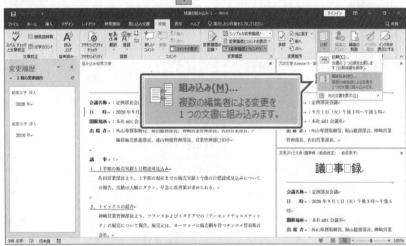

⑭《**文書の組み込み**》ダイアログボックスが表示されます。

⑮《**元の文書**》の をクリックし、一覧から「**結果の組み込みn**」を選択します。

※nは「結果の組み込み」の後ろの連番を表します。

⑯《**変更された文書**》の をクリックします。

求められるスキル

出題範囲1

出題範囲2

出題範囲3

出題範囲4

確認問題 標準解答

⑰《ファイルを開く》ダイアログボックスが表示されます。

⑱ フォルダー「**Lesson11**」を開きます。

※《PC》→《ドキュメント》→「MOS-Word 365 2019-Expert（1）」→「Lesson11」を選択します。

⑲ 一覧から「**議事録（渡辺修正）**」を選択します。

⑳《**開く**》をクリックします。

㉑《**文書の組み込み**》ダイアログボックスに戻ります。

㉒《**元の文書**》を⦿にします。

㉓《**OK**》をクリックします。

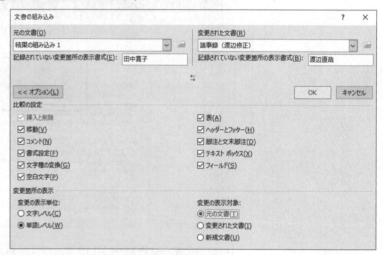

㉔ 組み込み結果文書が表示されます。

※3個の変更箇所が表示されます。

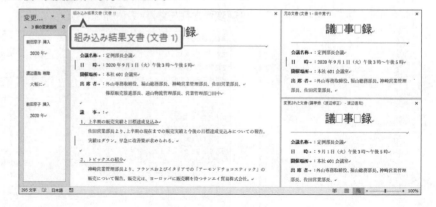

1-2 共同作業用に文書を準備する

☑ 理解度チェック	習得すべき機能	参照Lesson	学習前	学習後	試験直前
■変更履歴として記録されるように編集を制限できる。	→Lesson12	☑	☑	☑
■編集の制限を解除できる。	→Lesson12	☑	☑	☑
■利用可能な書式を制限できる。	→Lesson13	☑	☑	☑
■編集を制限した文書の一部分に例外処理を設定できる。	→Lesson14	☑	☑	☑
■文書を最終版にできる。	→Lesson15	☑	☑	☑
■文書を常に読み取り専用として開くように設定できる。	→Lesson16	☑	☑	☑
■文書にパスワードを設定して保護できる。	→Lesson17	☑	☑	☑

1-2-1 編集を制限する

 解説

■編集の制限

「編集の制限」を使うと、ほかのユーザーが文書の内容を変更したり、書式を変更したりすることを制限できます。

2019 **365** ◆《校閲》タブ→《保護》グループの （編集の制限）

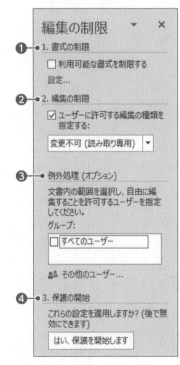

❶ 書式の制限
ユーザーが文書内で利用できるスタイルを限定したり、テーマの変更を禁止したりします。
※スタイルについては、P.89を参照してください。

❷ 編集の制限
ユーザーが文書を編集することを制限します。変更不可にして読み取り専用にしたり、変更内容を変更履歴として記録したりして、文書の内容を保護します。

❸ 例外処理
文書内の一部分に例外的に編集を許可する設定ができます。

❹ 保護の開始
文書を保護して、編集の制限を開始します。

求められるスキル

出題範囲1

出題範囲2

出題範囲3

出題範囲4

確認問題　標準解答

Lesson 12

 文書「Lesson12」を開いておきましょう。

次の操作を行いましょう。

(1) ユーザーが必ず変更履歴を記録するようにしてください。変更履歴の記録を解除するためのパスワード「gijiroku」を設定し、保護します。

(2) 「場所」の「応接室」を「会議室」に修正してください。修正後、編集の制限を解除してください。

Lesson 12 Answer

🖱 その他の方法

編集の制限

`2019` `365`

◆《ファイル》タブ→《情報》→《文書の保護》→《編集の制限》

◆《開発》タブ→《保護》グループの 🔒 (編集の制限)

---

(1)

① 《校閲》タブ→《保護》グループの 🔒 (編集の制限) をクリックします。

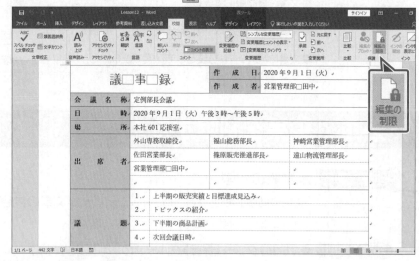

② 《編集の制限》作業ウィンドウが表示されます。

③ 《2. 編集の制限》の《ユーザーに許可する編集の種類を指定する》を ✔ にします。

④ 変更不可 (読み取り専用) ▼ の ▼ をクリックし、一覧から《変更履歴》を選択します。

⑤ 《3. 保護の開始》の《はい、保護を開始します》をクリックします。

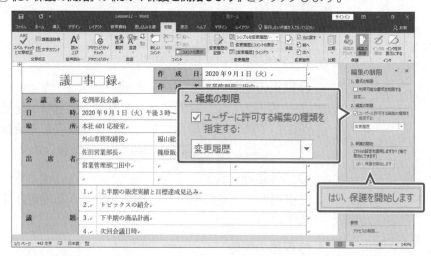

⑥ 《保護の開始》ダイアログボックスが表示されます。

⑦ 《新しいパスワードの入力》に「**gijiroku**」と入力します。

※パスワードは大文字と小文字が区別されます。

※パスワードは「＊」で表示されます。

⑧ 《パスワードの確認入力》に「**gijiroku**」と入力します。

⑨ 《OK》をクリックします。

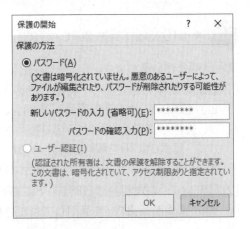

⑩ 保護が開始されます。

(2)

① 「応接室」を「会議室」に修正します。

② 変更した行の左端に赤い線が表示されることを確認します。

※赤い線が表示されない場合は、《校閲》タブ→《変更履歴》グループの シンプルな変更履歴/…（変更内容の表示）を《シンプルな変更履歴》にします。

③ 《編集の制限》作業ウィンドウの《保護の中止》をクリックします。

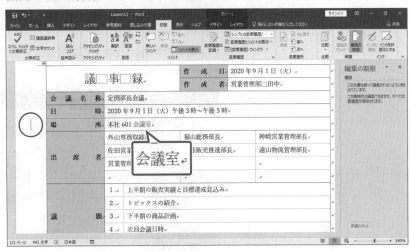

④ 《文書保護の解除》ダイアログボックスが表示されます。

⑤ 《パスワード》に「gijiroku」と入力します。

⑥ 《OK》をクリックします。

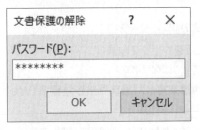

⑦ 保護が解除されます。

求められるスキル

出題範囲1

出題範囲2

出題範囲3

出題範囲4

確認問題 標準解答

Lesson 13

 文書「Lesson13」を開いておきましょう。

次の操作を行いましょう。

(1) 書式の制限を設定して、利用できるスタイルを「議事箇条書き」「議事見出し」「標準（Web）」「表項目」「表題」に制限してください。テーマやパターン、クイックスタイルセットの切り替えができないようにします。

次に、書式の制限を解除するためのパスワード「gijiroku」を設定してください。メッセージが表示された場合は「いいえ」をクリックします。

(2) 「議事」の「4.次回会議日時」の下にある「日時…」と「場所…」の段落にスタイル「議事箇条書き」を適用してください。

Lesson 13 Answer

(1)

① 《校閲》タブ→《保護》グループの （編集の制限）をクリックします。

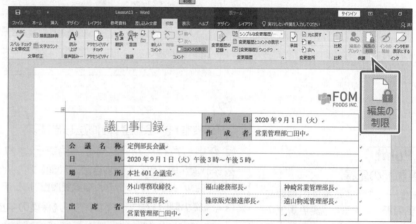

② 《編集の制限》作業ウィンドウが表示されます。

③ 《1. 書式の制限》の《利用可能な書式を制限する》を ☑ にします。

④ 《設定》をクリックします。

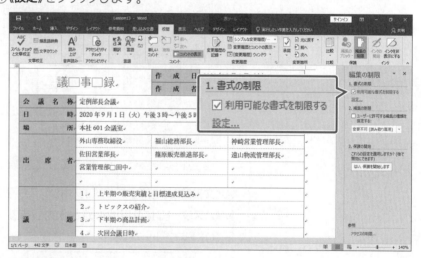

⑤ 《書式の制限》ダイアログボックスが表示されます。

⑥ 《なし》をクリックします。

※すべて ☐ になります。

⑦ 《議事箇条書き》《議事見出し》《標準（Web）（推奨）》《表項目》《表題（推奨）》をそれぞれ ☑ にします。

⑧ 《テーマまたはパターンの切り替えを許可しない》を ☑ にします。

⑨ 《クイックスタイルセットの切り替えを許可しない》を ☑ にします。

求められるスキル

出題範囲1

出題範囲2

出題範囲3

出題範囲4

確認問題 標準解答

《書式の制限》

❶スタイルの一覧
文書に登録されているすべてのスタイルが表示されます。

❷すべて
《スタイルの一覧》のすべてのスタイルを ✓ にします。

❸最小限
《スタイルの一覧》のうち、Wordで推奨されているスタイルを ✓ にします。

❹なし
《スタイルの一覧》のすべてのスタイルを ☐ にします。

❺オートフォーマットによる書式設定は制限しない
入力した内容に応じて自動的に書式を設定する入力オートフォーマットを許可します。

❻テーマまたはパターンの切り替えを許可しない
テーマの変更を制限します。

❼クイックスタイルセットの切り替えを許可しない
スタイルセットの変更を制限します。

⑩《OK》をクリックします。

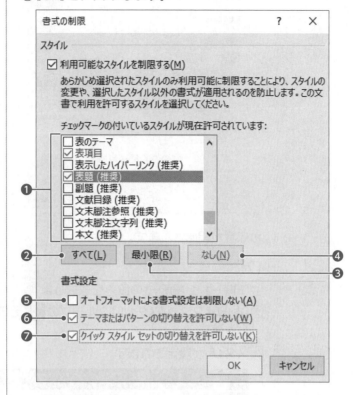

⑪メッセージを確認し、《いいえ》をクリックします。

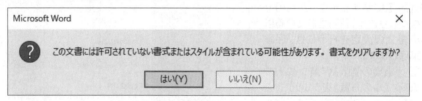

⑫《3. 保護の開始》の《はい、保護を開始します》をクリックします。

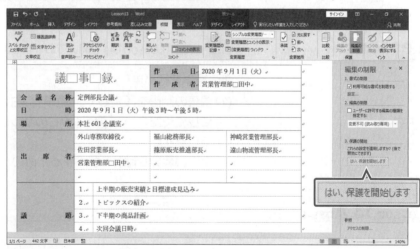

⑬《保護の開始》ダイアログボックスが表示されます。

⑭《新しいパスワードの入力》に「**gijiroku**」と入力します。

※パスワードは大文字と小文字が区別されます。

※パスワードは「*」で表示されます。

⑮《パスワードの確認入力》に「**gijiroku**」と入力します。

⑯《OK》をクリックします。

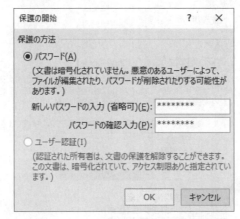

⑰保護が開始されます。

(2)

①「日時…」と「場所…」の段落を選択します。

②《ホーム》タブ→《スタイル》グループの　（その他）→《議事箇条書き》をクリックします。

③スタイルが設定されます。

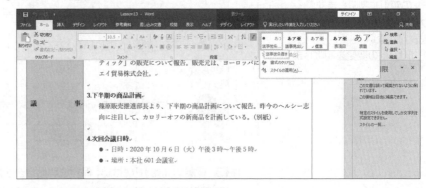

Lesson 14

 文書「Lesson14」を開いておきましょう。

次の操作を行いましょう。

(1) 編集の制限を設定して、「議事」の右のセル以外の文書を変更できないようにしてください。「議事」の右のセルはすべてのユーザーが変更できるようにします。
次に、編集の制限を解除するためのパスワード「gijiroku」を設定してください。

Lesson 14 Answer

(1)

①《校閲》タブ→《保護》グループの　（編集の制限）をクリックします。

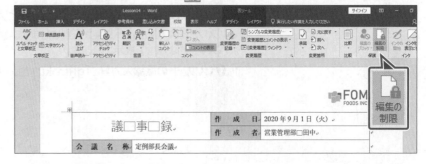

②《編集の制限》作業ウィンドウが表示されます。

③《2. 編集の制限》の《ユーザーに許可する編集の種類を指定する》を☑にします。

④ 変更不可（読み取り専用） ▼ が《変更不可（読み取り専用）》になっていることを確認します。

⑤「議事」の右のセルを選択します。

⑥《例外処理》の《すべてのユーザー》を☑にします。

⑦《3. 保護の開始》の《はい、保護を開始します》をクリックします。

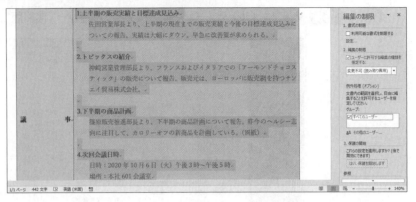

⑧《保護の開始》ダイアログボックスが表示されます。

⑨《新しいパスワードの入力》に「**gijiroku**」と入力します。

※パスワードは大文字と小文字が区別されます。

※パスワードは「＊」で表示されます。

⑩《パスワードの確認入力》に「**gijiroku**」と入力します。

⑪《OK》をクリックします。

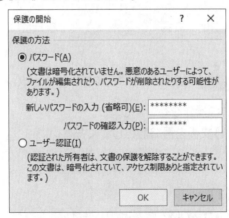

⑫保護が開始され、編集できる領域が強調して表示されます。

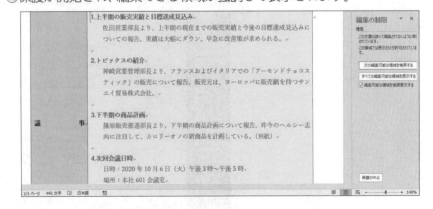

求められるスキル

出題範囲1

出題範囲2

出題範囲3

出題範囲4

確認問題 標準解答

！ Point

強調表示の解除

例外処理を設定すると、編集可能な領域が強調して表示されます。
強調表示を解除する方法は、次のとおりです。

2019　365

◆《編集の制限》作業ウィンドウの《☐編集可能な領域を強調表示する》

1-2-2　文書を最終版にする

 解　説 ■最終版にする

文書を最終版にすると、文書が読み取り専用になり、内容を変更できなくなります。
文書が完成してこれ以上変更を加えない場合は、その文書を最終版にしておくと、不用意に内容を書き換えたり文字列を削除したりすることを防止できます。

`2019` `365` ◆《ファイル》タブ→《情報》→《文書の保護》→《最終版にする》

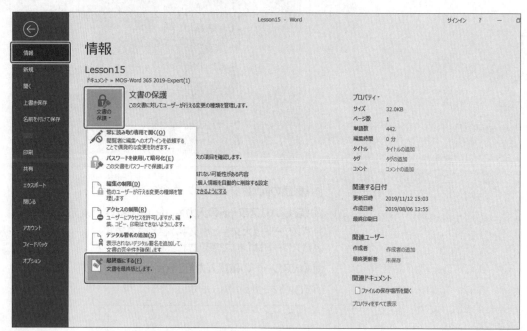

Lesson 15

 文書「Lesson15」を開いておきましょう。

次の操作を行いましょう。
(1) 文書を最終版にしてください。

Lesson 15 Answer

(1)
①《ファイル》タブを選択します。
②《情報》→《文書の保護》→《最終版にする》をクリックします。

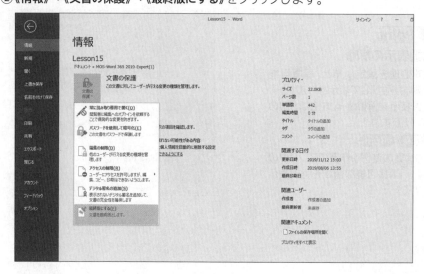

③メッセージを確認し、《OK》をクリックします。

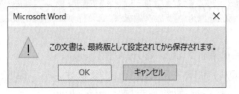

④メッセージを確認し、《OK》をクリックします。

⑤文書が最終版として上書き保存されます。

⑥ [Esc] を押します。

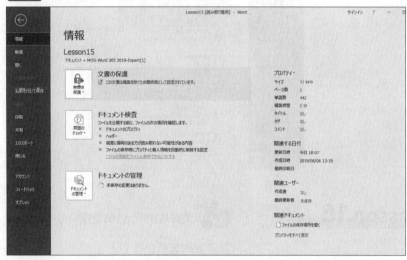

⑦《最終版》のメッセージバーが表示されます。

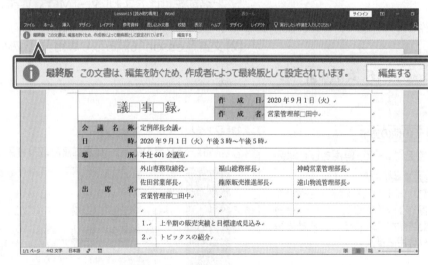

求められるスキル

出題範囲1

出題範囲2

出題範囲3

出題範囲4

確認問題 標準解答

! Point

最終版の文書の編集

最終版として保存した文書を再度編集できる状態に戻すことができます。

2019 **365**

◆《最終版》のメッセージバーの《編集する》をクリック

1-2-3　文書を読み取り専用にする

 解 説　■ **文書を常に読み取り専用で開く**

文書を読み取り専用で開くように設定すると、閲覧者が誤って内容を書き換えたり文字列を削除したりすることを防止できます。

2019 365 ◆《ファイル》タブ→《情報》→《文書の保護》→《常に読み取り専用で開く》

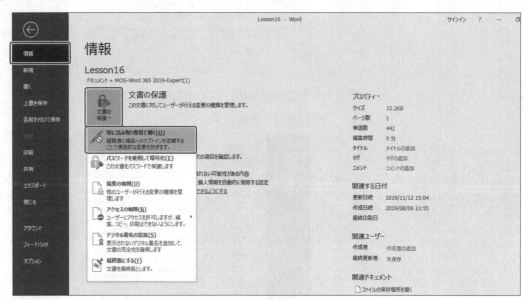

Lesson 16

OPEN 文書「Lesson16」を開いておきましょう。

次の操作を行いましょう。

(1)文書を常に読み取り専用で開くように設定し、「Lesson16読み取り専用」と名前を付けてフォルダー「MOS-Word 365 2019-Expert(1)」に保存して閉じてください。

(2)文書「Lesson16読み取り専用」を読み取り専用で開いてください。

Lesson 16 Answer

その他の方法

文書を読み取り専用として保存

2019 365

◆《ファイル》タブ→《名前を付けて保存》→《参照》→《ツール》→《全般オプション》→《☑読み取り専用を推奨》

(1)

①《ファイル》タブを選択します。

②《情報》→《文書の保護》→《常に読み取り専用で開く》をクリックします。

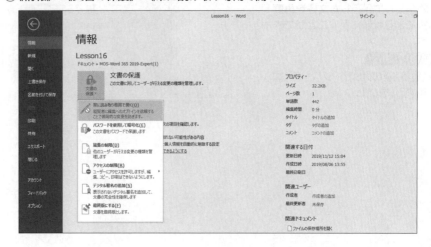

③《**名前を付けて保存**》→《**参照**》をクリックします。

④《**名前を付けて保存**》ダイアログボックスが表示されます。

⑤フォルダー「**MOS-Word 365 2019-Expert(1)**」を開きます。

※《PC》→《ドキュメント》→「MOS-Word 365 2019-Expert(1)」を選択します。

⑥ファイル名に「**Lesson16読み取り専用**」と入力します。

⑦《**保存**》をクリックします。

⑧文書が保存されます。

⑨《**ファイル**》タブを選択します。

⑩《**閉じる**》をクリックします。

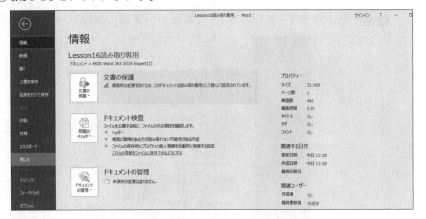

(2)

①《**ファイル**》タブを選択します。

②《**開く**》→《**参照**》をクリックします。

③《**ファイルを開く**》ダイアログボックスが表示されます。

④フォルダー「**MOS-Word 365 2019-Expert(1)**」を開きます。

※《PC》→《ドキュメント》→「MOS-Word 365 2019-Expert(1)」を選択します。

⑤一覧から「**Lesson16読み取り専用**」を選択します。

⑥《**開く**》をクリックします。

⑦メッセージを確認し、《**はい**》をクリックします。

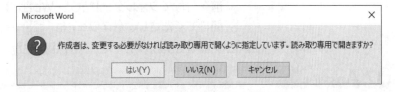

⑧文書が読み取り専用で開かれます。

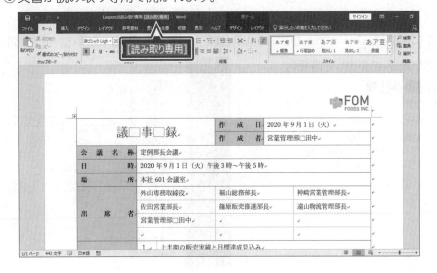

求められるスキル

出題範囲1

出題範囲2

出題範囲3

出題範囲4

確認問題 標準解答

1-2-4 パスワードを使用して文書を保護する

 解説

■パスワードを使用して暗号化

文書にパスワードを設定して保存すると、パスワードを知っているユーザーしか文書を編集できなくなります。

文書をパスワードで保護すると、文書を開くときにパスワードの入力を求められます。パスワードを知っているユーザーしか文書を開くことができなくなるので、機密性を高めることができます。

2019 **365** ◆《ファイル》タブ→《情報》→《文書の保護》→《パスワードを使用して暗号化》

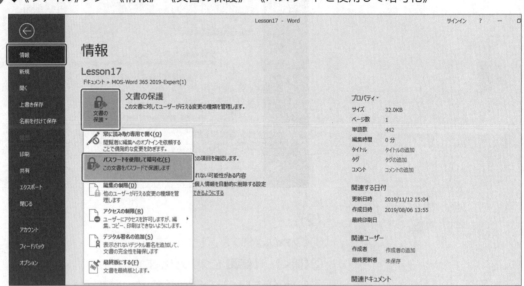

Lesson 17

 文書「Lesson17」を開いておきましょう。

次の操作を行いましょう。

(1) パスワードを使用して文書を暗号化し、「Lesson17パスワード保護」と名前を付けてフォルダー「MOS-Word 365 2019-Expert(1)」に保存して閉じてください。パスワードは「gijiroku」とします。

(2) 文書「Lesson17パスワード保護」を開いてください。

Lesson 17 Answer

(1)

①《ファイル》タブを選択します。

②《情報》→《文書の保護》→《パスワードを使用して暗号化》をクリックします。

その他の方法

パスワードを使用して暗号化

2019 **365**

◆《ファイル》タブ→《名前を付けて保存》→《参照》→《ツール》→《全般オプション》→《読み取りパスワード》にパスワードを設定

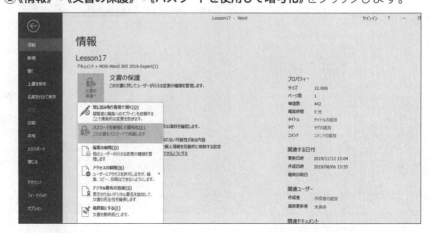

③《**ドキュメントの暗号化**》ダイアログボックスが表示されます。

④《**パスワード**》に「**gijiroku**」と入力します。

※パスワードは大文字と小文字が区別されます。

※パスワードは「●」で表示されます。

⑤《**OK**》をクリックします。

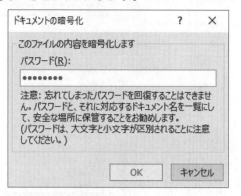

⑥《**パスワードの確認**》ダイアログボックスが表示されます。

⑦《**パスワードの再入力**》に「**gijiroku**」と入力します。

⑧《**OK**》をクリックします。

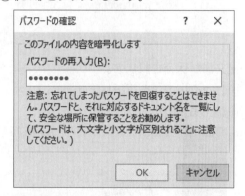

! Point

パスワードによる文書の保護

設定したパスワードは、文書を保存
すると有効になります。

⑨《**名前を付けて保存**》→《**参照**》をクリックします。

求められるスキル

出題範囲1

出題範囲2

出題範囲3

出題範囲4

確認問題 標準解答

⑩《名前を付けて保存》ダイアログボックスが表示されます。

⑪フォルダー「**MOS-Word 365 2019-Expert(1)**」を開きます。

※《PC》→《ドキュメント》→「MOS-Word 365 2019-Expert(1)」を選択します。

⑫ファイル名に「**Lesson17パスワード保護**」と入力します。

⑬《**保存**》をクリックします。

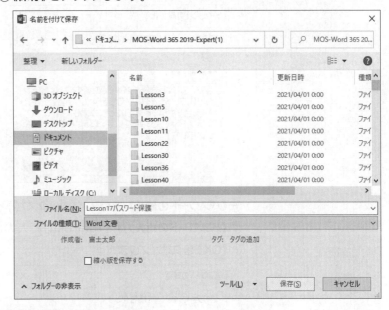

⑭文書が保存されます。

⑮《**ファイル**》タブを選択します。

⑯《**閉じる**》をクリックします。

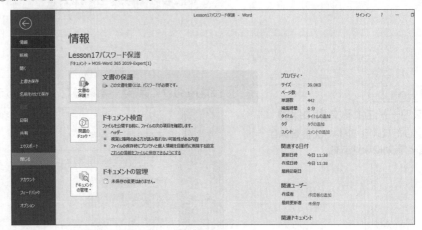

(2)

①《**ファイル**》タブを選択します。

②《**開く**》→《**参照**》をクリックします。

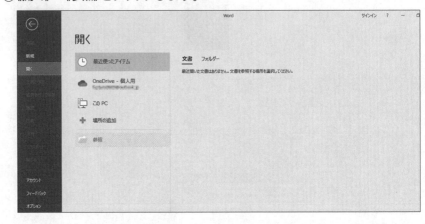

③《ファイルを開く》ダイアログボックスが表示されます。

④フォルダー「**MOS-Word 365 2019-Expert（1）**」を開きます。

※《PC》→《ドキュメント》→「MOS-Word 365 2019-Expert（1）」を選択します。

⑤一覧から「**Lesson17パスワード保護**」を選択します。

⑥《**開く**》をクリックします。

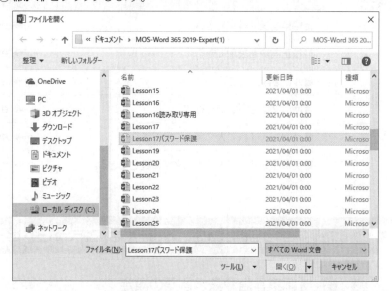

⑦《パスワード》ダイアログボックスが表示されます。

⑧《パスワード》に「**gijiroku**」と入力します。

※パスワードは「*」で表示されます。

⑨《**OK**》をクリックします。

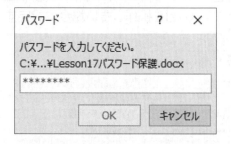

<!-- Point -->

! Point

パスワードの解除

`2019` `365`

◆《ファイル》タブ→《情報》→《文書の保護》→《パスワードを使用して暗号化》→パスワードを削除

⑩文書が開かれます。

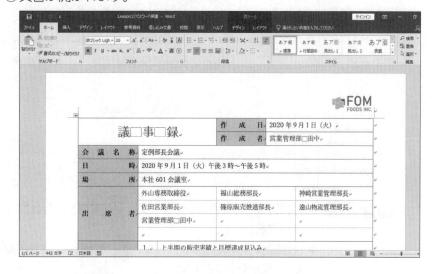

求められるスキル

出題範囲1

出題範囲2

出題範囲3

出題範囲4

確認問題 標準解答

1-3 言語オプションを使用する、設定する

 理解度チェック

習得すべき機能	参照Lesson	学習前	学習後	試験直前
■編集言語を設定できる。	➡Lesson18	☑	☑	☑
■校正言語を設定できる。	➡Lesson19	☑	☑	☑
■ルビを設定できる。	➡Lesson20	☑	☑	☑
■囲い文字を設定できる。	➡Lesson20	☑	☑	☑
■英数字をすべて大文字に設定できる。	➡Lesson21	☑	☑	☑
■英数字をすべて小型英大文字に設定できる。	➡Lesson21	☑	☑	☑

1-3-1 編集言語や表示言語を設定する

解説 ■編集言語や表示言語の設定

「**編集言語**」を設定すると、様々な言語で文書を編集できます。スペルチェックや文章校正などは、編集言語に基づいて設定されます。編集言語は、初期の設定で日本語が適用されています。

「**表示言語**」を設定すると、コマンドやタブ、ヘルプなどを異なる言語で表示できます。異なる言語を使って、Wordを操作したい場合に設定すると便利です。

2019 **365** ◆《校閲》タブ→《言語》グループの（言語）→《言語の設定》→《編集言語の選択》／《表示言語の選択》

◆《校閲》タブ→《言語》グループの（言語）→《言語の設定》→《Officeの編集言語と校正機能》／《Officeの表示言語》

Lesson 18

OPEN Wordを起動し、新しい文書を作成しておきましょう。
※このLessonの実習用ファイルはありません。

次の操作を行いましょう。

(1)文書の編集言語を「英語(米国)」が既定になるように設定してください。

Lesson 18 Answer

編集言語や表示言語の設定

`2019` `365`

◆《ファイル》タブ→《オプション》→
左側の一覧から《言語》を選択→
《編集言語の選択》/《表示言語
の選択》

◆《ファイル》タブ→《オプション》→
左側の一覧から《言語》を選択→
《Officeの編集言語と校正機
能》/《Officeの表示言語》

Point

《Wordのオプション》の《言語》

❶編集言語
編集に使用する言語を選択します。
既定の言語が太字で表示されます。

❷校正
校正ツールがインストール済みかど
うかを表示します。

❸削除
選択した編集言語を削除します。

❹既定に設定
選択した編集言語を既定に設定し
ます。Wordを再起動すると有効に
なります。

❺他の編集言語を追加
他の編集言語を追加するときに使
用します。

❻表示言語
タブやコマンドなどの表示言語を設
定します。

❼ヘルプ言語
ヘルプの言語を設定します。

(1)

①《校閲》タブ→《言語》グループの 🔤 (言語) →《言語の設定》をクリックします。

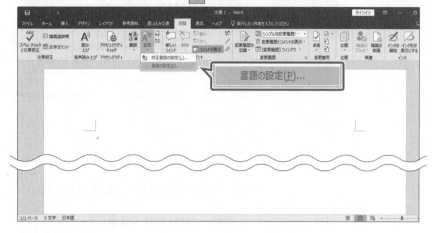

②《Wordのオプション》ダイアログボックスが表示されます。

③《編集言語の選択》の一覧から《英語(米国)》を選択します。

④《既定に設定》をクリックします。

※お使いの環境によっては、《優先として設定》をクリックします。

⑤メッセージを確認し、《はい》をクリックします。

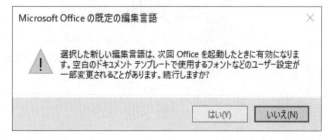

求められるスキル

出題範囲1

出題範囲2

出題範囲3

出題範囲4

確認問題 標準解答

62

⑥《Wordのオプション》ダイアログボックスに戻ります。

⑦《OK》をクリックします。

⑧メッセージを確認し、《OK》をクリックします。

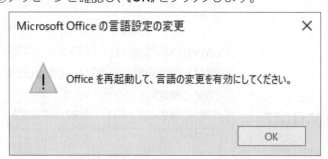

⑨ ⬚ ✕ （閉じる）をクリックします。

⑩Wordを起動し、新しい文書を作成します。

⑪編集言語が変更されます。

※段落記号の形状やステータスバーの表示が変更されていることを確認しましょう。

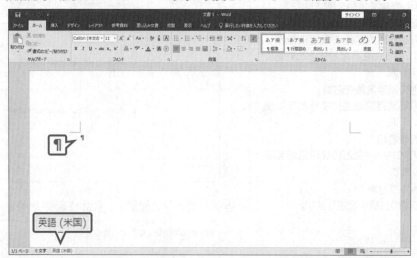

※《Wordのオプション》ダイアログボックスを表示し、既定の編集言語を《日本語》に戻しておきましょう。

解 説 ■校正言語の設定

スペルチェックや文章校正に使用する言語は、Wordが自動的に**「校正言語」**を認識していますが、文字列単位で設定することもできます。文書内に複数の言語が混在している場合などは、校正言語を設定してスペルチェックや文章校正を行うと効率的です。

校正言語として「日本語」を設定

> 旅行の準備は進んでますか？観光はもちろんのこと、食事やショッピングなど楽しいことがいっぱいですね。観光地ではもちろん英語も通じますが、イタリア［い抜き表現を発見！］け答えができるようにしておくとよいですね。次のような簡単な～イタリア語を覚えておくとよいでしょう。

日本語	英語	イタリア語
はい	Yes	Si
いいえ	No	No
ありがとう	Thank you	Grazie
どうぞ／ どういたしまして	You're welcome	Prigo
おはよう／ こんにちは	Good mornning／ Good afternoon	Buongiorno
こんばんは	Good evening	Buonasera
おやすみなさい	Good night	Bonanotte
さよなら	Good bye	Arrivederci

［スペルミスを発見！］（Prigo）

［スペルミスを発見！］（Good mornning）

校正言語として「英語」を設定

校正言語として「イタリア語」を設定

`2019` `365` ◆《校閲》タブ→《言語》グループの [言語]（言語）→《校正言語の設定》

Lesson 19

 文書「Lesson19」を開いておきましょう。
※文書「Lesson19」の表の2列目と3列目には、あらかじめ校正言語として、「イタリア語（イタリア）」が設定されています。

次の操作を行いましょう。

(1)表の2列目の英字の校正言語を「英語（米国）」に設定してください。

求められるスキル

出題範囲1

出題範囲2

出題範囲3

出題範囲4

確認問題 標準解答

出題範囲1　文書のオプションと設定の管理

（1）

①表の2行2列目から16行2列目を選択します。

②《校閲》タブ→《言語》グループの （言語）→《校正言語の設定》をクリックします。

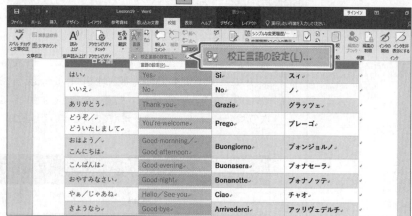

③《言語の選択》ダイアログボックスが表示されます。

④一覧から《英語（米国）》を選択します。

⑤《OK》をクリックします。

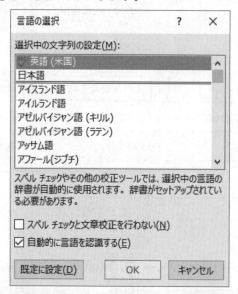

⑥校正言語が「英語（米国）」に変更されます。

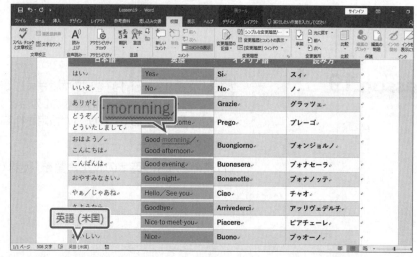

※《校正ツールが見つかりません》というメッセージバーが表示された場合は、そのままにしておきます。

! Point

校正ツールのインストール

インストールされていない言語を校正言語として設定すると、《校正ツールが見つかりません》というメッセージバーが表示されます。《ダウンロード》をクリックすると、言語をインストールできます。

! Point

校正言語の削除

追加した校正言語を削除する方法は、次のとおりです。

2019 **365**

◆《ファイル》タブ→《オプション》→《言語》→《編集言語》の一覧から言語を選択→《削除》

◆《ファイル》タブ→《オプション》→《言語》→《Officeの編集言語と校正機能》の一覧から言語を選択→《削除》

1-3-2 言語（日本語）に特有の機能を使用する

 解説 ■言語に合わせた書式設定

Wordでは使用する言語に合わせて、文書を効率よく編集するための様々な機能が用意されています。例えば、日本語では、文字列にルビを設定したり、囲み線を設定したりするなどの特有の機能があります。

2019 365 ◆《ホーム》タブ→《フォント》グループ

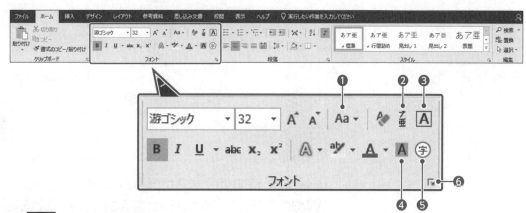

❶ Aa ▾ （文字種の変換）

アルファベットをすべて大文字やすべて小文字などに変換します。半角と全角、ひらがなとカタカナの変換もできます。

❷ （ルビ）

ふりがなを設定します。

❸ Ａ （囲み線）

文字列を線で囲みます。

❹ Ａ （文字の網かけ）

文字列の背景に網かけを設定します。

❺ 字 （囲い文字）

文字列を四角や丸で囲みます。

❻ （フォント）

小型英大文字やすべて大文字など、言語に特有の書式を設定します。

Lesson 20

 文書「Lesson20」を開いておきましょう。

次の操作を行いましょう。

(1)「望月汐音」に「もちづきしおん」とふりがなを設定してください。

(2)「日本時間…」の前に囲い文字「注」を挿入してください。文字列は丸で囲み、外枠のサイズを合わせます。

(1)

①「**望月汐音**」を選択します。

②《**ホーム**》タブ→《**フォント**》グループの 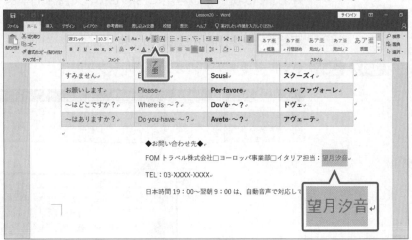（ルビ）をクリックします。

③《**ルビ**》ダイアログボックスが表示されます。

④《**ルビ**》の1行目に「**もちづき**」と表示されていることを確認します。

⑤《**ルビ**》の2行目に「**しおん**」と入力します。

⑥《**OK**》をクリックします。

⑦文字列にふりがなが表示されます。

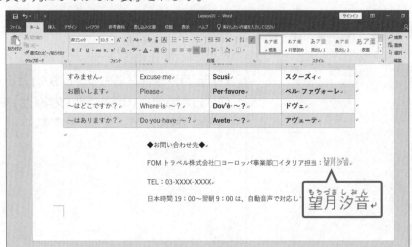

🖙 Point

ルビの解除

`2019` `365`

◆文字列を選択→《**ホーム**》タブ→《**フォント**》グループの ア亜（ルビ）→《**ルビの解除**》

(2)

① 「**日本時間…**」の前にカーソルを移動します。

② 《**ホーム**》タブ→《**フォント**》グループの 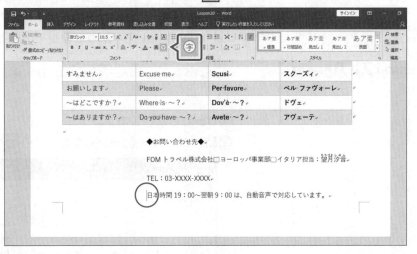 （囲い文字）をクリックします。

③ 《**囲い文字**》ダイアログボックスが表示されます。

④ 《**スタイル**》の《**外枠のサイズを合わせる**》をクリックします。

⑤ 《**囲み**》の《**文字**》の一覧から《**注**》を選択します。

⑥ 《**囲み**》の一覧から《**〇**》を選択します。

⑦ 《**OK**》をクリックします。

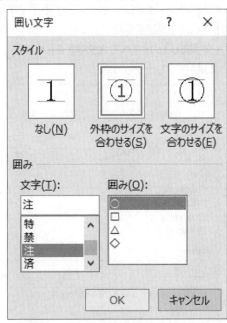

⑧ 囲い文字が挿入されます。

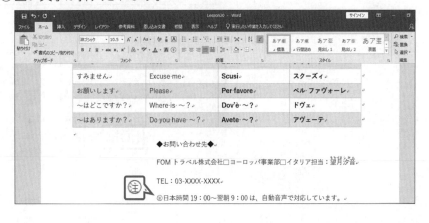

求められるスキル

出題範囲1

出題範囲2

出題範囲3

出題範囲4

確認問題 標準解答

Lesson 21

 文書「Lesson21」を開いておきましょう。

次の操作を行いましょう。

(1)「fom」を、文字飾りを使ってすべて大文字にしてください。

(2)「travel」を、文字飾りを使って小型英大文字にしてください。

Lesson 21 Answer

(1)

①「**fom**」を選択します。

②《**ホーム**》タブ→《**フォント**》グループの ![アイコン]（フォント）をクリックします。

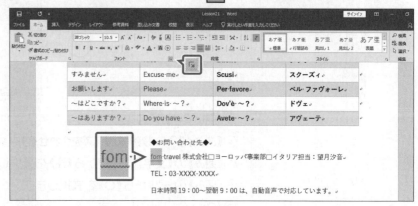

③《**フォント**》ダイアログボックスが表示されます。

④《**フォント**》タブを選択します。

⑤《**文字飾り**》の《**すべて大文字**》を ☑ にします。

⑥《**OK**》をクリックします。

⑦すべて大文字で表示されます。

(2)

① 「**travel**」を選択します。

② 《**ホーム**》タブ→《**フォント**》グループの （フォント）をクリックします。

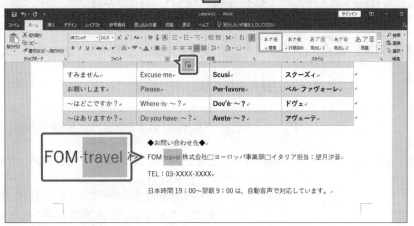

③ 《**フォント**》ダイアログボックスが表示されます。

④ 《**フォント**》タブを選択します。

⑤ 《**文字飾り**》の《**小型英大文字**》を ✔ にします。

⑥ 《**OK**》をクリックします。

⑦ 小型英大文字で表示されます。

求められるスキル

出題範囲 1

出題範囲 2

出題範囲 3

出題範囲 4

確認問題 標準解答

Exercise 確認問題

解答 ▶ P.191

Lesson 22

 文書「Lesson22」を開いておきましょう。

次の操作を行いましょう。

	あなたは、話し方講座のテキストを改編します。
問題（1）	クイックアクセスツールバーにコマンド「クイック印刷」を登録してください。
問題（2）	文書の自動保存のタイミングを「5分」に設定してください。文書を保存しないで終了する場合は、最後に自動保存された文書を残すようにします。
問題（3）	警告を表示せずにすべてのマクロを無効にしてください。
問題（4）	日本語用のフォントを「游ゴシック」に設定し、この文書の既定のフォントとしてください。
問題（5）	1ページ目の「Merci」の校正言語を「フランス語（フランス）」に設定してください。メッセージバーが表示された場合は、表示されたままにします。
問題（6）	1ページ目の「御前　奏人」に「みさき　かなと」とふりがなを設定してください。
問題（7）	見出し「5.プラス思考で肯定的に話す」の「…常にプラス思考を心がけることが大切です。」の次の行に、フォルダー「Lesson22」の文書「StepUp」をリンク形式で挿入してください。
問題（8）	書式の制限を設定して、利用できるスタイルを「見出し1」「見出し2」「標準（Web）」に制限してください。 次に、書式の制限を解除するためのパスワード「text」を設定してください。メッセージが表示された場合は「いいえ」をクリックします。
問題（9）	文書を最終版にしてください。

※クイックアクセスツールバーに追加したコマンドを削除しておきましょう。

※《Wordのオプション》ダイアログボックスを表示し、文書の自動保存のタイミングを元の設定に戻しておきましょう。

※《セキュリティセンター》ダイアログボックスを表示し、《マクロの設定》を元の設定に戻しておきましょう。

※《開発》タブを非表示にしておきましょう。

MOS Word
365&2019 Expert

出題範囲 2

高度な編集機能や
書式設定機能の利用

2-1 | 文書のコンテンツを検索する、置換する、貼り付ける

 理解度チェック

	習得すべき機能	参照Lesson	学習前	学習後	試験直前
■ワイルドカードや特殊文字を使って検索・置換できる。		➡Lesson23	☑	☑	☑
■文字書式やスタイルを置換できる。		➡Lesson24	☑	☑	☑
■貼り付けのオプションを使ってデータを適切に貼り付けることができる。		➡Lesson25	☑	☑	☑

2-1-1 | ワイルドカードや特殊文字を使って文字列を検索する、置換する

解説　■ ワイルドカードや特殊文字を使った文字列の検索・置換

文字列を検索したり、置換したりする場合に「**ワイルドカード**」を使うことができます。ワイルドカードを使うと、次のような検索や置換が可能になります。

> 【例】
> ・住所が東京都内の人だけを検索し、フォントの色を変更する。
> ・「 」で囲まれている文字列を検索し、太字を設定する。

ワイルドカードには、次のような種類があります。

ワイルドカード	検索対象		例
？	任意の1文字	み？ん	「みかん」「みりん」は検索されるが、「みんかん」は検索されない。
＊	任意の数文字	東京都＊区	「東京都」のすべての区（東京都港区、東京都世田谷区など）が検索される。

※ワイルドカードは半角で入力します。

また、ワイルドカード以外にも、タブ文字やセクション区切り、3点リーダーなどの特殊文字を検索し、置換することもできます。

Lesson 23

 文書「Lesson23」を開いておきましょう。

次の操作を行いましょう。

(1) 文書内のタブ文字をすべて半角空白に置換してください。

(2) 置換を使って「」で囲まれた文字列に太字を設定してください。

Lesson 23 Answer

(1)

①《**ホーム**》タブ→《**編集**》グループの （置換）をクリックします。

※2ページ目の【例】の後ろにタブ文字が使われていることを確認しておきましょう。

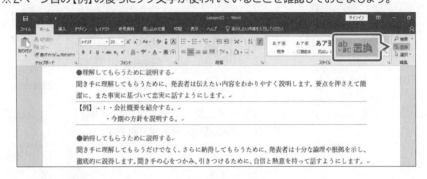

②《**検索と置換**》ダイアログボックスが表示されます。

③《**置換**》タブを選択します。

④《**検索する文字列**》にカーソルを移動します。

⑤《**オプション**》をクリックします。

⑥《**あいまい検索(日)**》を□にします。

⑦《**特殊文字**》をクリックします。

⑧《**タブ文字**》をクリックします。

求められるスキル

出題範囲1

出題範囲2

出題範囲3

出題範囲4

確認問題 標準解答

74

⑨《検索する文字列》に「^t」と表示されます。

⑩《置換後の文字列》に半角空白を入力します。

⑪《すべて置換》をクリックします。

⑫メッセージを確認し、《OK》をクリックします。

※3個の項目が置換されます。

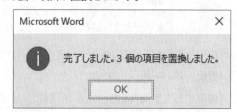

⑬《検索と置換》ダイアログボックスに戻ります。

⑭《閉じる》をクリックします。

⑮タブ文字が半角空白に置換されます。

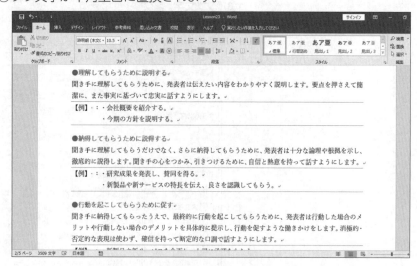

(2)

①《**ホーム**》タブ→《**編集**》グループの  (置換) をクリックします。

②《**検索と置換**》ダイアログボックスが表示されます。

③《**置換**》タブを選択します。

④《**ワイルドカードを使用する**》を ✔ にします。

⑤《**検索する文字列**》に「「*」」と入力します。

※*は半角で入力します。

※前回検索した「^t」は削除します。

⑥《**置換後の文字列**》を削除します。

※前回置換した半角空白は削除します。

❗ Point

検索方向

検索オプションの《検索方向》が「文書全体」になっていると、検索や置換を行う場合にカーソルの位置を気にすることなく検索できます。「上へ」や「下へ」になっていると、カーソルのある位置を基準にして、上方向または下方向に検索が始まります。

⑦《**書式**》をクリックします。

⑧《**フォント**》をクリックします。

求められるスキル

出題範囲1

出題範囲2

出題範囲3

出題範囲4

確認問題 標準解答

⑨《置換後の文字》ダイアログボックスが表示されます。

⑩《フォント》タブを選択します。

⑪《スタイル》の一覧から《太字》を選択します。

⑫《OK》をクリックします。

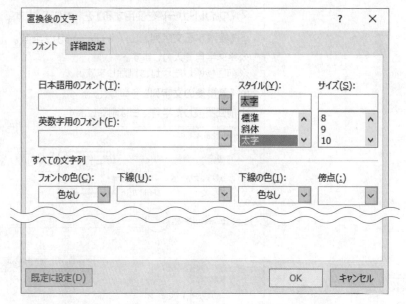

⑬《検索と置換》ダイアログボックスに戻ります。

⑭《すべて置換》をクリックします。

⑮メッセージを確認し、《OK》をクリックします。

※4個の項目が置換されます。

⑯《検索と置換》ダイアログボックスに戻ります。

⑰《閉じる》をクリックします。

⑱「　」で囲まれた文字列に太字が設定されます。

※置換された箇所は2ページ目と5ページ目です。

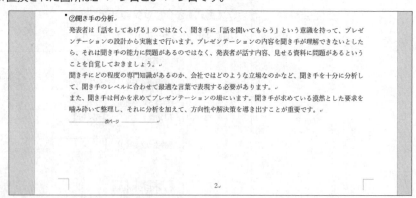

2-1-2 書式設定やスタイルを検索する、置換する

■書式やスタイルの検索・置換

文字書式や段落書式、スタイルなどが設定された文字列を検索し、別の書式やスタイルに置換することができます。

※スタイルについては、P.89を参照してください。

2019 **365** ◆《ホーム》タブ→《編集》グループの ○ 検索 ▼ （検索）／ ab ac 置換（置換）

Lesson 24

OPEN 文書「Lesson24」を開いておきましょう。

次の操作を行いましょう。

(1) スタイル「副題」が設定されている箇所を、スタイル「表題」に変更してください。

(2) 文書内の「斜体」の書式を、「太字　斜体」に変更してください。

Lesson 24 Answer

(1)

①《ホーム》タブ→《編集》グループの ab ac 置換（置換）をクリックします。

※1ページ1行目に、スタイル「副題」が設定されていることを確認しておきましょう。

②《検索と置換》ダイアログボックスが表示されます。

③《置換》タブを選択します。

④《検索する文字列》にカーソルを移動します。

⑤《オプション》をクリックします。

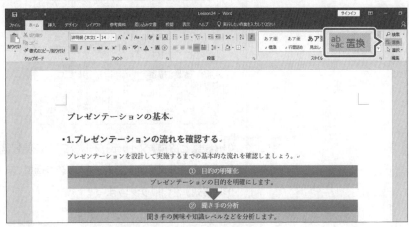

⑥《書式》をクリックします。

⑦《スタイル》をクリックします。

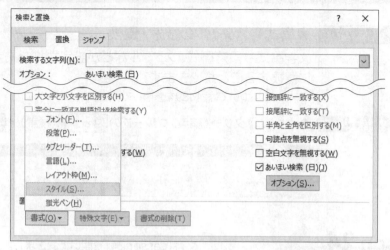

⑧《文字/段落スタイルの検索》ダイアログボックスが表示されます。

⑨一覧から《副題》を選択します。

⑩《OK》をクリックします。

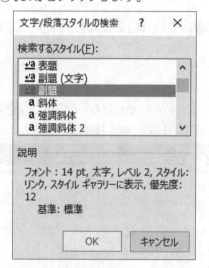

⑪《検索と置換》ダイアログボックスに戻ります。

⑫《置換後の文字列》にカーソルを移動します。

⑬《書式》をクリックします。

⑭《スタイル》をクリックします。

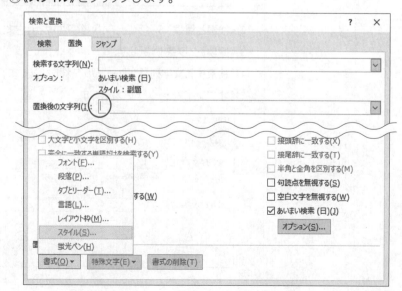

⑮《置換後のスタイル》ダイアログボックスが表示されます。

⑯一覧から《表題》を選択します。

⑰《OK》をクリックします。

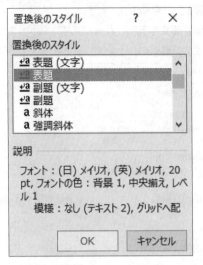

⑱《検索と置換》ダイアログボックスに戻ります。

⑲《すべて置換》をクリックします。

⑳メッセージを確認し、《OK》をクリックします。

※1個の項目が置換されます。

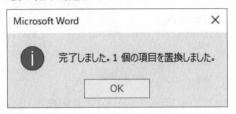

㉑《検索と置換》ダイアログボックスに戻ります。

㉒《閉じる》をクリックします。

㉓スタイル「**表題**」が適用されます。

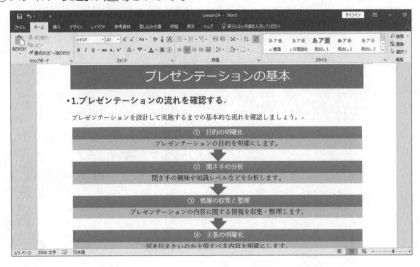

求められるスキル

出題範囲1

出題範囲2

出題範囲3

出題範囲4

確認問題 標準解答

(2)

①《**ホーム**》タブ→《**編集**》グループの　置換　（置換）をクリックします。

②《**検索と置換**》ダイアログボックスが表示されます。

③《**置換**》タブを選択します。

④《**検索する文字列**》にカーソルを移動します。

⑤《**書式の削除**》をクリックします。

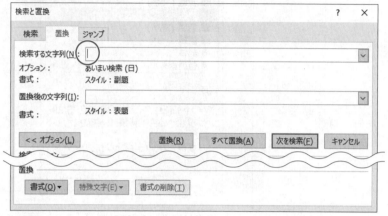

⑥《**書式**》をクリックします。

⑦《**フォント**》をクリックします。

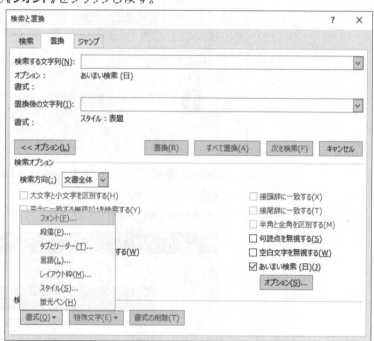

⑧《**検索する文字**》ダイアログボックスが表示されます。

⑨《**フォント**》タブを選択します。

⑩《**スタイル**》の一覧から《**斜体**》を選択します。

⑪《**OK**》をクリックします。

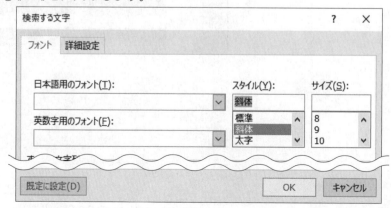

⑫《検索と置換》ダイアログボックスに戻ります。

⑬《置換後の文字列》にカーソルを移動します。

⑭《書式の削除》をクリックします。

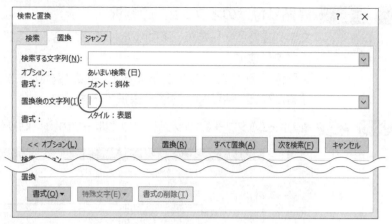

⑮《書式》をクリックします。

⑯《フォント》をクリックします。

⑰《置換後の文字》ダイアログボックスが表示されます。

⑱《フォント》タブを選択します。

⑲《スタイル》の一覧から《太字 斜体》を選択します。

⑳《OK》をクリックします。

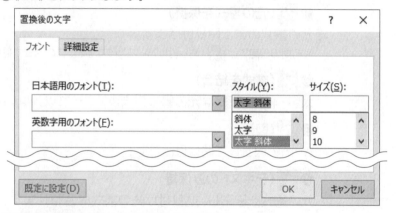

㉑《検索と置換》ダイアログボックスに戻ります。

㉒《すべて置換》をクリックします。

㉓メッセージを確認し、《OK》をクリックします。

※4個の項目が置換されます。

㉔《検索と置換》ダイアログボックスに戻ります。

㉕《閉じる》をクリックします。

㉖太字と斜体が設定されます。

※置換された箇所は2ページ目と5ページ目です。

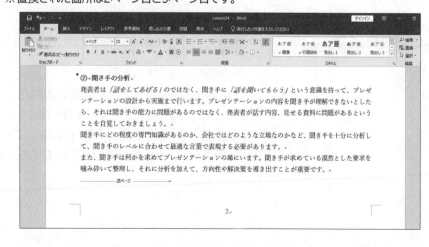

求められるスキル

出題範囲1

出題範囲2

出題範囲3

出題範囲4

確認問題 標準解答

2-1-3 | 貼り付けのオプションを適用する

解説 ■貼り付けのオプションの選択

文字列をコピーしたり、移動したりする場合、元の書式と貼り付け先の書式が異なる場合があります。

貼り付けのオプションを選択すると、元の書式のままコピーするか、文字列だけをコピーするかなど、貼り付け方法を選択できます。

2019 365 ◆《ホーム》タブ→《クリップボード》グループの （貼り付け）

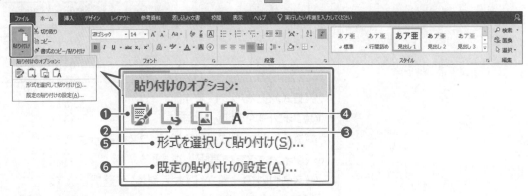

❶ （元の書式を保持）

元の書式のまま貼り付けます。

※初期の設定では （貼り付け）をクリックすると、この形式で貼り付けられます。

❷ （書式を結合）

太字・斜体・下線は元の書式のままで、それ以外は貼り付け先の書式に合わせます。

❸ （図）

Wordの図として貼り付けます。

❹ （テキストのみ保持）

元の書式を破棄し、貼り付け先の書式に合わせます。

❺形式を選択して貼り付け

《形式を選択して貼り付け》ダイアログボックスを表示します。貼り付ける形式やリンクの設定などを選択できます。

❻既定の貼り付けの設定

《Wordのオプション》ダイアログボックスを表示します。同じ文書内で貼り付ける場合やほかのプログラムのデータを貼り付ける場合の既定の形式を設定できます。

Lesson 25

 文書「Lesson25」を開いておきましょう。

次の操作を行いましょう。

(1) 2ページ目の見出し「①目的の明確化」の下の3つの「」の中に、「● 理解してもらうために説明する」の「説明する」、「● 納得してもらうために説得する」の「説得する」、「● 行動を起こしてもらうために促す」の「促す」をテキストのみ保持してコピーしてください。

(1)

①「**説明する**」を選択します。

②《**ホーム**》タブ→《**クリップボード**》グループの [コピー] (コピー) をクリックします。

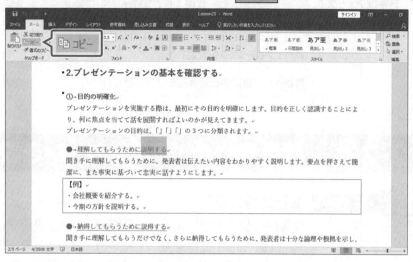

③1つ目の「」の間にカーソルを移動します。

④《**ホーム**》タブ→《**クリップボード**》グループの (貼り付け) の → (テキストのみ保持) をクリックします。

⑤文字列がコピーされます。

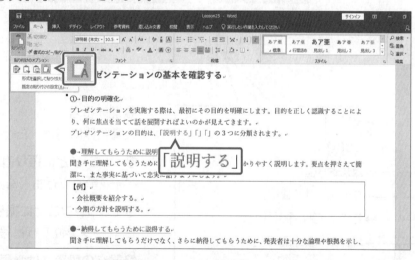

⑥同様に、「**説得する**」「**促す**」をテキストのみ保持してコピーします。

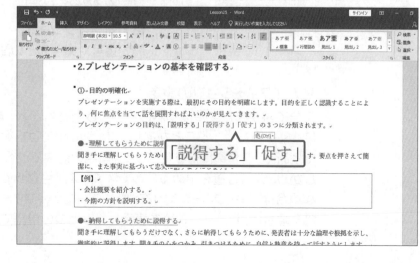

その他の方法

貼り付けのオプション

`2019` `365`

◆貼り付け先を右クリック→《貼り付けのオプション》

◆貼り付け直後に表示される [(Ctrl)] (貼り付けのオプション)

Point

貼り付けのオプション

コピーするデータによって、一覧に表示されるボタンは異なります。

【例:Exceの表をコピーした場合】

(貼り付け先のスタイルを使用)
Wordの標準の表のスタイルで貼り付けられます。

(リンク(元の書式を保持))
元の書式のままWordの表としてリンク貼り付けされます。

(リンク(貼り付け先のスタイルを使用))
Wordの標準の表のスタイルでリンク貼り付けされます。

求められるスキル

出題範囲 1

出題範囲 2

出題範囲 3

出題範囲 4

確認問題 標準解答

2-2 段落レイアウトのオプションを設定する

☑ 理解度チェック	習得すべき機能	参照Lesson	学習前	学習後	試験直前
	■ 行番号を表示できる。	→Lesson26	☑	☑	☑
	■ ハイフネーションを設定できる。	→Lesson26	☑	☑	☑
	■ 改ページ位置の自動修正を設定できる。	→Lesson27	☑	☑	☑

2-2-1 行番号やハイフネーションを設定する

 解説

■行番号の表示

文書内の位置を示す場合に、「〇行目」という表現をよく使います。しかし、Wordでは通常、行数を示す行番号が表示されていないので、指示された行にすばやく移動することが難しい場合があります。文書の編集中や確認作業などを行う際は、左余白に行番号を表示しておくと、特定の行に移動しやすくなります。

`2019` `365` ◆《レイアウト》タブ→《ページ設定》グループの 行番号 ▾ （行番号の表示）

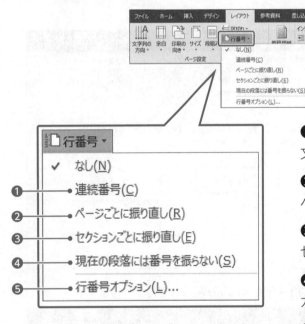

❶連続番号
文書全体に連続した行番号を表示します。

❷ページごとに振り直し
ページ単位で行番号を振り直して表示します。

❸セクションごとに振り直し
セクション単位で行番号を振り直して表示します。

❹現在の段落には番号を振らない
カーソルのある段落には行番号を表示しません。

❺行番号オプション
開始番号や文字列との間隔や行番号の間隔を設定します。

■ハイフネーションの設定

英語で書かれた文書は単語の途中で改行されると、読みづらくなったり、意味が通じにくくなったりすることがあります。Wordでは自動的に、単語間のスペースを調整したり、改行を早めに行ったりして、単語の途中で改行されることを防いでいます。
しかし、改行位置を早めることでスペースが目立ってしまうこともあります。そのような場合は、「**ハイフネーション**」を設定します。ハイフネーションは、英単語が途中で改行される場合に、「-」(ハイフン)を表示してひとつの単語であることを表します。

◆《レイアウト》タブ→《ページ設定》グループの bc͡ ハイフネーション ▾ （ハイフネーションの変更）

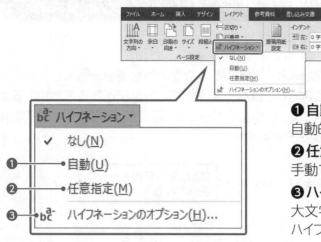

❶ **自動**
自動的にハイフネーションを設定します。

❷ **任意指定**
手動でハイフネーションを設定します。

❸ **ハイフネーションのオプション**
大文字の単語にハイフンを表示するか、何行まで連続して
ハイフンを表示するかなどを設定します。

Lesson 26

📂 OPEN 文書「Lesson26」を開いておきましょう。

次の操作を行いましょう。
(1) ページごとに振り直されるように行番号を表示してください。
(2) ハイフンが自動挿入されるようにハイフネーションを設定してください。

Lesson 26 Answer

(1)
①《レイアウト》タブ→《ページ設定》グループの 🗎 行番号 ▾ （行番号の表示）→《ページごとに振り直し》をクリックします。

②行番号が表示されます。
※行番号がページごとに振り直されていることを確認しておきましょう。

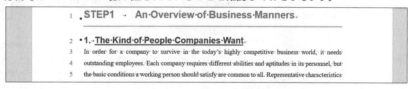

(2)
①《レイアウト》タブ→《ページ設定》グループの bc͡ ハイフネーション ▾ （ハイフネーションの変更）→《自動》をクリックします。

②ハイフネーションが行われます。

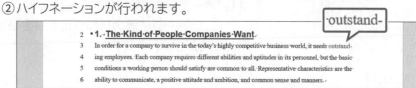

> ! **Point**
>
> **行番号の表示**
> ステータスバーに行番号を表示できます。ステータスバーを使うと、カーソルのある行数を確認できます。
> ステータスバーに行番号を表示する方法は、次のとおりです。
>
> 2019 365
> ◆ステータスバーを右クリック→《行番号》

> ! **Point**
>
> **手動のハイフネーション**
> ハイフネーションを手動で設定することもできます。bc͡ ハイフネーション ▾ （ハイフネーションの変更）→《任意指定》を選択すると、《区切り位置の指定》ダイアログボックスが表示され、ハイフネーションを行うかどうか、どこで区切るかを単語単位で指定できます。

位置を選択

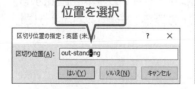

求められるスキル

出題範囲1

出題範囲2

出題範囲3

出題範囲4

確認問題 標準解答

2-2-2　改ページ位置の自動修正オプションを設定する

解　説　■改ページ位置の自動修正

見出しとその内容となる本文のページが分かれてしまうような場合、見出しと本文を
まとめて次のページから開始するように、改ページの位置を自動修正することができま
す。また、段落内で1行だけが前のページや次のページに表示される場合に、段落全体
を同じページ内に表示することもできます。

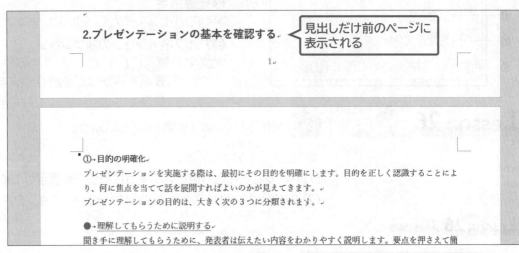

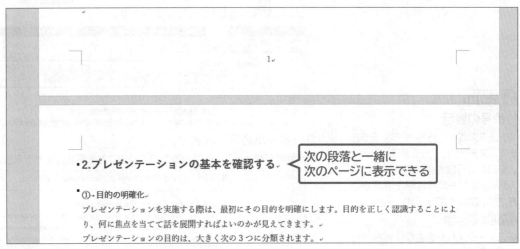

2019 **365** ◆《ホーム》タブ→《段落》グループの ⬛（段落の設定）

Lesson 27

📁 文書「Lesson27」を開いておきましょう。

次の操作を行いましょう。

(1) 1ページ目の最終行にある見出し「2.プレゼンテーションの基本を確認する」
に、改ページ位置の自動修正を設定して、次の段落と分離しないようにし
てください。

Lesson 27 Answer

(1)

①「**2.プレゼンテーションの基本を確認する**」の段落にカーソルを移動します。

※段落内であれば、どこでもかまいません。

②《**ホーム**》タブ→《**段落**》グループの （段落の設定）をクリックします。

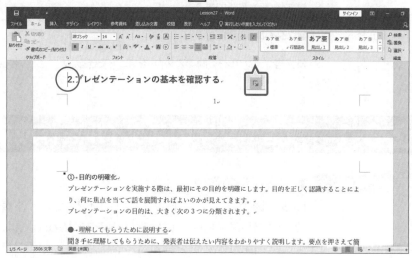

③《**段落**》ダイアログボックスが表示されます。

④《**改ページと改行**》タブを選択します。

⑤《**次の段落と分離しない**》を✔にします。

⑥《**OK**》をクリックします。

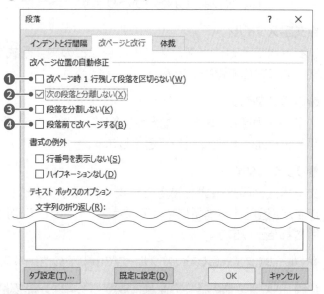

⑦自動的に改ページ位置が修正されます。

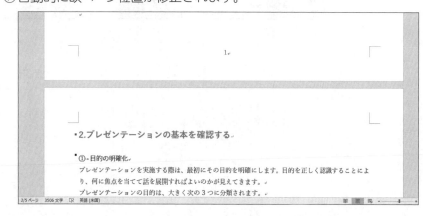

⚡ Point

《段落》の《改ページと改行》タブ

❶改ページ時1行残して段落を区切らない

段落の最終行だけが次のページに表示されたり、段落の先頭行だけが前のページに表示されたりする場合に1行だけ残らないように複数行を次のページに表示したり、前のページに表示したりします。

❷次の段落と分離しない

次の段落とページが分かれて表示される場合に、一緒に次のページに表示します。見出しの段落に設定しておくと、見出しだけが前のページに表示されることを防ぎます。

❸段落を分割しない

段落が次のページにまたがってしまう場合に、段落全体を次のページに表示します。

❹段落前で改ページする

段落の直前で改ページされ、段落全体を次のページに表示します。

求められるスキル

出題範囲1

出題範囲2

出題範囲3

出題範囲4

確認問題 標準解答

2-3 | スタイルを作成する、管理する

出題範囲2　高度な編集機能や書式設定機能の利用

 理解度チェック

習得すべき機能	参照Lesson	学習前	学習後	試験直前
■ スタイルを作成できる。	➡Lesson28	☑	☑	☑
■ スタイルを変更できる。	➡Lesson29	☑	☑	☑
■ 文書やテンプレート間でスタイルをコピーできる。	➡Lesson30	☑	☑	☑

2-3-1 | 段落や文字のスタイルを作成する

解説

■ スタイルの作成

「**スタイル**」とは、フォントやフォントサイズ、太字、下線、インデントなど複数の書式をまとめて登録して、名前を付けたものです。Wordには、「見出し1」「見出し2」「表題」「引用文」など、一般的な文書を作成する際に必要となるスタイルが組み込みスタイルとしてあらかじめ用意されています。

これらの組み込みスタイルだけでなく、自分がよく使う書式を組み合わせて、独自のスタイルを作成することもできます。よく使う書式の組み合わせをスタイルとして登録しておくと、効率的に書式を設定することができます。

スタイルには、次のような種類があります。

●文字スタイル

フォントやフォントサイズ、フォントの色などの文字書式を設定できます。文字スタイルは、文字列に対して適用します。

●段落スタイル

文字書式のほか、段落の配置や行間隔、インデントなどの段落書式を設定できます。段落スタイルは、段落に対して適用します。

●リンクスタイル

文字書式と段落書式を設定できます。リンクスタイルは、文字列や段落に対して適用しますが、適用する箇所によって文字スタイルとして適用されたり、段落スタイルとして適用されたりします。

`2019` `365` ◆《ホーム》タブ→《スタイル》グループの ▾ (その他)→《スタイルの作成》

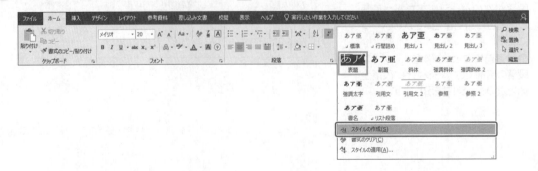

Lesson 28

 文書「Lesson28」を開いておきましょう。

次の操作を行いましょう。

(1) スタイル「標準」を基準に、段落スタイル「強調」を作成してください。スタイル「強調」で設定する書式は、太字、フォントの色「オレンジ、アクセント2、黒＋基本色25％」、段落前の間隔「0.5行」とします。また、次の段落のスタイルは「標準」になるようにしてください。スタイルは、この文書だけに適用します。

(2) 2ページ目の「《理解してもらう…》」「《納得してもらう…》」「《行動を起こしてもらう…》」と、5ページ目の「《大きな声で…》」「《聞き手全員に…》」「《断定的に…》」に、スタイル「強調」を適用してください。

Lesson 28 Answer

求められるスキル

出題範囲1

出題範囲2

出題範囲3

出題範囲4

確認問題 標準解答

❗ Point

**スタイルを作成する場合の
カーソルの位置**

スタイルを作成する場合、次のような理由からカーソルの位置に注意します。

● カーソルのある位置のスタイルを元にスタイルが作成される。

● 段落スタイルやリンクスタイルを作成した場合、カーソルのある段落にスタイルが適用される。

🖱 その他の方法

スタイルの作成

`2019` `365`

◆《ホーム》タブ→《スタイル》グループの （スタイル）→（新しいスタイル）

◆基準にするスタイルが適用された段落を右クリック→ミニツールバーの（スタイル）→《スタイルの作成》

(1) (2)

① 「《理解してもらう…》」の段落にカーソルを移動します。

※ 段落内であればどこでもかまいません。

※ 段落スタイルやリンクスタイルを作成する場合、カーソルのある段落に新しいスタイルが自動的に適用されます。ここでは、スタイルを適用する段落にカーソルがある状態で操作するとスムーズです。

②《ホーム》タブ→《スタイル》グループの ▽（その他）→《スタイルの作成》をクリックします。

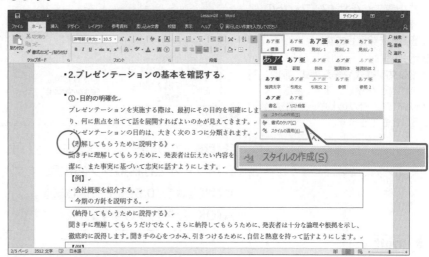

③《書式から新しいスタイルを作成》ダイアログボックスが表示されます。

④《名前》に「強調」と入力します。

⑤《変更》をクリックします。

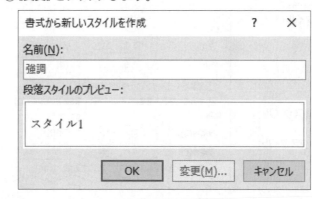

⑥《種類》の ∨ をクリックし、一覧から《段落》を選択します。

⑦《基準にするスタイル》が《標準》になっていることを確認します。

⑧《次の段落のスタイル》の ∨ をクリックし、一覧から《標準》を選択します。

⑨ B をクリックします。

⑩ 自動 ∨ （フォントの色）の ∨ をクリックし、《テーマの色》の《オレンジ、アクセント2、黒＋基本色25％》（左から6つ目、上から5つ目）をクリックします。

⑪《書式》をクリックします。

⑫《段落》をクリックします。

Point

《書式から新しいスタイルを作成》

❶名前
作成するスタイルの名前を設定します。

❷種類
作成するスタイルの種類を選択します。

❸基準にするスタイル
元にするスタイルを選択します。カーソルの位置に設定されているスタイル名が表示されます。

❹次の段落のスタイル
次の段落に設定するスタイルを選択します。

❺書式
フォントやフォントサイズ、フォントの色、配置など、基本的な文字書式や段落書式を設定します。

❻書式
詳細な文字書式や段落書式、罫線、網かけなどを設定します。また、スタイルにショートカットキーを割り当てることもできます。

⑬《段落》ダイアログボックスが表示されます。

⑭《インデントと行間隔》タブを選択します。

⑮《段落前》を「0.5行」に設定します。

⑯《OK》をクリックします。

Point

スタイルを表す記号

《ホーム》タブ→《スタイル》グループの ⌐ （スタイル）をクリックして《スタイル》作業ウィンドウを表示すると、スタイル名の右側に記号が表示されます。この記号は、スタイルの種類を表します。

段落スタイル
リンクスタイル
文字スタイル

⑰《書式から新しいスタイルを作成》ダイアログボックスに戻ります。

⑱《この文書のみ》を⦿にします。

⑲《OK》をクリックします。

！Point

《書式から新しいスタイルを作成》

❶この文書のみ
スタイルが現在の文書に保存されます。

❷このテンプレートを使用した新規文書
スタイルが現在の文書のテンプレートに保存されます。初期の設定では「Normalテンプレート」に保存されます。

⑳新しくスタイルが作成され、カーソルのあった段落に適用されます。

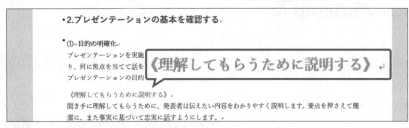

㉑「《納得してもらう…》」の段落にカーソルを移動します。

※段落内であればどこでもかまいません。

㉒《ホーム》タブ→《スタイル》グループの ▾ (その他)→《強調》をクリックします。

㉓スタイルが適用されます。

㉔「《行動を起こしてもらう…》」の段落にカーソルを移動します。

※段落内であればどこでもかまいません。

㉕ F4 を押します。

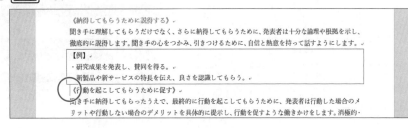

㉖同様に、残りの段落にスタイルを適用します。

求められるスキル

出題範囲1

出題範囲2

出題範囲3

出題範囲4

確認問題 標準解答

2-3-2 既存のスタイルを変更する

 解 説 ■スタイルの変更

スタイルの書式は必要に応じて変更できます。スタイルを変更すると、スタイルを設定した箇所すべてに変更内容が反映されます。

2019 365 ◆《ホーム》タブ→《スタイル》グループの ▼ (その他)→変更するスタイルを右クリック→《変更》

Lesson 29

 文書「Lesson29」を開いておきましょう。

次の操作を行いましょう。

(1)既存のスタイル「見出し1」の文字の効果を変更してください。文字の塗りつぶしの色を「濃い青」、文字の輪郭の色を「灰色、アクセント3」にします。スタイルは、この文書だけに適用します。

Lesson 29 Answer

その他の方法

スタイルの変更

2019 365

◆《ホーム》タブ→《スタイル》グループの ▣ (スタイル)→変更するスタイルをポイント→ ▼ →《変更》

◆文書上を右クリック→ミニツールバーの ▣ (スタイル)→変更するスタイルを右クリック→《変更》

(1)

①《ホーム》タブ→《スタイル》グループの ▼ (その他)→《見出し1》を右クリックします。

②《変更》をクリックします。

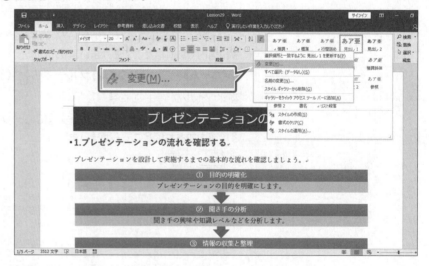

③《スタイルの変更》ダイアログボックスが表示されます。

④《書式》をクリックします。

⑤《文字の効果》をクリックします。

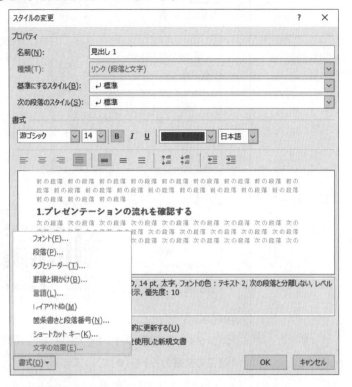

⑥《文字の効果の設定》が表示されます。

⑦ 🅰 (文字の塗りつぶしと輪郭) をクリックします。

⑧《文字の塗りつぶし》の詳細を表示します。

⑨《塗りつぶし (単色)》を ⦿ にします。

⑩ 🎨▾ (塗りつぶしの色) をクリックし、一覧から《標準の色》の《濃い青》を選択
します。

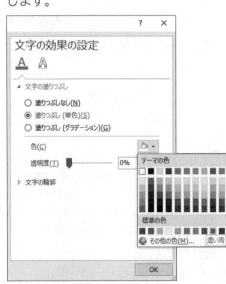

求められるスキル

出題範囲1

出題範囲2

出題範囲3

出題範囲4

確認問題 標準解答

⑪《**文字の輪郭**》の詳細を表示します。

⑫《**線（単色）**》を◉にします。

⑬ 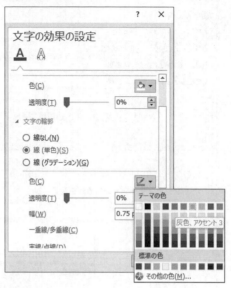（輪郭の色）をクリックし、一覧から《**テーマの色**》の《**灰色、アクセント3**》を選択します。

⑭《**OK**》をクリックします。

⑮《**スタイルの変更**》ダイアログボックスに戻ります。

⑯《**この文書のみ**》を◉にします。

⑰《**OK**》をクリックします。

❗ Point

スタイルの更新

スタイルを設定した箇所の書式を変更して、スタイルを更新することもできます。文書内の同じスタイルを設定した箇所すべてに書式が反映されます。
スタイルを更新する方法は、次のとおりです。

`2019` `365`

◆スタイルが設定されている箇所を選択し、書式を変更→《**ホーム**》タブ→《**スタイル**》グループの ▼ （その他）→スタイルを右クリック→《**選択個所と一致するように（スタイル名）を更新する**》

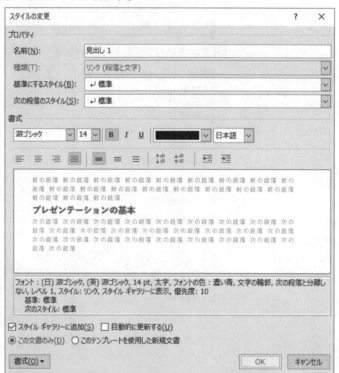

⑱スタイルが変更されます。

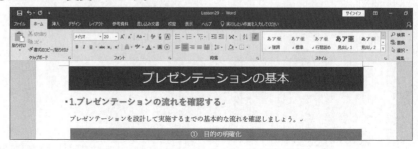

求められるスキル

出題範囲1

出題範囲2

出題範囲3

出題範囲4

確認問題 標準解答

2-3-3 スタイルを他の文書やテンプレートにコピーする

解説　■ スタイルのコピー

スタイルは、文書またはテンプレートに保存されています。例えば、ある文書に保存されているスタイルを別の文書で使う場合は、元になる文書からスタイルをコピーして利用します。スタイルは、文書間やテンプレート間、または文書とテンプレート間でコピーすることができます。

2019 **365** ◆《開発》タブ→《テンプレート》グループの ![文書テンプレート] （文書テンプレート）

Lesson 30

OPEN　文書「Lesson30」を開いておきましょう。

次の操作を行いましょう。

(1) フォルダー「Lesson30」の文書「プレゼンテーションの基本」から、スタイル「強調」を現在の文書にコピーしてください。

(2) 2ページ目の「《相手の立場に…》」「《言いすぎたときは…》」「《断るときは…》」に、スタイル「強調」を適用してください。

Lesson 30 Answer

(1)

①《開発》タブ→《テンプレート》グループの ![文書テンプレート]（文書テンプレート）をクリックします。
※《開発》タブを表示しておきましょう。

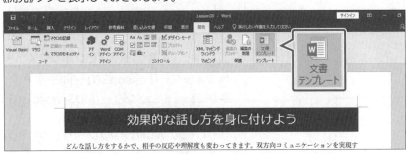

②《テンプレートとアドイン》ダイアログボックスが表示されます。

③《構成内容変更》をクリックします。

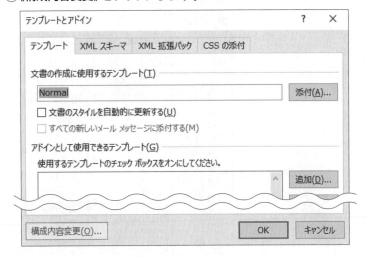

④《構成内容変更》ダイアログボックスが表示されます。

⑤《スタイル》タブを選択します。

⑥左側の《スタイル文書またはテンプレート》に「Lesson30（文書）」と表示されていることを確認します。

⑦右側の《スタイル文書またはテンプレート》の《ファイルを閉じる》をクリックします。

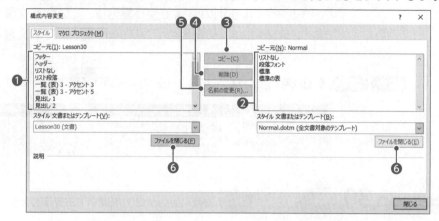

⑧右側の《スタイル文書またはテンプレート》の《ファイルを開く》をクリックします。

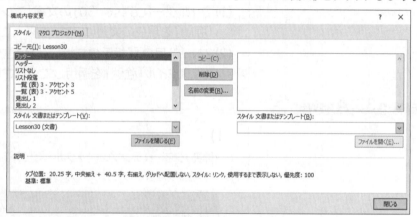

⑨《ファイルを開く》ダイアログボックスが表示されます。

⑩フォルダー「Lesson30」を開きます。

※《PC》→《ドキュメント》→「MOS-Word 365 2019-Expert（1）」→「Lesson30」を選択します。

⑪《すべてのWordテンプレート》をクリックし、一覧から《すべてのWord文書》を選択します。

⑫一覧から「プレゼンテーションの基本」を選択します。

⑬《開く》をクリックします。

! Point

《構成内容変更》

❶スタイルの一覧
現在の文書のスタイルが一覧で表示されます。

❷スタイルの一覧
コピー元の文書のスタイルが一覧で表示されます。

❸コピー
選択したスタイルを文書またはテンプレート間でコピーします。

❹削除
選択したスタイルを削除します。

❺名前の変更
選択したスタイルの名前を変更します。ひとつの文書に同名のスタイルを複数存在させることはできないので、コピー元とコピー先の両方に同名のスタイルがある場合は、名前を変更してからコピーします。

❻ファイルを閉じる
現在表示されている文書またはテンプレートを変更する場合に使います。
※クリックすると、《ファイルを開く》に変わり、文書またはテンプレートを選択できます。

⑭《構成内容変更》ダイアログボックスに戻ります。

⑮右側の一覧から《強調》を選択します。

⑯《コピー》をクリックします。

⑰左側の一覧に《強調》が表示されます。

⑱《閉じる》をクリックします。

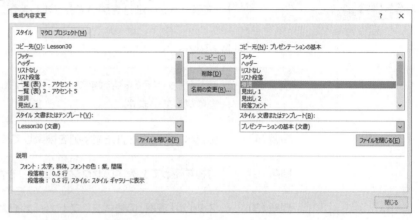

⑲スタイルが現在の文書にコピーされます。

※《ホーム》タブ→《スタイル》グループの一覧にスタイル「強調」が表示されます。

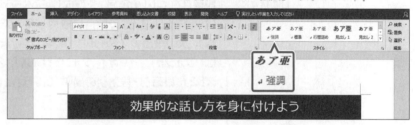

(2)

①「《相手の立場に…》」の段落にカーソルを移動します。

※段落内であればどこでもかまいません。

②《ホーム》タブ→《スタイル》グループの ▼ (その他) →《強調》をクリックします。

③スタイルが適用されます。

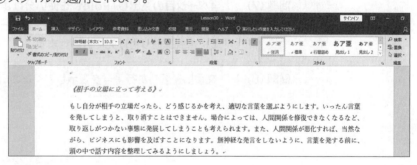

④「《言いすぎたときは…》」の段落にカーソルを移動します。

※段落内であればどこでもかまいません。

⑤ F4 を押します。

⑥同様に、残りの段落にスタイルを適用します。

※《開発》タブを非表示にしておきましょう。

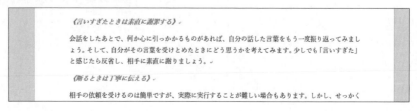

求められるスキル

出題範囲1

出題範囲2

出題範囲3

出題範囲4

確認問題 標準解答

Exercise 確認問題

解答 ▶ P.193

Lesson 31

 文書「Lesson31」を開いておきましょう。

次の操作を行いましょう。

	デジタルカメラの機能や持ち方、写真の撮影方法などの基礎知識をまとめた資料を作成しています。
問題（1）	蛍光ペンが設定された文字列を検索してください。
問題（2）	置換を使って文書中のセクション区切りを削除し、段組みを解除してください。
問題（3）	スタイル「表題」の書式を、フォント「メイリオ」、太字、フォントの色「濃い緑、テキスト2」に変更してください。スタイルは、この文書だけに適用します。
問題（4）	段落スタイル「小項目」を作成し、2ページ目の見出し「光の向き」の下の「順光」「サイド光」「逆光」の段落に適用してください。基準にするスタイルは「段落番号」、次の段落のスタイルは「標準」とします。作成するスタイルで設定する書式は、フォント「メイリオ」、フォントサイズ「12ポイント」、フォントの色「濃い緑、テキスト2」、段落前・段落後の間隔「0.5行」とします。スタイルは、この文書だけに適用します。
問題（5）	文書内に設定されているスタイル「見出し3」を、スタイル「見出し2」に変更してください。
問題（6）	1ページ目の見出し「手ぶれ」の段落に、改ページ位置の自動修正を設定して、次の段落と分離しないようにしてください。
問題（7）	4ページ目の見出し「Point を使い分けよう」の下にある文字列「撮影モード」をコピーして、Pointのタイトルを「撮影モードを使い分けよう」に修正してください。書式は貼り付け先に合わせます。
問題（8）	文書に連続した行番号を表示してください。

出題範囲 3

ユーザー設定の
ドキュメント要素の作成

3-1 | 文書パーツを作成する、変更する

☑ 理解度チェック

習得すべき機能	参照Lesson	学習前	学習後	試験直前
■文書パーツを作成できる。	→Lesson32	☑	☑	☑
■文書パーツを挿入できる。	→Lesson33	☑	☑	☑
■文書パーツを更新できる。	→Lesson33	☑	☑	☑
■文書パーツのプロパティを設定できる。	→Lesson34	☑	☑	☑
■文書パーツを削除できる。	→Lesson35	☑	☑	☑
■文書やテンプレート間で文書パーツをコピーできる。	→Lesson36	☑	☑	☑

3-1-1 | クイックパーツを作成する

 解説

■文書パーツの作成

Wordには、あらかじめデザインされたテキストボックスやヘッダー、フッター、目次などの部品が用意されており、これらの部品のことを「**文書パーツ**」といいます。文書パーツを使うと、見栄えのする部品を文書に挿入して利用できます。

あらかじめ用意された文書パーツを利用するほかに、ユーザーが頻繁に利用するようなオリジナルの部品を作成しておくこともできます。使用頻度の高い文言やロゴなどを登録しておくと、毎回入力し、書式を設定する手間を省くことができ、効率的です。例えば、連絡先を記したテキストボックスを文書パーツに登録しておくと、別の文書に簡単にその連絡先のテキストボックスを挿入できます。

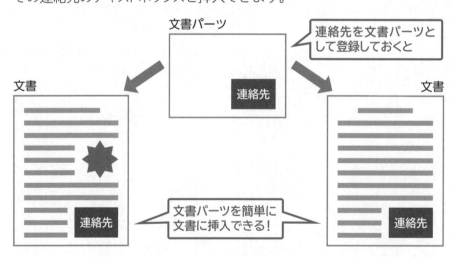

2019 **365** ◆《挿入》タブ→《テキスト》グループの 国▾（クイックパーツの表示）→《選択範囲をクイックパーツギャラリーに保存》

■クイックパーツ

文書パーツには「ギャラリー」と呼ばれるグループがあります。クイックパーツはそのグループのひとつで、ユーザーが頻繁に利用する部品を集めておくグループです。例えば、ユーザーがどの文書にも挿入するような連絡先やロゴなどを登録しておくと、テキストボックスでも図形でも簡単に挿入できます。

2019 365 ◆《挿入》タブ→《テキスト》グループの 国 ▼ （クイックパーツの表示）

Lesson 32

 文書「Lesson32」を開いておきましょう。

次の操作を行いましょう。

(1) 文頭の「FOM Health Report」の段落を「FOMタイトル」という名前でクイックパーツとして保存してください。保存先は「Building Blocks」とします。

(2) 文末の「FOM健康管理センター」のオブジェクトを「FOM署名」という名前で文書パーツとして保存してください。ギャラリーは「テキストボックス」、分類は「署名」、保存先は「Building Blocks」とします。

Lesson 32 Answer

① Point

段落記号を含めて選択

文書パーツとして、インデントや行間などの段落書式を保存する場合は、↵（段落記号）を含めて選択します。

🖱 その他の方法

文書パーツの作成

2019 365

◆ Alt + F3

(1)

① 「FOM Health Report」の段落を選択します。

※ ↵（段落記号）を含めて選択します。

②《挿入》タブ→《テキスト》グループの 国 ▼ （クイックパーツの表示）→《選択範囲をクイックパーツギャラリーに保存》をクリックします。

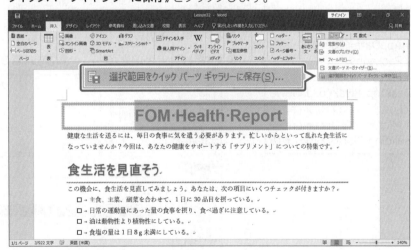

③《新しい文書パーツの作成》ダイアログボックスが表示されます。

④《名前》に「FOMタイトル」と入力します。

⑤《ギャラリー》が《クイックパーツ》になっていることを確認します。

⑥《保存先》が《Building Blocks》になっていることを確認します。

求められるスキル

出題範囲1

出題範囲2

出題範囲3

出題範囲4

確認問題 標準解答

⑦《OK》をクリックします。

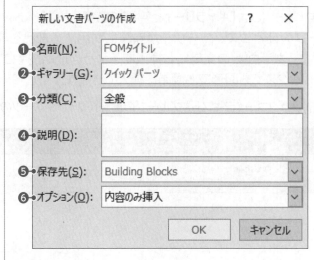

⑧文書パーツが保存されます。

※画面上の見た目の変化はありません。

Point

《新しい文書パーツの作成》

❶名前
文書パーツの名前を入力します。

❷ギャラリー
文書パーツの種類を選択します。ヘッダーやフッター、表紙など、登録する内容に合わせて選択します。

❸分類
文書パーツを分類する場合に、その分類名を選択します。分類は新しく作成することもできます。

❹説明
文書パーツの説明を入力します。

❺保存先
文書パーツの保存先を選択します。

❻オプション
文書パーツの挿入方法を選択します。

Point

文書パーツの保存先

文書パーツの保存先には、「Building Blocks」や「Normal」などを選択できます。
「Building Blocks」は、文書パーツを保存するための専用のファイルです。「Normal」は、白紙の新規文書の元になるテンプレートです。どちらに保存してもすべてのWord文書で文書パーツを利用できます。
文書パーツは、次のフォルダーに保存されています。

- ●C：¥Users¥ユーザー名
  ¥AppData¥Roaming
  ¥Microsoft
  ¥Document Building Blocks
  ¥1041¥16

  または

- ●C：¥Users¥ユーザー名
  ¥AppData¥Local
  ¥Packages
  ¥Microsoft.Office.
  Desktop_8wekyb3d8bbwe
  ¥LocalCache¥Roaming
  ¥Microsoft¥Document
  Building Blocks¥1041¥16

(2)

①「FOM健康管理センター」のオブジェクトを選択します。

②《挿入》タブ→《テキスト》グループの 国 ▾ （クイックパーツの表示）→《選択範囲をクイックパーツギャラリーに保存》をクリックします。

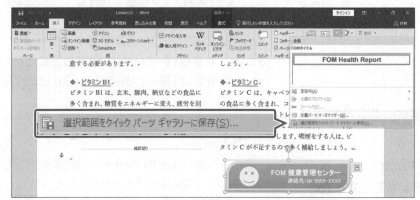

③《新しい文書パーツの作成》ダイアログボックスが表示されます。

④《名前》に「FOM署名」と入力します。

⑤《ギャラリー》の ▾ をクリックし、一覧から《テキストボックス》を選択します。

⑥《分類》の ▾ をクリックし、一覧から《新しい分類の作成》を選択します。

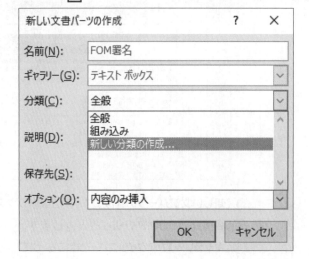

!Point

ギャラリーの選択

ギャラリーの一覧から《テキストボックス》を選択した場合、保存した文書パーツは、《挿入》タブ→《テキスト》グループの [テキストボックス] （テキストボックスの選択）から選択できます。

ヘッダーやページ番号、目次などのギャラリーを選択した場合も同様に、それぞれのボタンから挿入できるようになります。

⑦《新しい分類の作成》ダイアログボックスが表示されます。

⑧《名前》に「署名」と入力します。

⑨《OK》をクリックします。

⑩《新しい文書パーツの作成》ダイアログボックスに戻ります。

⑪《保存先》が《Building Blocks》になっていることを確認します。

⑫《OK》をクリックします。

⑬文書パーツが保存されます。

※画面上の見た目の変化はありません。

※作成した文書パーツは、Lesson33〜35で使用します。

※Wordの終了時にBuilding Blocksの保存に関するメッセージが表示されます。《保存》をクリックして、Building Blocksを保存しておきましょう。

Lesson 33

OPEN 文書「Lesson33」を開いておきましょう。
※このLessonに進む前に、Lesson32を実習してください。

次の操作を行いましょう。

(1) 文頭に文書パーツ「FOMタイトル」を挿入してください。

(2) 挿入した文書パーツのフォントの色を「濃い青」に変更し、文書パーツを更新してください。

Lesson 33 Answer

その他の方法

文書パーツの挿入

`2019` `365`

◆《挿入》タブ→《テキスト》グループの [クイックパーツの表示] （クイックパーツの表示）→《文書パーツオーガナイザー》→《文書パーツ》の一覧から選択→《挿入》

(1)

①文頭にカーソルを移動します。

②《挿入》タブ→《テキスト》グループの （クイックパーツの表示）→《全般》の《FOMタイトル》をクリックします。

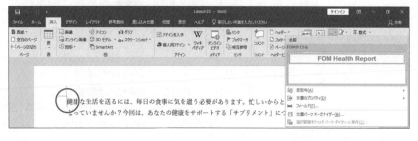

③文書パーツが挿入されます。

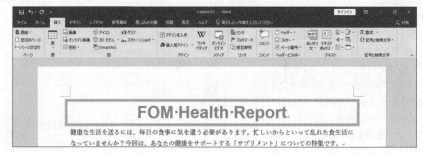

(2)

①「FOM Health Report」の段落を選択します。

※ ↵（段落記号）を含めて選択します。

②《ホーム》タブ→《フォント》グループの A （フォントの色）の ▾ →《標準の色》の
《濃い青》をクリックします。

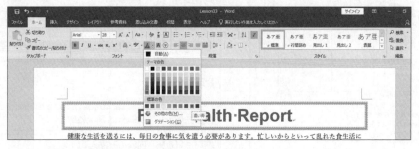

③フォントの色が変更されます。

④《挿入》タブ→《テキスト》グループの 国▾ （クイックパーツの表示）→《選択範囲を
クイックパーツギャラリーに保存》をクリックします。

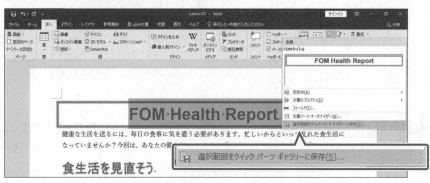

⑤《新しい文書パーツの作成》ダイアログボックスが表示されます。

⑥《名前》に「FOMタイトル」と入力します。

⑦《ギャラリー》が《クイックパーツ》になっていることを確認します。

⑧《保存先》が《Building Blocks》になっていることを確認します。

⑨《OK》をクリックします。

⑩メッセージを確認し、《はい》をクリックします。

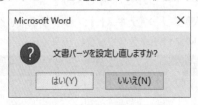

⑪文書パーツが更新されます。

※画面上の見た目の変化はありません。

※Wordの終了時にBuilding Blocksの保存に関するメッセージが表示されます。《保存》をク
　リックして、Building Blocksを保存しておきましょう。

① Point

文書パーツの更新

作成した文書パーツを更新する場
合は、編集したものを同じ名前で保
存します。

3-1-2 文書パーツを管理する

解 説

■文書パーツオーガナイザー

文書パーツは「**文書パーツオーガナイザー**」で管理されています。文書パーツオーガナイザーでは、文書パーツがどのように配置されるのかをプレビューで確認できます。また、文書パーツのプロパティを編集したり、文書パーツを削除したりできます。

`2019` `365` ◆《挿入》タブ→《テキスト》グループの ![アイコン] (クイックパーツの表示)→《文書パーツオーガナイザー》

Lesson 34

 文書「Lesson34」を開いておきましょう。
※このLessonに進む前に、Lesson32を実習してください。

次の操作を行いましょう。

(1) 文書パーツ「FOMタイトル」の説明に「健康管理室便りの文頭に入るタイトル」と追加してください。

(2) 文書パーツ「FOM署名」のギャラリーを「クイックパーツ」に変更し、説明に「健康管理室便りの文末に入る署名」と追加してください。内容が段落のまま挿入されるようにします。

Lesson 34 Answer

(1) (2)

①《挿入》タブ→《テキスト》グループの ![アイコン] (クイックパーツの表示)→《文書パーツオーガナイザー》をクリックします。

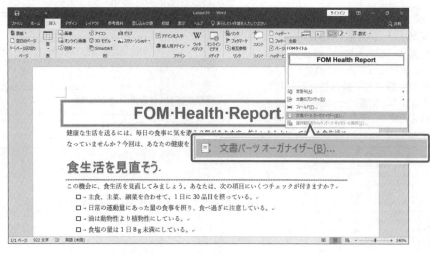

求められるスキル

出題範囲1

出題範囲2

出題範囲3

出題範囲4

確認問題 標準解答

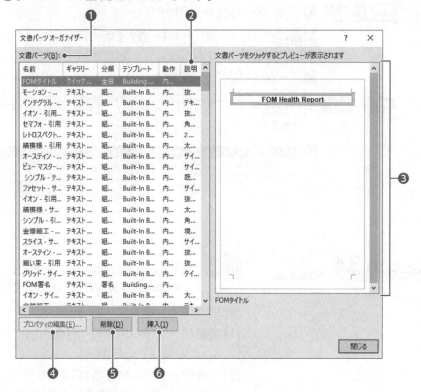

② 《文書パーツオーガナイザー》が表示されます。

③ 一覧から《FOMタイトル》を選択します。

④ 《プロパティの編集》をクリックします。

⑤ 《文書パーツの変更》ダイアログボックスが表示されます。

⑥ 《説明》に「健康管理室便りの文頭に入るタイトル」と入力します。

⑦ 《OK》をクリックします。

⑧ メッセージを確認し、《はい》をクリックします。

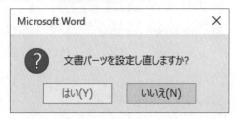

⑨ 《文書パーツオーガナイザー》に戻ります。

⑩ 一覧から《FOM署名》を選択します。

⑪ 《プロパティの編集》をクリックします。

!Point

《文書パーツオーガナイザー》

❶ 文書パーツ
文書パーツの一覧が表示されます。

❷ 説明
選択した文書パーツの説明が表示されます。

❸ プレビュー
選択した文書パーツを表示します。

❹ プロパティの編集
選択した文書パーツのプロパティを編集します。

❺ 削除
選択した文書パーツを削除します。

❻ 挿入
選択した文書パーツを文書に挿入します。

!Point

列幅の変更

文書パーツの《名前》や《ギャラリー》が見えない場合は、列の境界線をドラッグして調整します。

!Point

文書パーツの並べ替え

文書パーツの一覧は、ギャラリーごとにまとまって表示されますが、名前や分類ごとに並べ替えることもできます。文書パーツの一覧を並べ替えるには、それぞれの項目名をクリックします。

⑫《文書パーツの変更》ダイアログボックスが表示されます。

⑬《ギャラリー》の∨をクリックし、一覧から《クイックパーツ》を選択します。

⑭《説明》に「健康管理室便りの文末に入る署名」と入力します。

⑮《オプション》の∨をクリックし、一覧から《内容を段落のまま挿入》を選択します。

⑯《OK》をクリックします。

⑰メッセージを確認し、《はい》をクリックします。

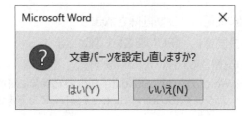

⑱《文書パーツオーガナイザー》に戻ります。

⑲《閉じる》をクリックします。

⑳文書パーツが更新されます。

※画面上の見た目の変化はありません。

※Wordの終了時にBuilding Blocksの保存に関するメッセージが表示されます。《保存》をクリックして、Building Blocksを保存しておきましょう。

求められるスキル

出題範囲1

出題範囲2

出題範囲3

出題範囲4

確認問題 標準解答

Lesson 35

 文書「Lesson35」を開いておきましょう。
※このLessonに進む前に、Lesson32を実習してください。

次の操作を行いましょう。

(1)文書パーツ「FOMタイトル」と「FOM署名」を削除してください。

Lesson 35 Answer

(1)

①《挿入》タブ→《テキスト》グループの 国▼ (クイックパーツの表示) →《文書パーツ
オーガナイザー》をクリックします。

②《文書パーツオーガナイザー》が表示されます。

③一覧から《FOMタイトル》を選択します。

④《削除》をクリックします。

⑤メッセージを確認し、《はい》をクリックします。

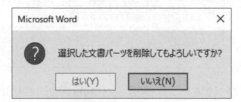

⑥文書パーツが削除されます。

⑦同様に、《FOM署名》を削除します。

⑧《閉じる》をクリックします。

※Wordの終了時にBuilding Blocksの保存に関するメッセージが表示されます。《保存》をク
リックして、Building Blocksを保存しておきましょう。

解説 ■文書パーツのコピー

文書パーツは、自分のパソコンで作成する文書以外にも、別のパソコンで作成する文書で利用することもできます。別のパソコンで作成する文書で利用するには、元になっているテンプレートを文書パーツが保存されたテンプレートに変更します。

2019　365　◆《開発》タブ→《テンプレート》グループの （文書テンプレート）

Lesson 36

OPEN　文書「Lesson36」を開いておきましょう。

次の操作を行いましょう。

(1) フォルダー「Lesson36」内のテンプレート「健康管理室便り原本」を開き、文頭の「FOM Health Report」の段落を「FOMタイトル」という名前でクイックパーツとして保存してください。保存先は「健康管理室便り原本」とします。

(2) 文書「Lesson36」のテンプレートをフォルダー「Lesson36」のテンプレート「健康管理室便り原本」に変更し、文頭に文書パーツ「FOMタイトル」を挿入してください。

Lesson 36 Answer

(1)

①《ファイル》タブを選択します。

②《開く》をクリックします。

③《参照》をクリックします。

④《ファイルを開く》ダイアログボックスが表示されます。

⑤フォルダー「**Lesson36**」を開きます。

※《PC》→《ドキュメント》→「MOS-Word 365 2019-Expert（1）」→「Lesson36」を選択します。

⑥一覧から「**健康管理室便り原本**」を選択します。

⑦《開く》をクリックします。

⑧テンプレートが開かれます。

⑨「**FOM Health Report**」の段落を選択します。

※ ↵ （段落記号）を含めて選択します。

⑩《挿入》タブ→《テキスト》グループの ▣▾ （クイックパーツの表示）→《選択範囲をクイックパーツギャラリーに保存》をクリックします。

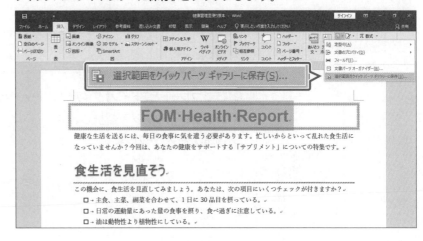

求められるスキル

出題範囲1

出題範囲2

出題範囲3

出題範囲4

確認問題　標準解答

⑪《**新しい文書パーツの作成**》ダイアログボックスが表示されます。

⑫《**名前**》に「**FOMタイトル**」と入力します。

⑬《**ギャラリー**》が《**クイックパーツ**》になっていることを確認します。

⑭《**保存先**》が《**健康管理室便り原本**》になっていることを確認します。

⑮《**OK**》をクリックします。

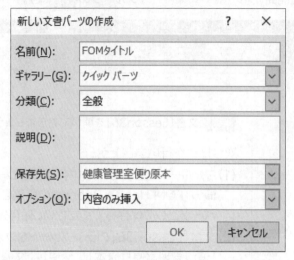

⑯文書パーツが作成されます。

※画面上の見た目の変化はありません。

※テンプレート「健康管理室便り原本」を上書き保存して閉じておきましょう。

(2)

①文書「**Lesson36**」を表示します。

※《挿入》タブ→《テキスト》グループの ▣▾ （クイックパーツの表示）をクリックして、一覧にクイックパーツが表示されていないことを確認しておきましょう。

②《**開発**》タブ→《**テンプレート**》グループの 📄 文書 テンプレート （文書テンプレート）をクリックします。

※《開発》タブを表示しておきましょう。

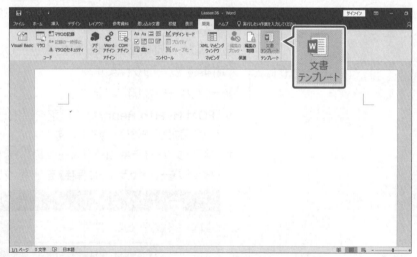

③《**テンプレートとアドイン**》ダイアログボックスが表示されます。

④《**テンプレート**》タブを選択します。

⑤《**添付**》をクリックします。

⑥《テンプレートの添付》ダイアログボックスが表示されます。

⑦フォルダー「**Lesson36**」を開きます。

※《PC》→《ドキュメント》→「MOS-Word 365 2019-Expert（1）」→「Lesson36」を選択します。

⑧一覧から「**健康管理室便り原本**」を選択します。

⑨《**開く**》をクリックします。

⑩《**テンプレートとアドイン**》ダイアログボックスに戻ります。

⑪《**OK**》をクリックします。

⑫文頭にカーソルを移動します。

⑬《**挿入**》タブ→《**テキスト**》グループの 国▾（クイックパーツの表示）→《**全般**》の《**FOMタイトル**》をクリックします。

⑭文書パーツが挿入されます。

※《開発》タブを非表示にしておきましょう。

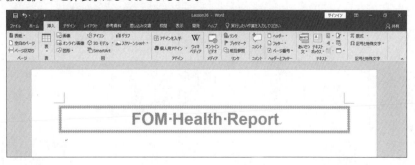

3-2 ユーザー設定のデザイン要素を作成する

 理解度チェック

習得すべき機能	参照Lesson	学習前	学習後	試験直前
■ 配色パターンを作成できる。	➡Lesson37	☑	☑	☑
■ フォントセットを作成できる。	➡Lesson38	☑	☑	☑
■ 配色パターンを適用できる。	➡Lesson39	☑	☑	☑
■ フォントセットを適用できる。	➡Lesson39	☑	☑	☑
■ テーマを作成できる。	➡Lesson39	☑	☑	☑
■ スタイルセットを作成できる。	➡Lesson40	☑	☑	☑
■ スタイルセットを適用できる。	➡Lesson40	☑	☑	☑

3-2-1 ユーザー設定の配色のセットを作成する

解説 ■ユーザー設定の配色パターンの作成

Wordは、あらかじめ色を組み合わせた配色パターンを持っています。「**オレンジ**」「**赤味がかったオレンジ**」「**赤紫**」など同系色をまとめたものから、「**デザート**」「**マーキー**」「**シック**」などテーマのあるものまで、様々な配色パターンがあります。

また、自分で色を組み合わせた配色パターンを作成し、名前を付けて保存することもできます。作成した配色パターンは、Officeで作成するドキュメントに適用することができます。

2019　365 ◆《デザイン》タブ→《ドキュメントの書式設定》グループの ▦ (テーマの色)→《色のカスタマイズ》

 **Lesson 37**

 文書「Lesson37」を開いておきましょう。

次の操作を行いましょう。

(1) 現在適用されている配色パターンのうち、アクセント2を「赤：70、緑：50、青：155」、アクセント6を「赤：155、緑：200、青：180」に変更して、「セキュリティ資料カラー」という名前で保存してください。

Lesson 37 Answer

(1)

①《デザイン》タブ→《ドキュメントの書式設定》グループの (テーマの色)→《色のカスタマイズ》をクリックします。

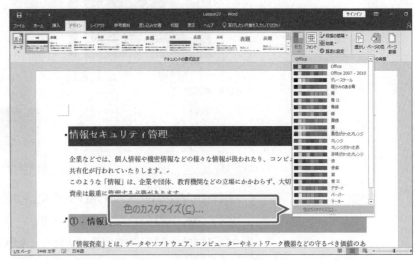

②《新しい配色パターンの作成》ダイアログボックスが表示されます。

③《アクセント2》の □▼ をクリックし、《その他の色》をクリックします。

求められるスキル

出題範囲1

出題範囲2

出題範囲3

出題範囲4

確認問題 標準解答

! Point

《新しい配色パターンの作成》

❶テーマの色
基本となる10色（テキストや背景、アクセントの色）とハイパーリンク用の2色を設定します。

❷名前
配色パターンの名前を設定します。

④《色の設定》ダイアログボックスが表示されます。

⑤《ユーザー設定》タブを選択します。

⑥《カラーモデル》が《RGB》になっていることを確認します。

⑦《赤》を「**70**」、《緑》を「**50**」、《青》を「**155**」に設定します。

⑧《**OK**》をクリックします。

Point
RGB
「RGB」とは、色の表現方法のひとつで、「赤（R）」「緑（G）」「青（B）」の3色の割合で様々な色を指定する方法です。具体的には、赤（R）、緑（G）、青（B）の各色の分量を「0」から「255」の数値で指定します。色の明暗は、「0」が最も暗く、「255」が最も明るくなります。

⑨《**新しい配色パターンの作成**》ダイアログボックスに戻ります。

⑩《**アクセント2**》の色が変更されます。

⑪《**アクセント6**》の ■▼ をクリックし、《**その他の色**》をクリックします。

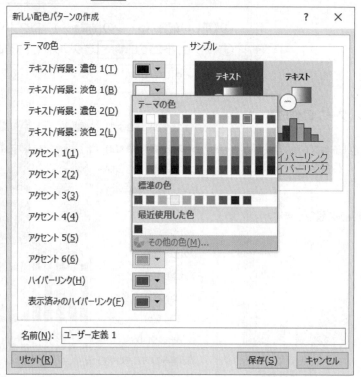

⑫《色の設定》ダイアログボックスが表示されます。

⑬《ユーザー設定》タブを選択します。

⑭《カラーモデル》が《RGB》になっていることを確認します。

⑮《赤》を「155」、《緑》を「200」、《青》を「180」に設定します。

⑯《OK》をクリックします。

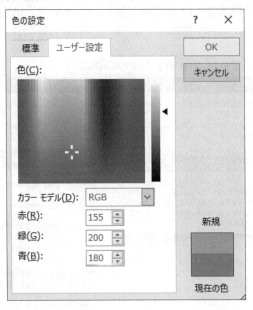

⑰《新しい配色パターンの作成》ダイアログボックスに戻ります。

⑱《アクセント6》の色が変更されます。

⑲《名前》に「セキュリティ資料カラー」と入力します。

⑳《保存》をクリックします。

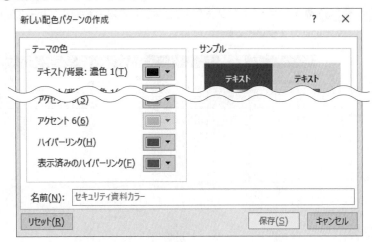

Point

配色パターンの編集

2019　365

◆《デザイン》タブ→《ドキュメントの書式設定》グループの■(テーマの色)→《ユーザー定義》の編集する配色パターンを右クリック→《編集》

Point

配色パターンの削除

2019　365

◆《デザイン》タブ→《ドキュメントの書式設定》グループの■(テーマの色)→《ユーザー定義》の削除する配色パターンを右クリック→《削除》

㉑配色パターンが作成され、文書に適用されます。

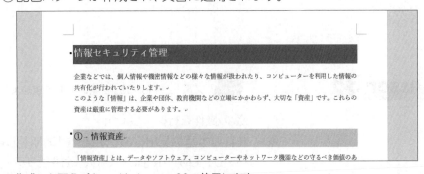

※作成した配色パターンは、Lesson39で使用します。

※お使いの環境によっては、配色パターンの名前が「ユーザー定義n」と表示される場合があります。

求められるスキル

出題範囲1

出題範囲2

出題範囲3

出題範囲4

確認問題 標準解答

3-2-2　ユーザー設定のフォントのセットを作成する

 解　説　■ユーザー設定のフォントセットの作成

Wordはあらかじめ日本語用と英数字用のフォントを組み合わせたフォントセットを持っています。日本語用と英数字用のフォントには、見出しや本文のフォントが登録されており、フォントセットを適用するだけで、文書の見栄えを大きく変えることができます。

フォントセット「Century Schoolbook」

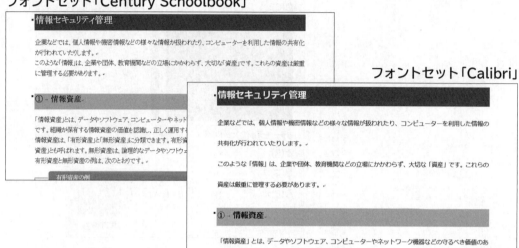

フォントセット「Calibri」

自分でフォントを組み合わせたフォントセットを作成し、名前を付けて保存することもできます。作成したフォントセットは、Officeで作成するドキュメントに適用することができます。

`2019` `365` ◆《デザイン》タブ→《ドキュメントの書式設定》グループの （テーマのフォント）→《フォントのカスタマイズ》

Lesson 38

 文書「Lesson38」を開いておきましょう。

次の操作を行いましょう。

(1)日本語の見出しのフォントを「游明朝Demibold」、本文のフォントを「MS UI Gothic」に設定し、「セキュリティ資料フォント」という名前のフォントセットを作成してください。

(1)

①《デザイン》タブ→《ドキュメントの書式設定》グループの （テーマのフォント）→
《フォントのカスタマイズ》をクリックします。

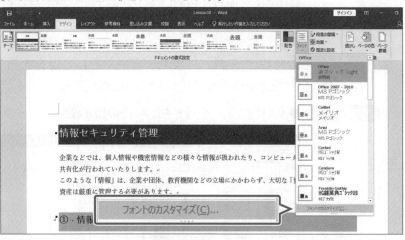

②《新しいテーマのフォントパターンの作成》ダイアログボックスが表示されます。

③《見出しのフォント（日本語）》の ∨ をクリックし、一覧から《游明朝Demibold》を
選択します。

④《本文のフォント（日本語）》の ∨ をクリックし、一覧から《MS UI Gothic》を選択
します。

⑤《名前》に「セキュリティ資料フォント」と入力します。

⑥《保存》をクリックします。

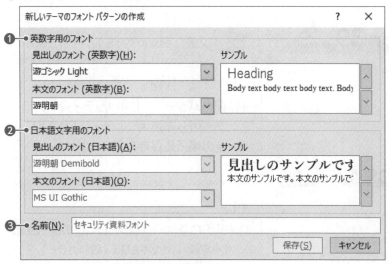

⑦フォントセットが作成され、文書に適用されます。

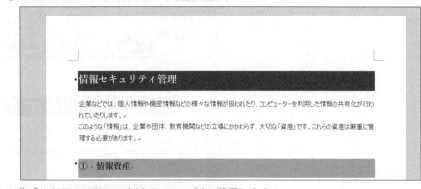

※作成したテーマのフォントは、Lesson39で使用します。

※お使いの環境によっては、フォントセットの名前が「ユーザー定義n」と表示される場合があ
ります。

! Point

《新しいテーマのフォントパターンの作成》

❶ 英数字用のフォント
半角英数字用のフォントを設定します。《見出しのフォント》は見出しスタイルなどに設定されるフォント、《本文のフォント》は標準スタイルなどに設定されるフォントです。

❷ 日本語文字用のフォント
全角文字用のフォントを設定します。《見出しのフォント》は見出しスタイルなどに設定されるフォント、《本文のフォント》は標準スタイルなどに設定されるフォントです。

❸ 名前
フォントセットの名前を設定します。

! Point

フォントセットの編集

`2019` `365`

◆《デザイン》タブ→《ドキュメントの書式設定》グループの（テーマのフォント）→《ユーザー定義》の編集するフォントセットを右クリック→《編集》

! Point

フォントセットの削除

`2019` `365`

◆《デザイン》タブ→《ドキュメントの書式設定》グループの（テーマのフォント）→《ユーザー定義》の削除するフォントセットを右クリック→《削除》

求められるスキル

出題範囲1

出題範囲2

出題範囲3

出題範囲4

確認問題 標準解答

3-2-3 ユーザー設定のテーマを作成する

 解 説 ■ユーザー設定のテーマの作成

Wordにはあらかじめいくつかのテーマが用意されています。テーマを選択するだけで、簡単に文書全体のデザインを変更できます。

また、既存のテーマをカスタマイズしたり、気に入った配色パターンとフォントセットを組み合わせたりして、新しくテーマとして保存することもできます。作成したテーマは、Officeで作成するドキュメントに適用することができます。

2019 365 ◆《デザイン》タブ→《ドキュメントの書式設定》グループの 亜テーマ (テーマ)→《現在のテーマを保存》

Lesson 39

OPEN 文書「Lesson39」を開いておきましょう。
※このLessonに進む前に、Lesson37、Lesson38を実習してください。

次の操作を行いましょう。

(1)配色パターン「セキュリティ資料カラー」、フォントセット「セキュリティ資料フォント」を適用し、テーマ「セキュリティ資料」として保存してください。既定の場所に保存すること。

Lesson 39 Answer

(1)

①《デザイン》タブ→《ドキュメントの書式設定》グループの (テーマの色)→《ユーザー定義》の《セキュリティ資料カラー》をクリックします。

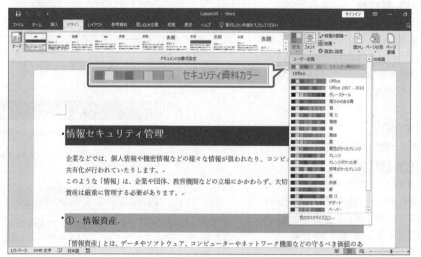

②配色パターンが変更されます。

③《デザイン》タブ→《ドキュメントの書式設定》グループの (テーマのフォント) →《ユーザー定義》の《セキュリティ資料フォント》をクリックします。

④フォントセットが変更されます。

⑤《デザイン》タブ→《ドキュメントの書式設定》グループの (テーマ) →《現在のテーマを保存》をクリックします。

⑥《現在のテーマを保存》ダイアログボックスが表示されます。

⑦保存先が《Document Themes》になっていることを確認します。

⑧《ファイル名》に「セキュリティ資料」と入力します。

⑨《保存》をクリックします。

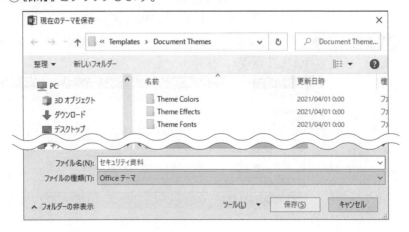

 ないが

Point

テーマの保存先

テーマの既定の場所は、次のフォルダーです。

●C：¥Users¥ユーザー名
¥AppData¥Roaming
¥Microsoft¥Templetes
¥Document Themes

⑩テーマが保存されます。

※《デザイン》タブ→《ドキュメントの書式設定》グループの (テーマの色) →《ユーザー定義》の《セキュリティ資料カラー》を右クリック→《削除》をクリックして、配色パターンを削除しておきましょう。

※《デザイン》タブ→《ドキュメントの書式設定》グループの (テーマのフォント) →《ユーザー定義》の《セキュリティ資料フォント》を右クリック→《削除》をクリックして、フォントセットを削除しておきましょう。

※《デザイン》タブ→《ドキュメントの書式設定》グループの (テーマ) →《ユーザー定義》の《セキュリティ資料》を右クリック→《削除》をクリックして、テーマを削除しておきましょう。

Point

テーマの削除

2019 365

◆《デザイン》タブ→《ドキュメントの書式設定》グループの (テーマ) →《ユーザー定義》の削除するテーマを右クリック→《削除》

求められるスキル

出題範囲1

出題範囲2

出題範囲3

出題範囲4

確認問題 標準解答

3-2-4　ユーザー設定のスタイルセットを作成する

 解説　■ユーザー設定のスタイルセットの作成

「**スタイルセット**」は、表題や見出しなどスタイルの書式を組み合わせて登録したものです。Wordにはあらかじめ「**影付き**」や「**中央揃え**」などいくつかのスタイルセットが用意されています。表題や見出しのスタイルが設定された文書に、スタイルセットを適用するだけで簡単に文書全体のデザインを変更できます。

スタイルセットに登録されている書式は《**ホーム**》タブ→《**スタイル**》グループで確認できます。

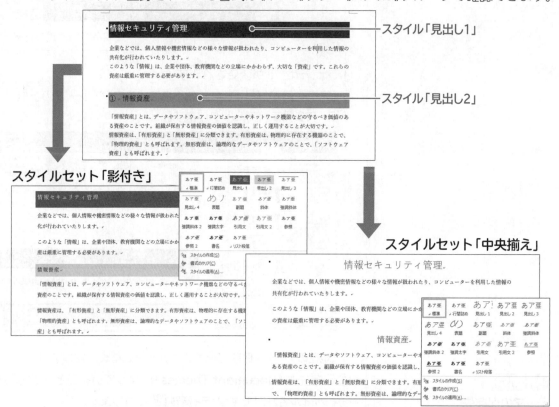

自分でスタイルを組み合わせてスタイルセットを作成し、名前を付けて保存することもできます。作成したスタイルセットは、Wordで作成するすべての文書に適用することができます。

2019 **365** ◆《デザイン》タブ→《ドキュメントの書式設定》グループの ▽ (その他)→《新しいスタイルセットとして保存》

Lesson 40

 文書「Lesson40」を開いておきましょう。

次の操作を行いましょう。

(1) 現在適用されている書式をスタイルセット「セキュリティ資料スタイル」として保存してください。既定の場所に保存すること。

(2) フォルダー「Lesson40」の文書「脅威と脆弱性」を開いて、スタイルセット「セキュリティ資料スタイル」を適用してください。

(1)

①《デザイン》タブ→《ドキュメントの書式設定》グループの ▼ (その他) →《新しいスタイルセットとして保存》をクリックします。

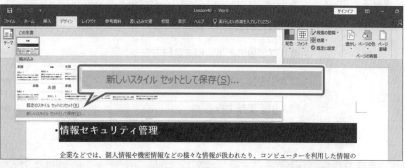

②《新しいスタイルセットとして保存》ダイアログボックスが表示されます。

③保存先が《QuickStyles》になっていることを確認します。

④《ファイル名》に「セキュリティ資料スタイル」と入力します。

⑤《保存》をクリックします。

⑥スタイルセットが保存されます。

(2)

①《ファイル》タブを選択します。

②《開く》→《参照》をクリックします。

③《ファイルを開く》ダイアログボックスが表示されます。

④フォルダー「Lesson40」を開きます。

※《PC》→《ドキュメント》→「MOS-Word 365 2019-Expert(1)」→「Lesson40」を選択します。

⑤一覧から「脅威と脆弱性」を選択します。

⑥《開く》をクリックします。

⑦文書「脅威と脆弱性」が開かれます。

⑧《デザイン》タブ→《ドキュメントの書式設定》グループの ▼ (その他) →《ユーザー設定》の《セキュリティ資料スタイル》をクリックします。

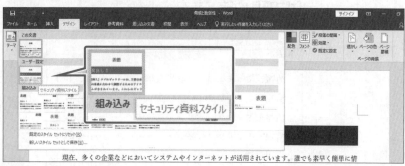

⑨スタイルセットが適用されます。

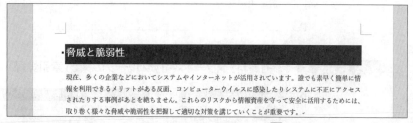

※《デザイン》タブ→《ドキュメントの書式設定》グループの ▼ (その他) →《ユーザー設定》の《セキュリティ資料スタイル》を右クリック→《削除》をクリックして、スタイルセットを削除しておきましょう。

求められるスキル

出題範囲1

出題範囲2

出題範囲3

出題範囲4

確認問題 標準解答

3-3 | 索引を作成する、管理する

☑ 理解度チェック

習得すべき機能	参照Lesson	学習前	学習後	試験直前
■ 語句を索引として登録できる。	➡Lesson41	☑	☑	☑
■ サブ項目のある索引を登録できる。	➡Lesson41	☑	☑	☑
■ 索引を挿入できる。	➡Lesson42	☑	☑	☑
■ 索引を更新できる。	➡Lesson43	☑	☑	☑

3-3-1 | 索引を登録する

 解説

■索引

「**索引**」とは、文書内の語句とその語句が掲載されているページを一覧にしたものです。長文のレポートや報告書に索引を用意しておくと、たくさんのページの中から必要な情報を探しやすくなります。

索引を挿入する手順は、次のとおりです。

①　索引項目の登録

　　索引として使いたい語句を、索引項目として登録します。

②　索引の挿入

　　索引項目として登録した語句をもとに、索引を挿入します。

■索引項目の登録

索引として使いたい語句を「**索引項目**」として登録します。索引項目には、「**メイン項目**」と「**サブ項目**」があります。

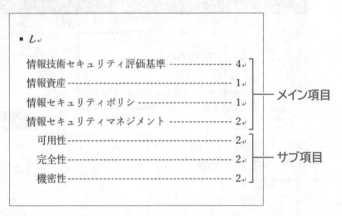

2019　365　◆《参考資料》タブ→《索引》グループの [🗒索引登録]（索引登録）

Lesson 41

 文書「Lesson41」を開いておきましょう。

次の操作を行いましょう。

(1) 1ページ目の見出し「1.1. 情報資産」の下にある「情報資産」、見出し「1.2. 情報セキュリティポリシ」の下にある「情報セキュリティポリシ」、見出し「1.3. 情報セキュリティマネジメントの要素」の下にある「情報セキュリティマネジメント」を索引に登録してください。

(2) 2ページ目の見出し「1.3. 情報セキュリティマネジメントの要素」の下にある「機密性」「完全性」「可用性」の3つの語句を「情報セキュリティマネジメント」のサブ項目として索引に登録してください。

Lesson 41 Answer

(1)

① 「**情報資産**」を選択します。

② 《**参考資料**》タブ→《**索引**》グループの (索引登録) をクリックします。

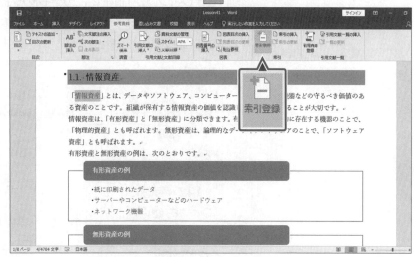

③ 《**索引登録**》ダイアログボックスが表示されます。

④ 《**登録（メイン）**》が「**情報資産**」になっていることを確認します。

⑤ 《**読み**》が「**じょうほうしさん**」になっていることを確認します。

⑥ 《**登録**》をクリックします。

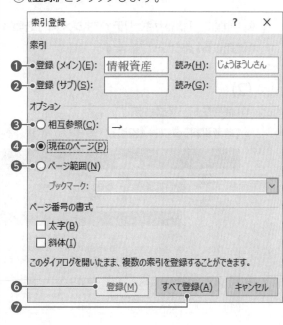

! Point

《索引登録》

❶ 登録（メイン）／読み
索引として登録する語句を指定します。語句を指定すると、自動的に《読み》が入力されます。《読み》は編集することもできます。

❷ 登録（サブ）／読み
サブ項目の索引として登録する語句を指定します。語句を指定すると、自動的に《読み》が入力されます。《読み》は編集することもできます。

❸ 相互参照
参照先としてほかの語句を指定します。索引にはページ番号の代わりに指定した語句が表示されます。

❹ 現在のページ
参照先として登録する語句のページ番号を表示します。

❺ ページ範囲
参照先として複数のページを表示します。あらかじめ参照させたい複数のページをブックマークとして登録しておきます。

❻ 登録
指定した語句を索引項目として登録します。

❼ すべて登録
文書内にある同じ語句をまとめて登録します。同じ段落内に複数入力されている場合は、最初の語句が登録されます。

求められるスキル

出題範囲1

出題範囲2

出題範囲3

出題範囲4

確認問題 標準解答

⑦索引が登録されます。

※索引に登録されると、その語句の後ろに「XE（索引項目）フィールド」が挿入されます。

⑧文書内をクリックし、**「情報セキュリティポリシ」**を選択します。

※**「情報セキュリティポリシ」**がダイアログボックスで隠れている場合には、ダイアログボックスのタイトルバーをドラッグして移動しておきましょう。

⑨**《索引登録》**ダイアログボックス内をクリックします。

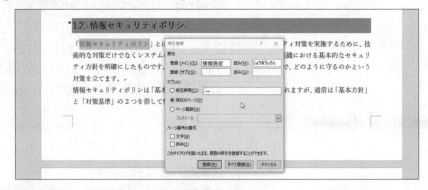

⑩**《登録（メイン）》**が**「情報セキュリティポリシ」**になっていることを確認します。

⑪**《読み》**が**「じょうほうせきゅりてぃぽりし」**になっていることを確認します。

⑫**《登録》**をクリックします。

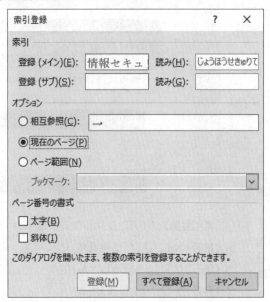

⑬同様に、**「情報セキュリティマネジメント」**を索引に登録します。

⑭**《閉じる》**をクリックします。

(2)

①**「機密性」**を選択します。

②**《参考資料》**タブ→**《索引》**グループの ![索引登録]（索引登録）をクリックします。

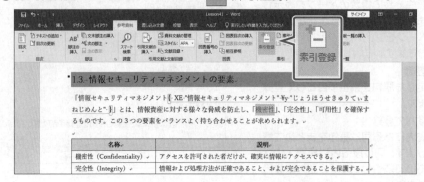

Point

XEフィールド

索引項目を追加すると、索引項目の後ろに「XE（索引項目）フィールド」が挿入されます。XEフィールドには、隠し文字の書式が設定されています。![編集記号の表示/非表示アイコン]（編集記号の表示/非表示）をクリックすると、XEフィールドの表示、非表示を切り替えることができます。

③《索引登録》ダイアログボックスが表示されます。

④《登録（メイン）》に表示されている「機密性」を「情報セキュリティマネジメント」に修正します。

⑤《読み》をクリックし、「じょうほうせきゅりていまねじめんと」と入力されていることを確認します。

⑥《登録（サブ）》に「機密性」と入力します。

⑦《読み》をクリックし、「きみつせい」と入力されていることを確認します。

⑧《登録》をクリックします。

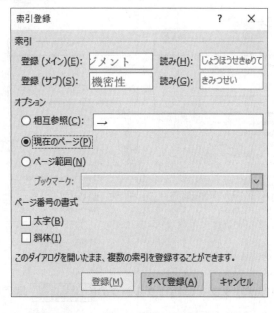

⑨文書内をクリックし、「完全性」を選択します。

⑩《索引登録》ダイアログボックス内をクリックします。

⑪《登録（メイン）》を「情報セキュリティマネジメント」に修正します。

⑫《読み》をクリックし、「じょうほうせきゅりていまねじめんと」と入力されていることを確認します。

⑬《登録（サブ）》に「完全性」と入力します。

⑭《読み》をクリックし、「かんぜんせい」と入力されていることを確認します。

⑮《登録》をクリックします。

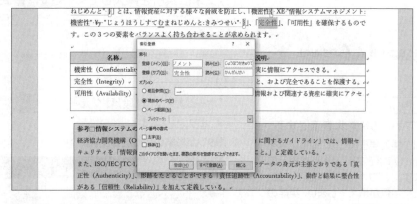

⑯同様に、「可用性」を「情報セキュリティマネジメント」のサブ項目として登録します。

⑰《閉じる》をクリックします。

! Point

索引項目の削除

索引に登録した語句を削除する場合は、XEフィールドを削除します。

`2019` `365`

◆索引に登録した語句のXEフィールドを選択→ Delete

選択して

「情報資産{ XE "情報資産" ¥y "じょうほうしさん" }」
ネットワーク機器などの守るべき価値のある資産のこと

Delete を押す

求められるスキル

出題範囲1

出題範囲2

出題範囲3

出題範囲4

確認問題 標準解答

3-3-2 | 索引を作成する

解説　■索引の挿入

文書内の語句を索引項目として登録したあとで、文書内に索引を挿入します。

語句とページ番号の間にリーダー線を引いたり、段組みを設定したりして書式を設定することもできます。また、「**ファンシー**」や「**フォーマル**」など、あらかじめ用意されている書式を適用して作成することもできます。

ファンシー

フォーマル

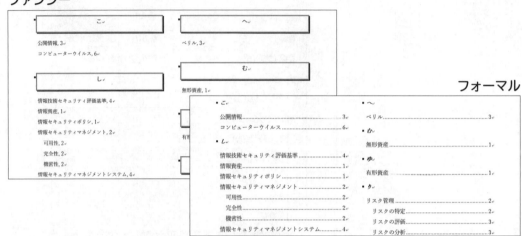

2019　365　◆《参考資料》タブ→《索引》グループの　📄 索引の挿入 （索引の挿入）

Lesson 42

OPEN　文書「Lesson42」を開いておきましょう。
※文書「Lesson42」には、あらかじめ索引項目が登録されています。

次の操作を行いましょう。

(1) 文末に索引を挿入してください。書式は「フォーマル」、ページ番号は右揃え、タブリーダーは「-------」とし、2段組みで表示します。

Lesson 42 Answer

(1)

① 《**ホーム**》タブ→《**段落**》グループの （編集記号の表示/非表示）をクリックしてオフにします。

※ボタンが標準の色に戻ります。

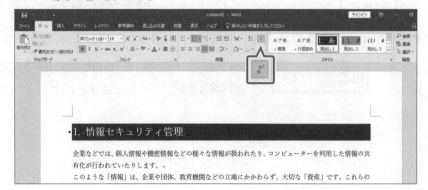

❗Point

XEフィールドを非表示にする

索引を挿入する前には、編集記号をオフにしてXEフィールドを非表示にします。XEフィールドを表示していると文字数が増えてしまい、実際のページ番号と索引のページ番号がずれてしまう可能性があるためです。索引を挿入する場合は、正確なページ番号が参照できるように必ずXEフィールドを非表示にしましょう。

求められるスキル

出題範囲1

出題範囲2

出題範囲3

出題範囲4

確認問題　標準解答

Point

《索引》

❶ ページ番号を右揃えにする
ページ番号を右揃えにして表示します。

❷ タブリーダー
索引項目と右揃えにしたページ番号の間に表示するタブリーダーを選択します。

❸ 書式
索引に設定する書式を選択します。

❹ 形式
索引項目にサブ項目がある場合、サブ項目の表示方法を選択します。

❺ 段数
索引の段数を指定します。本文と同じ段数にする場合は「自動」にします。

❻ 言語の選択
並べ替えの基準となる言語を選択します。

❼ 頭文字の分類
❻で《日本語》を選択した場合は頭文字の表示方法を選択します。

❽ 索引登録
《索引登録》ダイアログボックスを表示して、索引項目を登録します。

❾ 自動索引登録
索引項目を入力したファイルを使って、索引項目を自動的に登録します。

❿ 変更
❸で《任意のスタイル》を選択した場合に索引スタイルの書式を変更します。

Point

INDEXフィールド

索引を挿入すると、「INDEX（索引）フィールド」が挿入されます。フィールドはフィールドコードと呼ばれる文字列で管理されており、 Alt + F9 で表示を切り替えることができます。

●通常の表示

●フィールドコード

```
索引
{ INDEX ¥e "      " ¥h "M" ¥y ¥c "2" ¥z "1041" }
```

②文末にカーソルを移動します。
※ Ctrl + End を押すと効率的です。
③《参考資料》タブ→《索引》グループの ![] 索引の挿入 （索引の挿入）をクリックします。

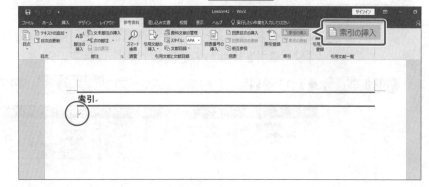

④《索引》ダイアログボックスが表示されます。
⑤《索引》タブを選択します。
⑥《書式》の ⌄ をクリックし、一覧から《フォーマル》を選択します。
⑦《ページ番号を右揃えにする》を ✓ にします。
⑧《タブリーダー》の ⌄ をクリックし、一覧から《-------》を選択します。
⑨《段数》を「2」に設定します。
⑩《OK》をクリックします。

⑪索引が挿入されます。

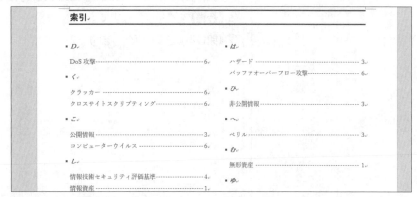

※ （編集記号の表示/非表示）をクリックして、編集記号を表示しておきましょう。

128

3-3-3　索引を更新する

解説　■索引の更新

索引を作成したあとで、語句を追加したり削除したりした場合や、ページが増減した場合は、索引を更新して最新の状態にします。

`2019` `365` ◆《参考資料》タブ→《索引》グループの 索引の更新 （索引の更新）

Lesson 43

OPEN　文書「Lesson43」を開いておきましょう。

次の操作を行いましょう。

(1) 6ページ目の見出し「2.1. 人的脅威」の下にある「ソーシャルエンジニアリング」を索引として登録し、索引を更新してください。

Lesson 43 Answer

(1)

①「ソーシャルエンジニアリング」を選択します。

②《参考資料》タブ→《索引》グループの （索引登録）をクリックします。

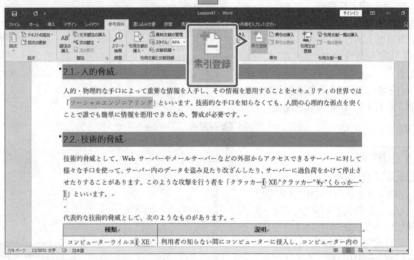

③《索引登録》ダイアログボックスが表示されます。

④《登録（メイン）》が「ソーシャルエンジニアリング」になっていることを確認します。

⑤《読み》が「そーしゃるえんじにありんぐ」になっていることを確認します。

⑥《登録》をクリックします。

⑦《閉じる》をクリックします。

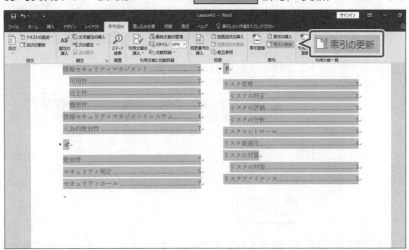

索引登録

索引

登録 (メイン)(E): ソーシャル...　読み(H): そーしゃるえんじにあ

登録 (サブ)(S): ［　　　　　］　読み(G): ［　　　　　］

オプション

○ 相互参照(C): →

● 現在のページ(P)

○ ページ範囲(N)

　ブックマーク: ［　　　　　▽］

ページ番号の書式

☐ 太字(B)

☐ 斜体(I)

このダイアログを開いたまま、複数の索引を登録することができます。

登録(M)　すべて登録(A)　閉じる

⑧《ホーム》タブ→《段落》グループの 🖋 (編集記号の表示/非表示) をクリックしてオフにします。

※ボタンが標準の色に戻ります。

※フィールドコードが非表示になっていることを確認しておきましょう。

⑨索引内をクリックします。

※索引内であればどこでもかまいません。

🖱 その他の方法

索引の更新

2019　365

◆索引を右クリック→《フィールド更新》

◆索引にカーソルを移動→ F9

⑩《参考資料》タブ→《索引》グループの 🗐 索引の更新 (索引の更新) をクリックします。

⑪索引が更新されます。

※ 🖋 (編集記号の表示/非表示) をクリックして、編集記号を表示しておきましょう。

求められるスキル

出題範囲1

出題範囲2

出題範囲3

出題範囲4

確認問題 標準解答

3-4 図表一覧を作成する、管理する

 理解度チェック

習得すべき機能	参照Lesson	学習前	学習後	試験直前
■図表番号を挿入できる。	➡Lesson44	☑	☑	☑
■図表番号のラベル名や番号を変更できる。	➡Lesson45	☑	☑	☑
■図表目次を挿入できる。	➡Lesson46	☑	☑	☑
■図表目次を更新できる。	➡Lesson46	☑	☑	☑

3-4-1 図表番号を挿入する

解説 ■図表番号の挿入

表や図、SmartArtグラフィックなどのオブジェクトが文書内に複数ある場合は、「**図表番号**」を使って表やオブジェクトに番号とその説明を追加するとよいでしょう。図表番号を挿入しておくと、本文内で図表を参照させる場合や図表目次を作成する場合に便利です。

また、図表番号を使って連番を振っておくと、途中で表やオブジェクトを追加したり削除したりした場合でも番号を振り直すことができます。

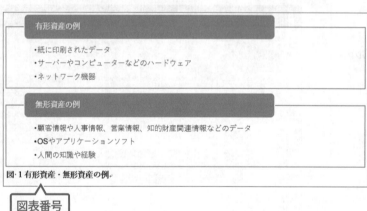

図表番号

2019 **365** ◆《参考資料》タブ→《図表》グループの （図表番号の挿入）

Lesson 44

OPEN 文書「Lesson44」を開いておきましょう。

次の操作を行いましょう。

(1) 1ページ目のSmartArtグラフィックに図表番号「図1有形資産・無形資産の例」を挿入してください。図表番号はSmartArtグラフィックの下に挿入します。

(2) 2ページ目の上表に図表番号「表1情報セキュリティポリシの構成」を挿入してください。図表番号は表の上に挿入します。

(3) 2ページ目の下表に図表番号「表2情報セキュリティマネジメントの要素」を挿入してください。図表番号は表の上に挿入します。

求められるスキル

出題範囲 1

出題範囲 2

出題範囲 3

出題範囲 4

確認問題 標準解答

その他の方法

図表番号の挿入

`2019` `365`

◆オブジェクトを右クリック→《図表番号の挿入》

(1)

①SmartArtグラフィックを選択します。

②《参考資料》タブ→《図表》グループの ▨ (図表番号の挿入)をクリックします。

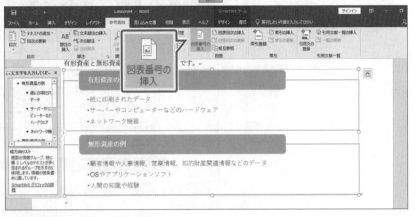

③《図表番号》ダイアログボックスが表示されます。

④《図表番号》に「**図1**」と表示されていることを確認します。

⑤《図表番号》の「**図1**」の後ろに「**有形資産・無形資産の例**」と入力します。

⑥《位置》の ▽ をクリックし、一覧から《**選択した項目の下**》を選択します。

⑦《**OK**》をクリックします。

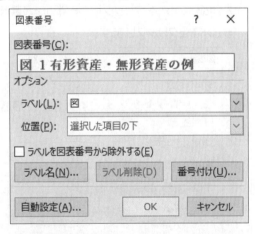

⑧図表番号が挿入されます。

Point

SEQフィールド

図表番号を挿入すると「SEQ（連番）フィールド」が挿入されます。フィールドは、フィールドコードと呼ばれる文字列で管理されており、[Alt]+[F9]で表示を切り替えることができます。

●通常の表示

> 図·1 有形資産・無形資産の例

●フィールドコード

> 図·{·SEQ·図·¥*·ARABIC·}有形資

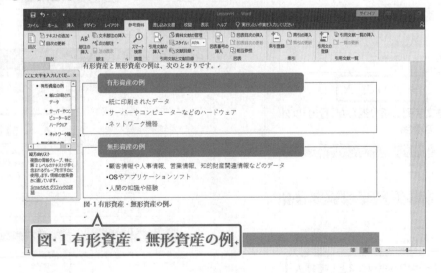

(2)

①2ページ目の上表内にカーソルを移動します。

※表内であれば、どこでもかまいません。

②《参考資料》タブ→《図表》グループの （図表番号の挿入）をクリックします。

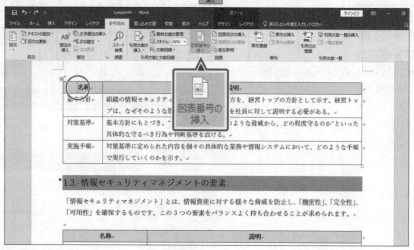

③《図表番号》ダイアログボックスが表示されます。

④《ラベル》の ∨ をクリックし、一覧から《表》を選択します。

⑤《図表番号》に「表1」と表示されていることを確認します。

⑥《図表番号》の「表1」の後ろに「情報セキュリティポリシの構成」と入力します。

⑦《位置》の ∨ をクリックし、一覧から《選択した項目の上》を選択します。

⑧《OK》をクリックします。

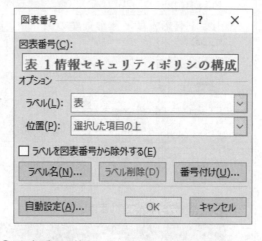

⑨図表番号が挿入されます。

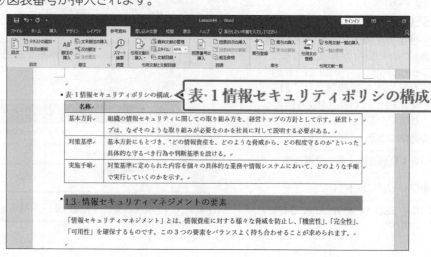

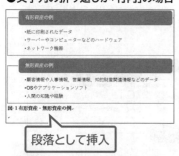
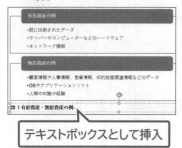

(3)

①2ページ目の下表内にカーソルを移動します。

※表内であれば、どこでもかまいません。

②《**参考資料**》タブ→《**図表**》グループの（図表番号の挿入）をクリックします。

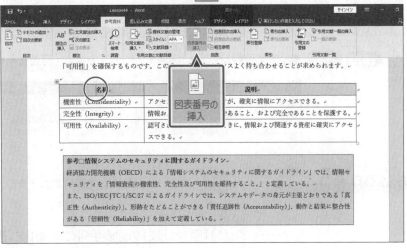

③《**図表番号**》ダイアログボックスが表示されます。

④《**図表番号**》に「**表2**」と表示されていることを確認します。

⑤《**図表番号**》の「**表2**」の後ろに「**情報セキュリティマネジメントの要素**」と入力します。

⑥《**位置**》の∨をクリックし、一覧から《**選択した項目の上**》を選択します。

⑦《**OK**》をクリックします。

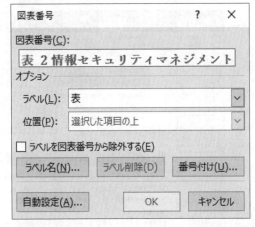

⑧図表番号が挿入されます。

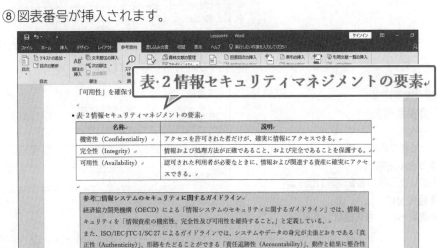

! Point

図表番号の削除

挿入した図表番号を削除するには、図表番号を選択し Delete を押します。

! Point

図表番号の更新

図表番号を削除したりオブジェクトを入れ替えたりしたあとは、連続番号が正しく表示されません。図表番号を更新すると、連続番号が振り直されます。

図表番号を更新する方法は、次のとおりです。

2019 **365**

◆図表番号の番号部分を右クリック→《フィールド更新》

求められるスキル

出題範囲1

出題範囲2

出題範囲3

出題範囲4

確認問題 標準解答

3-4-2 図表番号のプロパティを設定する

解 説

■図表番号の変更

図表番号の前に表示される「**図**」「**表**」などのラベル名を新規に作成したり、「**1,2,3,…**」という番号を「**A,B,C,…**」「**i,ii,iii,…**」などの書式に変更したりできます。

`2019` `365` ◆《参考資料》タブ→《図表》グループの （図表番号の挿入）

Lesson 45

OPEN　文書「Lesson45」を開いておきましょう。

次の操作を行いましょう。

(1)「図」と「表」の図表番号のラベルを「図表」、番号を「A,B,C,…」に変更してください。

Lesson 45 Answer

(1)

①「**図1**」を選択します。

②《参考資料》タブ→《図表》グループの （図表番号の挿入）をクリックします。

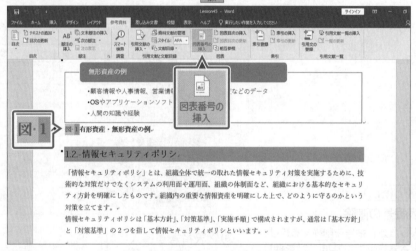

③《図表番号》ダイアログボックスが表示されます。

④《ラベル名》をクリックします。

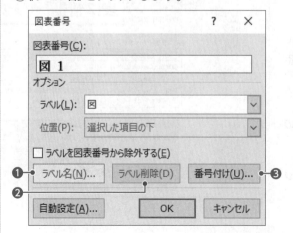

!Point

《図表番号》

❶ラベル名
ラベル名を作成します。

❷ラベル削除
作成したラベル名を削除します。

❸番号付け
図表番号の番号を設定します。

135

⑤《新しいラベル名》ダイアログボックスが表示されます。

⑥《ラベル》に「図表」と入力します。

⑦《OK》をクリックします。

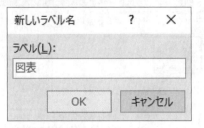

⑧《図表番号》ダイアログボックスに戻ります。

⑨《番号付け》をクリックします。

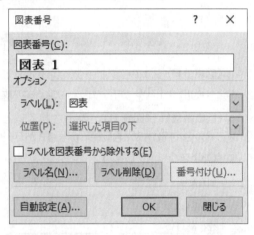

⑩《図表番号の書式》ダイアログボックスが表示されます。

⑪《書式》の✓をクリックし、一覧から《A,B,C,…》を選択します。

⑫《OK》をクリックします。

! Point

《図表番号の書式》

❶書式
図表番号の番号を選択します。

❷章番号を含める
見出しにアウトライン番号が設定されている場合に、図表番号の前に章番号を含めることができます。

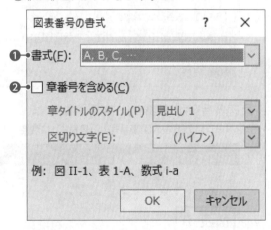

⑬《図表番号》ダイアログボックスに戻ります。

⑭《OK》をクリックします。

⑮図表番号が「図表 A」に変更されます。

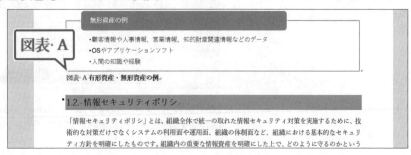

求められるスキル

出題範囲1

出題範囲2

出題範囲3

出題範囲4

確認問題 標準解答

⑯「**表1**」を選択します。

⑰《**参考資料**》タブ→《**図表**》グループの 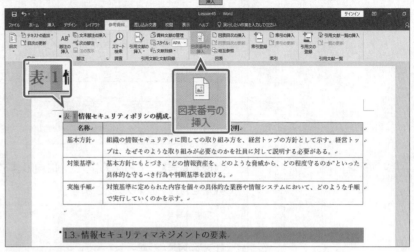 （図表番号の挿入）をクリックします。

⑱《**図表番号**》ダイアログボックスが表示されます。

⑲《**ラベル**》の ∨ をクリックし、一覧から《**図表**》を選択します。

⑳《**図表番号**》に「**図表 B**」と表示されていることを確認します。

※ラベル名が同じため、自動的に番号書式が「A,B,C,…」に変わります。

㉑《**OK**》をクリックします。

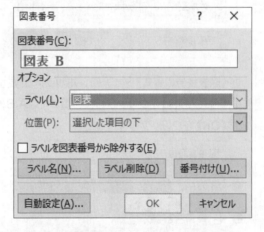

㉒図表番号が「**図表 B**」に変更されます。

※2ページ目の下表の図表番号が「図表 C」に変更されていることを確認しておきましょう。

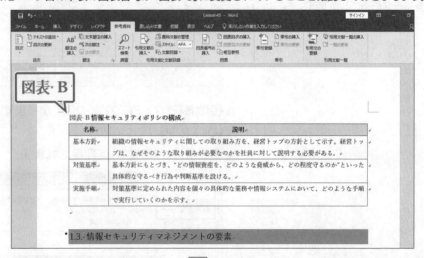

※《**参考資料**》タブ→《**図表**》グループの 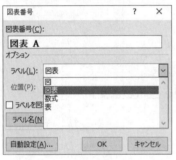（図表番号の挿入）→《**ラベル**》の ∨ →一覧から「図表」を選択→《**ラベル削除**》→《**閉じる**》をクリックして、ラベルを削除しておきましょう。

!Point

ラベルの一覧

ラベル名を新しく作成すると、《図表番号》ダイアログボックスの《ラベル》の一覧に表示されます。

!Point

図表番号の変更の反映

同じラベルの付いた図表番号が複数ある場合、ひとつを変更すると、そのほかにも自動的に変更が反映されます。

!Point

図表番号の内容の変更

図表番号の内容だけを修正する場合は、《図表番号》ダイアログボックスを表示せず、文字列を直接修正できます。

求められるスキル

出題範囲1

出題範囲2

出題範囲3

出題範囲4

確認問題 標準解答

3-4-3 図表目次を挿入する、変更する

解説

■図表目次の挿入

オブジェクトや表の図表番号を抜き出して、**「図表目次」**を作成できます。図表番号やページ番号を入力する手間が省け、入力ミスを防ぐことができるので便利です。

2019 365 ◆《参考資料》タブ→《図表》グループの 🗐 図表目次の挿入 （図表目次の挿入）

■図表目次の更新

図表目次を作成したあとで、図表番号を追加したり削除したりした場合や、ページを移動した場合は、図表目次を更新して最新の状態にします。

2019 365 ◆《参考資料》タブ→《図表》グループの 🗐 図表目次の更新 （図表目次の更新）

Lesson 46

 文書「Lesson46」を開いておきましょう。

次の操作を行いましょう。

(1) 1ページ目の「目次（図）」の次の行に、ラベルが「図」の図表目次を挿入してください。書式は「フォーマル」、タブリーダーは「.......」とします。

(2) 図表番号「図3セキュリティ規定で定める文書の種類」を「図3セキュリティ規定」に変更し、図表目次を更新してください。

Lesson 46 Answer

(1)

① **「目次(図)」**の次の行にカーソルを移動します。

②《**参考資料**》タブ→《**図表**》グループの 🗐 図表目次の挿入 （図表目次の挿入）をクリックします。

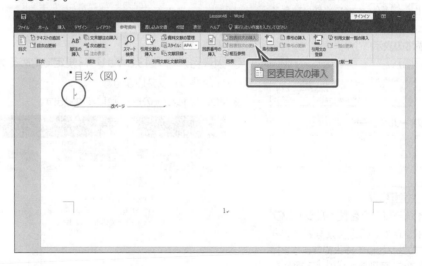

③《図表目次》ダイアログボックスが表示されます。

④《図表目次》タブを選択します。

⑤《書式》の∨をクリックし、一覧から《フォーマル》を選択します。

⑥《タブリーダー》の∨をクリックし、一覧から《.......》を選択します。

⑦《図表番号のラベル》の∨をクリックし、一覧から《図》を選択します。

⑧《OK》をクリックします。

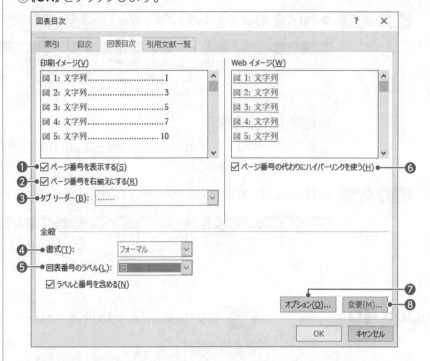

⑨図表目次が挿入されます。

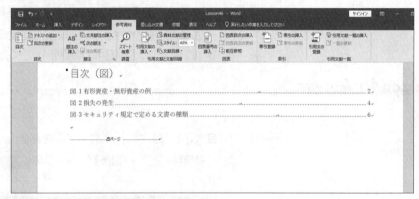

(2)

①図表目次の「**図3セキュリティ規定で定める文書の種類.......6**」を、[Ctrl]を押しながらクリックします。

※マウスポインターの形が🖑に変わります。

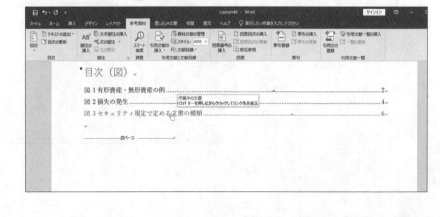

---

②「図3セキュリティ規定で定める文書の種類」が表示されます。

③「図3セキュリティ規定」に修正します。

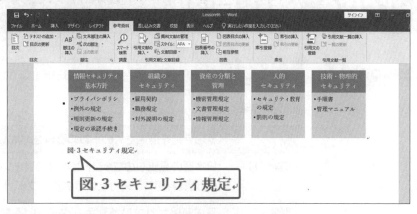

④図表目次内にカーソルを移動します。

※図表目次内であればどこでもかまいません。

⑤《参考資料》タブ→《図表》グループの 図表目次の更新 （図表目次の更新）をクリックします。

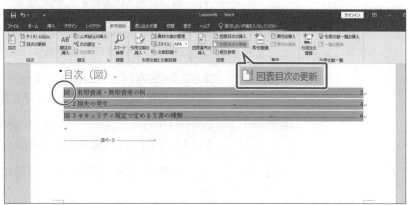

その他の方法

図表目次の更新

2019 365

◆図表目次を右クリック→《フィールド更新》

◆図表目次にカーソルを移動→F9

⑥《図表目次の更新》ダイアログボックスが表示されます。

⑦《目次をすべて更新する》を◉にします。

⑧《OK》をクリックします。

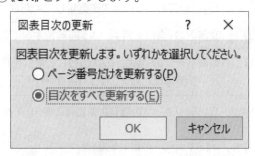

⑨図表目次が更新されます。

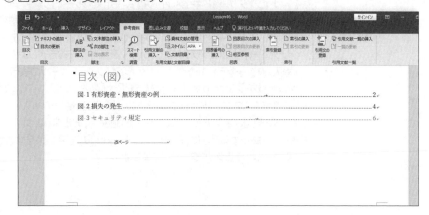

求められるスキル

出題範囲1

出題範囲2

出題範囲3

出題範囲4

確認問題 標準解答

Lesson 47

 文書「Lesson47」を開いておきましょう。

次の操作を行いましょう。

	就職活動を控えた人のための資料を作成します。
問題（1）	日本語の見出しのフォントと本文のフォントをどちらも「MSゴシック」に設定し、「就活資料用フォント」という名前のフォントセットを作成してください。
問題（2）	現在適用されている配色パターンのうち、アクセント4を「紫」、アクセント5を「赤：244、緑：44、青：44」に変更して、「就活資料用カラー」という名前で保存してください。
問題（3）	現在適用されている書式を「就活資料」という名前でテーマとして保存してください。既定の場所に保存すること。
問題（4）	1ページ目の会社のロゴマークを「company logo」という名前でクイックパーツとして保存してください。保存先は「Building Blocks」とします。
問題（5）	文末にクイックパーツ「company logo」を挿入してください。文字列の折り返しを四角に設定し、余白に合わせて右下に配置します。
問題（6）	2ページ目のSmartArtグラフィックに図表番号「図1仕事を通じて得られるもの」を挿入してください。図表番号はSmartArtグラフィックの上に挿入します。
問題（7）	「図」と「表」の図表番号のラベルを「図表」、番号を「A,B,C,…」に変更してください。
問題（8）	最終ページの「図表目次」の次の行に、ラベルが「図表」の図表目次を挿入してください。書式は「クラシック」、タブリーダーは「‥‥‥‥」とします。
問題（9）	図表Fの図表番号の内容を、「中途採用に向けた就職活動の一般的なスケジュール」に修正し、図表目次を更新してください。
問題（10）	文書内の「自己分析」という語句をすべて索引として登録してください。
問題（11）	最終ページの「索引」の次の行に、索引を挿入してください。書式は「箇条書き」、ページ番号は右揃え、タブリーダーは「‥‥‥‥」とし、3段組みで表示します。

※《ホーム》タブ→《段落》グループの　（編集記号の表示/非表示）をクリックして、編集記号を表示しておきましょう。

※《デザイン》タブ→《ドキュメントの書式設定》グループの　（テーマのフォント）→《ユーザー定義》の《就活資料用フォント》を右クリック→《削除》をクリックして、フォントセットを削除しておきましょう。

※《デザイン》タブ→《ドキュメントの書式設定》グループの　（テーマの色）→《ユーザー定義》の《就活資料用カラー》を右クリック→《削除》をクリックして、配色パターンを削除しておきましょう。

※《デザイン》タブ→《ドキュメントの書式設定》グループの　（テーマ）→《ユーザー定義》の《就活資料》を右クリック→《削除》をクリックして、テーマを削除しておきましょう。

※《挿入》タブ→《テキスト》グループの　（クイックパーツの表示）→《文書パーツオーガナイザー》→文書パーツの一覧から《company logo》を選択→《削除》をクリックして、クイックパーツを削除しておきましょう。

※《参考資料》タブ→《図表》グループの　（図表番号の挿入）→《ラベル》の　→一覧から「図表」を選択→《ラベル削除》をクリックして、ラベルを削除しておきましょう。

※Wordを終了するときに、Building Blocksへの変更を保存するかどうかのメッセージが表示された場合は、《保存しない》をクリックしておきましょう。

出題範囲 4

高度なWord機能の利用

4-1 フォーム、フィールド、コントロールを管理する

 理解度チェック

習得すべき機能	参照Lesson	学習前	学習後	試験直前
■PageRefフィールドを挿入できる。	➡Lesson48	☑	☑	☑
■Refフィールドを挿入できる。	➡Lesson48	☑	☑	☑
■StyleRefフィールドを挿入できる。	➡Lesson49	☑	☑	☑
■フィールドオプションを設定できる。	➡Lesson49	☑	☑	☑
■フィールドプロパティを変更できる。	➡Lesson50	☑	☑	☑
■テキストコンテンツコントロールを挿入できる。	➡Lesson51	☑	☑	☑
■コンボボックスコンテンツコントロールを挿入できる。	➡Lesson51	☑	☑	☑
■日付選択コンテンツコントロールを挿入できる。	➡Lesson51	☑	☑	☑
■コンテンツコントロールのプロパティを設定できる。	➡Lesson51	☑	☑	☑
■コンテンツコントロールへの入力だけ許可するように編集を制限できる。	➡Lesson52	☑	☑	☑

4-1-1 ユーザー設定のフィールドを追加する

解　説

■フィールドの挿入

「フィールド」とは、条件に従って結果を表示する領域のことです。Wordでは、ページ番号や今日の日付などの変化する情報によく利用されます。フィールドは自動的に更新されるので、文書を開いた日を表示したり、ページの追加や削除に自動的に対応したりすることができます。

初期の設定では、フィールドには実行結果となる情報だけが表示されますが、実際には、**「フィールドコード」**と呼ばれる式が挿入されています。

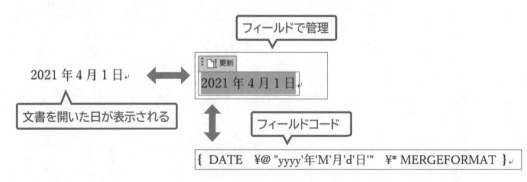

よく使われるフィールドには、次のようなものがあります。

フィールド	説明
Page	現在のページ番号を表示します。
Date	現在の日付を表示します。
SaveDate	最後に保存した日付を表示します。
FileName	文書名と保存場所（パス）を表示します。
Ref	ブックマークが設定されている文字列やオブジェクトを表示します。
PageRef	ブックマークが設定されているページ番号を表示します。
StyleRef	指定したスタイルが適用されているそのページ内の最初または最後の文字列を表示します。

2019 **365** ◆《挿入》タブ→《テキスト》グループの ▣ ▾（クイックパーツの表示）→《フィールド》

Lesson 48

📂 OPEN 文書「Lesson48」を開いておきましょう。

次の操作を行いましょう。
(1) 4ページ目の図表番号「表1ウイルスの種類」に、ブックマーク「ウイルスの種類」を作成してください。
(2) 1ページ目の見出し「1.3. ウイルスに感染する」の下の「※ウイルスについては、ページの「」を参照」の「ページ」の前に、PageRefフィールドを挿入してください。ブックマーク「ウイルスの種類」のページ番号を参照します。
次に、「」内にRefフィールドを挿入してください。ブックマーク「ウイルスの種類」を表示します。

Lesson 48 Answer

(1)

① 「**表1ウイルスの種類**」を選択します。
※文字列だけ範囲選択します。
②《挿入》タブ→《リンク》グループの （ブックマークの挿入）をクリックします。

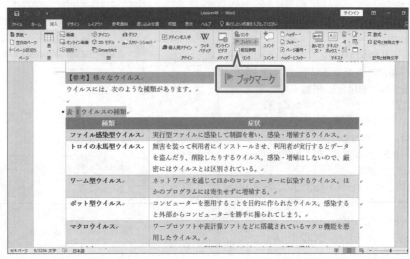

求められるスキル

出題範囲1

出題範囲2

出題範囲3

出題範囲4

確認問題 標準解答

Point

《ブックマーク》

❶ブックマーク名の一覧
文書内に挿入されているブックマーク名を一覧で表示します。

❷表示
ブックマーク名を名前順（JISコード順）に表示するか、挿入されている順に表示するかを選択します。

❸追加
《ブックマーク名》に入力した名前で、ブックマークを挿入します。

❹削除
選択したブックマークを削除します。

❺ジャンプ
選択したブックマークに移動します。

Point

ブックマークの表示

ブックマークが画面上に表示されるように、Wordの設定を変更できます。

`2019` `365`

◆《ファイル》タブ→《オプション》→左側の一覧から《詳細設定》を選択→《構成内容の表示》の《☑ ブックマークを表示する》

Point

フィールドの名前の一覧

《フィールドの名前》の一覧は、アルファベット順に表示されています。フィールドの先頭のアルファベットのキーを押すと、そのアルファベットで始まるフィールドが表示されます。

Point

《フィールド》

❶フィールドの選択
挿入するフィールドを選択します。

❷説明
❶で選択したフィールドの説明を表示します。

❸フィールドプロパティ
フィールドに表示する情報の内容や、書式などを設定します。
※選択したフィールドによって、表示される内容は異なります。

❹フィールドオプション
フィールド固有の設定値（スイッチ）が表示されます。
※選択したフィールドによって、表示される内容は異なります。

❺フィールドコード
❶で選択したフィールドのフィールドコードを表示します。

---

③《ブックマーク》ダイアログボックスが表示されます。

④《ブックマーク名》に「**ウイルスの種類**」と入力します。

⑤《**追加**》をクリックします。

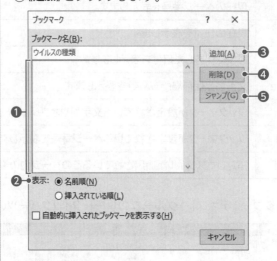

⑥ブックマークが挿入されます。
※画面上の見た目の変化はありません。

(2)

①1ページ目の「**ページ**」の前にカーソルを移動します。

②《**挿入**》タブ→《**テキスト**》グループの 国▾（クイックパーツの表示）→《**フィールド**》をクリックします。

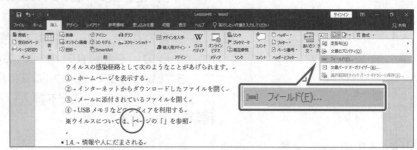

③《フィールド》ダイアログボックスが表示されます。

④《**フィールドの名前**》の一覧から《**PageRef**》を選択します。
※《フィールドの名前》の一覧内をクリックして、Ｐを押すと効率よく探すことができます。

⑤《**ブックマーク名**》の一覧から《**ウイルスの種類**》を選択します。

⑥《**OK**》をクリックします。

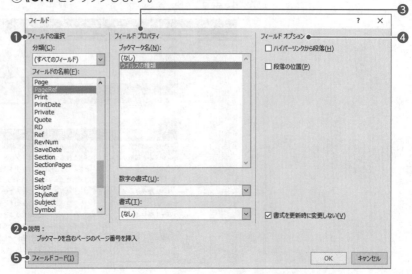

⑦ ページ数が表示されます。

※「4」と表示されます。

⑧「」内にカーソルを移動します。

⑨《挿入》タブ→《テキスト》グループの 国 ▼（クイックパーツの表示）→《フィールド》をクリックします。

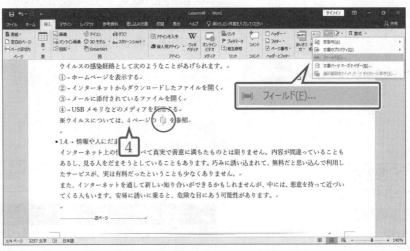

⑩《フィールド》ダイアログボックスが表示されます。

⑪《フィールドの名前》の一覧から《Ref》を選択します。

⑫《ブックマーク名》の一覧から《ウイルスの種類》を選択します。

⑬《OK》をクリックします。

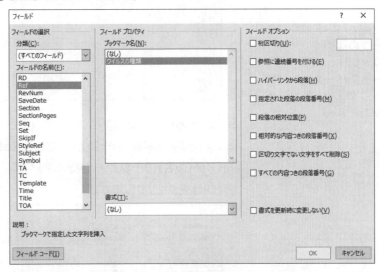

! Point

フィールドコードの表示

[Alt]+[F9]を押すと文書全体のフィールドコードを表示しますが、選択したフィールドだけフィールドコードを表示するには、[Shift]+[F9]を押します。

⑭ ブックマークが設定されている文字列が表示されます。

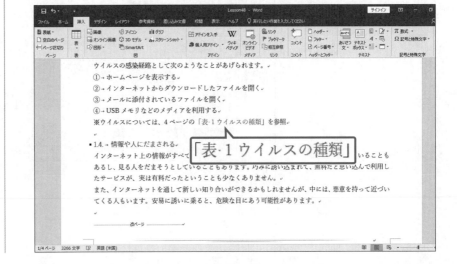

求められるスキル

出題範囲1

出題範囲2

出題範囲3

出題範囲4

確認問題 標準解答

Lesson 49

 文書「Lesson49」を開いておきましょう。

次の操作を行いましょう。

(1) ヘッダーの「～」の前に、StyleRefフィールドを挿入してください。ページの先頭にある見出し2を表示します。

(2) ヘッダーの「～」の後ろに、StyleRefフィールドを挿入してください。ページの最後にある見出し2を表示します。

Lesson 49 Answer

その他の方法

フィールドの挿入

`2019` `365`

◆《ヘッダー/フッターツール》の《デザイン》タブ→《挿入》グループの (クイックパーツの表示)→《フィールド》

◆《ヘッダー/フッターツール》の《デザイン》タブ→《挿入》グループの (ドキュメント情報)→《フィールド》

◆《ヘッダーとフッター》タブ→《挿入》グループの (クイックパーツの表示)→《フィールド》

◆《ヘッダーとフッター》タブ→《挿入》グループの (ドキュメント情報)→《フィールド》

---

(1)(2)

①ヘッダー領域をダブルクリックします。

②「～」の前にカーソルを移動します。

③《挿入》タブ→《テキスト》グループの （クイックパーツの表示）→《フィールド》をクリックします。

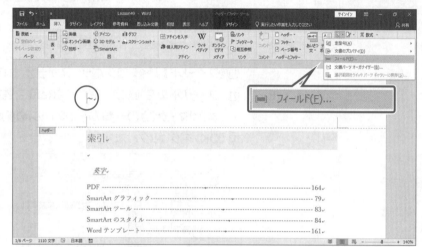

④《フィールド》ダイアログボックスが表示されます。

⑤《フィールドの名前》の一覧から《StyleRef》を選択します。

⑥《スタイル名》の一覧から《見出し2》を選択します。

⑦《OK》をクリックします。

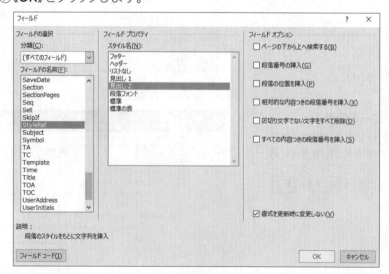

⑧ ページ内の最初の見出し2「**英字**」が表示されます。

⑨「〜」の後ろにカーソルを移動します。

⑩《**挿入**》タブ→《**テキスト**》グループの 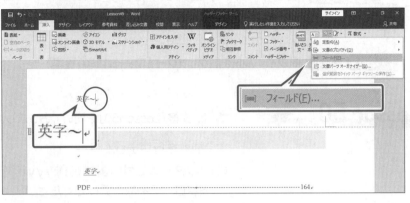（クイックパーツの表示）→《**フィールド**》
をクリックします。

⑪《**フィールド**》ダイアログボックスが表示されます。

⑫《**フィールドの名前**》の一覧から《**StyleRef**》を選択します。

⑬《**スタイル名**》の一覧から《**見出し2**》を選択します。

⑭《**フィールドオプション**》の《**ページの下から上へ検索する**》を ☑ にします。

⑮《**OK**》をクリックします。

❗Point

フィールドオプションの設定

フィールドオプションでは、フィールドを挿入するときの詳細な設定を行うことができます。選択しているフィールドによって設定できる内容は異なります。
「StyleRef」フィールドでは、プロパティで指定したスタイルをページの下から上に検索したり、段落番号が設定されているスタイルの段落番号だけを挿入したりすることもできます。

⑯ ページ内の最後の見出し2「**お**」が表示されます。

※そのほかのページのヘッダーも確認しておきましょう。

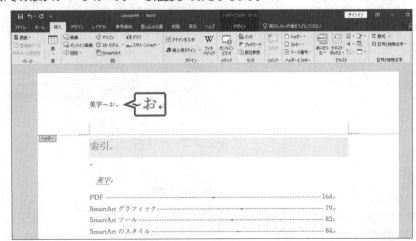

⑰《**ヘッダー/フッターツール**》の《**デザイン**》タブ→《**閉じる**》グループの（ヘッダーとフッターを閉じる）をクリックします。

求められるスキル

出題範囲1

出題範囲2

出題範囲3

出題範囲4

確認問題 標準解答

4-1-2　フィールドのプロパティを変更する

 解　説　■フィールドプロパティの変更

フィールドを挿入したあとで、フィールドに表示する情報の内容や書式などのフィールドプロパティを変更できます。

2019 365 ◆フィールドを右クリック→《フィールドの編集》

Lesson 50

 文書「Lesson50」を開いておきましょう。

次の操作を行いましょう。

(1) ヘッダーの日付の書式を「yyyy年M月d日」と表示されるように、フィールドプロパティを変更してください。

(2) フッターの「FileName」の前にパスが表示されるようにフィールドのオプションを設定してください。ただし、フィールドを追加しないこと。

Lesson 50 Answer

(1)

①ヘッダー領域をダブルクリックします。

②元号を右クリックします。

③《フィールドの編集》をクリックします。

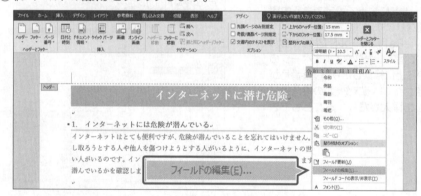

④《フィールド》ダイアログボックスが表示されます。

⑤《日付の書式》の一覧から《yyyy年M月d日》を選択します。

※本日の日付で表示されます。

⑥《OK》をクリックします。

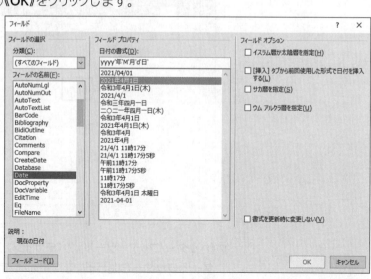

！Point

日付の書式の変更

日付の書式を変更する場合は、右クリックする位置によって、《フィールド》ダイアログボックスの《日付の書式》の一覧に表示される内容が異なります。日本語表記の書式に変更する場合は、元号や年、月などの漢字が入力されている箇所を右クリックするようにします。

！Point

書式の入力

《日付の書式》の一覧に該当する書式がない場合や、あらかじめ書式がわかっている場合は、《日付の書式》のボックスに書式を直接入力することもできます。

⑦日付の書式が変更されます。

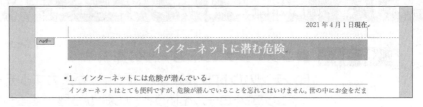

(2)

①フッター領域を表示します。

②ファイル名を右クリックします。

③《フィールドの編集》をクリックします。

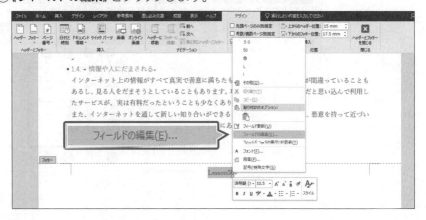

④《フィールド》ダイアログボックスが表示されます。

⑤《フィールドオプション》の《ファイル名にパスを追加》を ✔ にします。

⑥《OK》をクリックします。

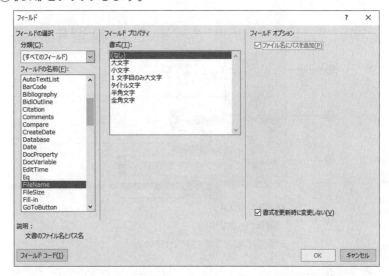

⑦ファイル名の前にパスが表示されます。

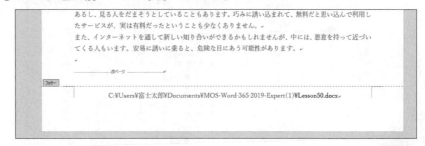

⑧《ヘッダー/フッターツール》の《デザイン》タブ→《閉じる》グループの （ヘッダーとフッターを閉じる）をクリックします。

求められるスキル

出題範囲1

出題範囲2

出題範囲3

出題範囲4

確認問題 標準解答

4-1-3 ｜標準的なコンテンツコントロールを挿入する、設定する

解説　■コンテンツコントロールの挿入

「**コンテンツコントロール**」とは、ユーザーが入力するデータを受け取るための部品です。コンテンツコントロールを使うと、リストから該当するものを選択する、カレンダーから日付を選択するなどの簡単な操作で、文書に入力することができます。申込書やアンケートなど、入力項目の多い文書などでよく利用されます。

2019　**365**　◆《開発》タブ→《コントロール》グループのボタン

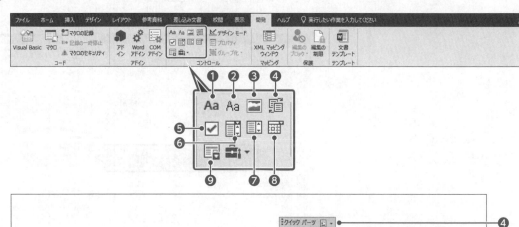

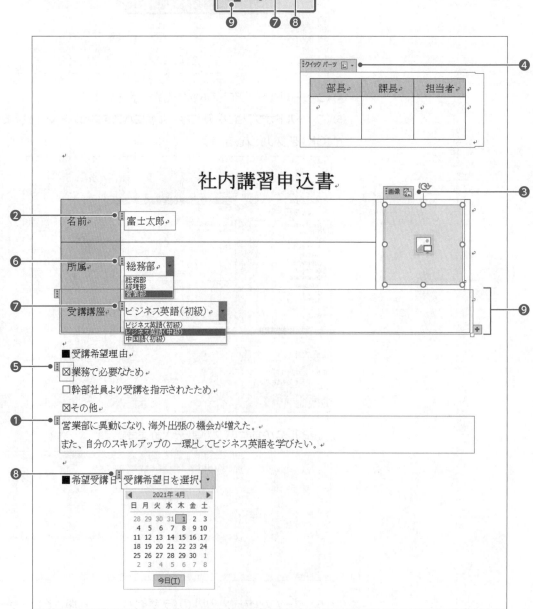

❶リッチテキストコンテンツコントロール

文字列や数値などを入力する場合に使います。コンテンツコントロール内で Enter を押して改行できます。

❷テキストコンテンツコントロール

文字列や数値などを入力する場合に使います。初期の設定では、コンテンツコントロール内で Enter を押して改行できません。

❸画像コンテンツコントロール

画像を挿入する場合に使います。

❹文書パーツギャラリーコンテンツコントロール

文書パーツを挿入する場合に使います。

❺チェックボックスコンテンツコントロール

チェックボックスを表示します。チェックボックスのオンまたはオフで回答する場合に使います。

❻コンボボックスコンテンツコントロール

選択肢をドロップダウンリストで表示します。複数の項目の中からひとつを選択する場合に使います。また、項目を直接入力することもできます。

❼ドロップダウンリストコンテンツコントロール

選択肢をドロップダウンリストで表示します。複数の項目の中からひとつを選択する場合に使います。

❽日付選択コンテンツコントロール

カレンダーを表示します。日付を入力する場合に使います。

❾セクションコンテンツ繰り返しコントロール

繰り返す可能性のある段落や表の行、オブジェクトがある場合に使います。

■コンテンツコントロールの設定

日付の表示形式やドロップダウンリストの内容を設定したり、コンテンツコントロールを削除できないようにしたりするには、コンテンツコントロールのプロパティを設定します。

2019 365 ◆《開発》タブ→《コントロール》グループの 🔲 プロパティ （コントロールのプロパティ）

Lesson 51

OPEN 文書「Lesson51」を開いておきましょう。

次の操作を行いましょう。

(1)「名前を入力」に、テキストコンテンツコントロールを挿入してください。コンテンツコントロールのタイトルは「名前」とします。

(2)「受講希望講座を選択」に、コンボボックスコンテンツコントロールを挿入してください。コンテンツコントロールのタイトルは「受講講座」とし、リストに「ビジネス英語（初級）」「ビジネス英語（中級）」「中国語（初級）」の3つが表示されるように設定します。

(3)「受講希望日を選択」に、日付選択コンテンツコントロールを挿入してください。コンテンツコントロールのタイトルは「受講日」とし、日付の表示形式は「yyyy年M月d日」とします。

Lesson 51 Answer

(1)

①「**名前を入力**」を選択します。

②《**開発**》タブ→《**コントロール**》グループの （テキストコンテンツコントロール）をクリックします。

※《開発》タブを表示しておきましょう。

求められるスキル

出題範囲1

出題範囲2

出題範囲3

出題範囲4

確認問題 標準解答

③テキストコンテンツコントロールが挿入されます。

④《開発》タブ→《コントロール》グループの 🔲 プロパティ （コントロールのプロパティ）をクリックします。

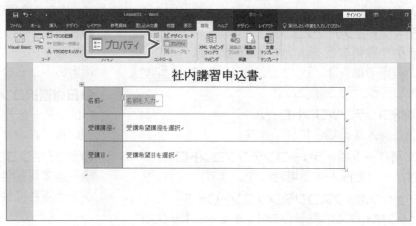

⑤《コンテンツコントロールのプロパティ》ダイアログボックスが表示されます。

⑥《タイトル》に「**名前**」と入力します。

⑦《OK》をクリックします。

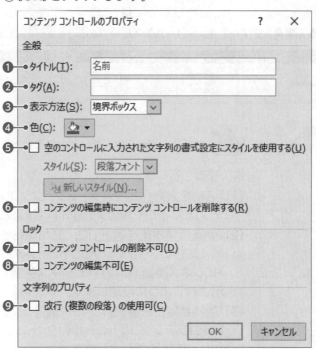

⑧コンテンツコントロールのタイトルに「**名前**」と表示されます。

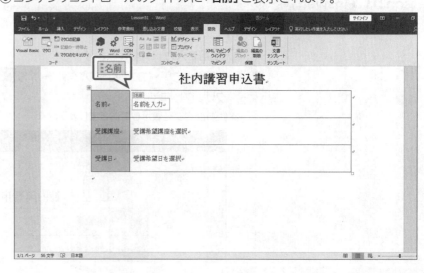

ⓘ Point

《コンテンツコントロールのプロパティ》

❶タイトル

コンテンツコントロールを選択したときに、コンテンツコントロールの上部に表示される名称を指定します。

❷タグ

データベースにリンクするなど、ほかのプログラムと連携した操作を行う場合に、コンテンツコントロールを区別するための名称を指定します。

❸表示方法

コンテンツコントロールの表示方法を指定します。

❹色

コンテンツコントロールの枠線やタグの色を指定します。

❺空のコントロールに入力された文字列の書式設定にスタイルを使用する

コンテンツコントロールに入力された文字列に適用するスタイルを指定します。

❻コンテンツの編集時にコンテンツコントロールを削除する

コンテンツコントロールに文字列を入力したり、項目を選択したりすると、コンテンツコントロールは削除され、入力した文字列や選択した項目だけが残ります。

❼コンテンツコントロールの削除不可

コンテンツコントロールを削除できないようにロックします。

❽コンテンツの編集不可

コンテンツコントロールの内容を変更できないようにロックします。コンテンツコントロールに文字列を入力したり、項目を選択したりできなくなります。

❾改行(複数の段落)の使用可

コンテンツコントロール内で改行できるようにします。

(2)

①「**受講希望講座を選択**」を選択します。

②《**開発**》タブ→《**コントロール**》グループの 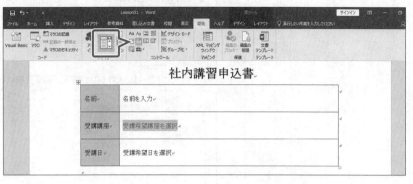(コンボボックスコンテンツコントロール) をクリックします。

③コンボボックスコンテンツコントロールが挿入されます。

④《**開発**》タブ→《**コントロール**》グループの 🔲 プロパティ (コントロールのプロパティ) をクリックします。

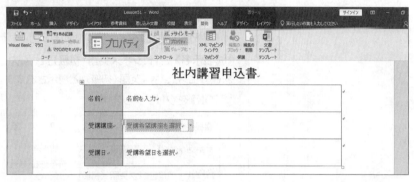

⑤《**コンテンツコントロールのプロパティ**》ダイアログボックスが表示されます。

⑥《**タイトル**》に「**受講講座**」と入力します。

⑦《**ドロップダウンリストのプロパティ**》の一覧から《**アイテムを選択してください。**》を選択します。

⑧《**削除**》をクリックします。

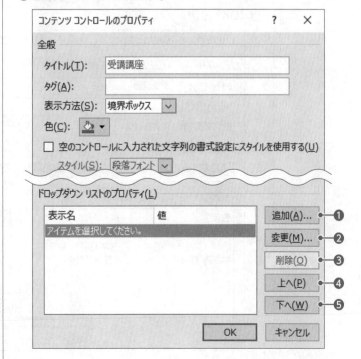

🔵 Point

《ドロップダウンリストの
プロパティ》

❶追加
新規に項目を追加します。

❷変更
選択中の項目の表示名を変更します。

❸削除
選択中の項目を一覧から削除します。

❹上へ
選択中の項目を一覧の中でひとつ
上に移動します。

❺下へ
選択中の項目を一覧の中でひとつ
下に移動します。

求められるスキル

出題範囲1

出題範囲2

出題範囲3

出題範囲4

確認問題 標準解答

⑨《追加》をクリックします。

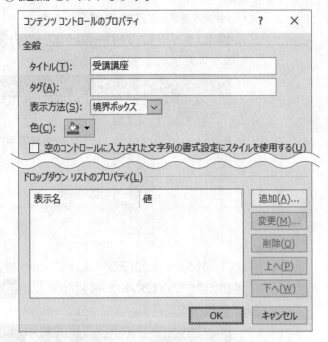

⑩《選択肢の追加》ダイアログボックスが表示されます。

⑪《表示名》に「ビジネス英語（初級）」と入力します。

※《値》に「ビジネス英語（初級）」と表示されます。

⑫《OK》をクリックします。

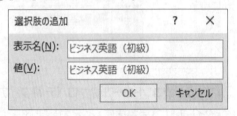

⑬《コンテンツコントロールのプロパティ》ダイアログボックスに戻ります。

⑭《ドロップダウンリストのプロパティ》に「ビジネス英語（初級）」が表示されます。

⑮同様に、「ビジネス英語（中級）」と「中国語（初級）」を追加します。

⑯《OK》をクリックします。

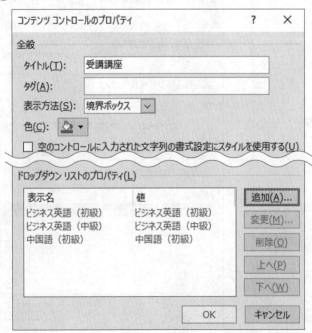

⑰コンテンツコントロールのタイトルに「**受講講座**」と表示されます。

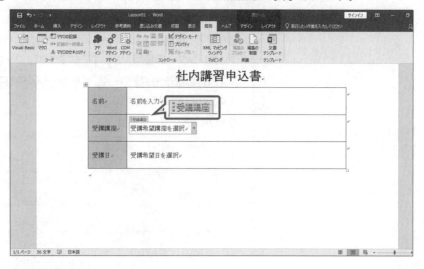

(3)

①「**受講希望日を選択**」を選択します。

②《**開発**》タブ→《**コントロール**》グループの [国] (日付選択コンテンツコントロール)
をクリックします。

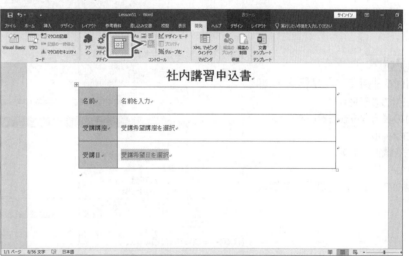

③日付選択コンテンツコントロールが挿入されます。

④《**開発**》タブ→《**コントロール**》グループの [国 プロパティ] (コントロールのプロパティ)
をクリックします。

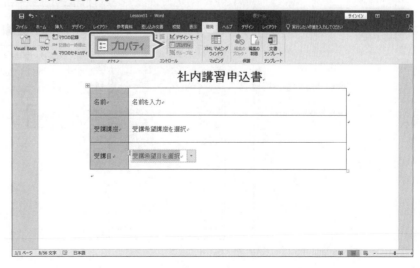

求められるスキル

出題範囲1

出題範囲2

出題範囲3

出題範囲4

確認問題 標準解答

⑤《コンテンツコントロールのプロパティ》ダイアログボックスが表示されます。

⑥《タイトル》に「**受講日**」と入力します。

⑦《ロケール》の ∨ をクリックし、一覧から《**日本語**》を選択します。

⑧《カレンダーの種類》の ∨ をクリックし、一覧から《**グレゴリオ暦**》を選択します。

⑨《日付の表示形式》の一覧から《**yyyy年M月d日**》の形式を選択します。

※本日の日付で表示されます。

⑩《**OK**》をクリックします。

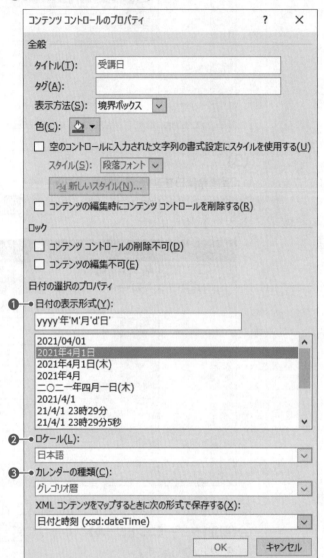

! Point

《日付の選択のプロパティ》

❶日付の表示形式
日付の表示方法を選択します。

❷ロケール
言語を選択します。

❸カレンダーの種類
和暦かグレゴリオ暦(西暦)かを選択します。

⑪コンテンツコントロールのタイトルに「**受講日**」と表示されます。

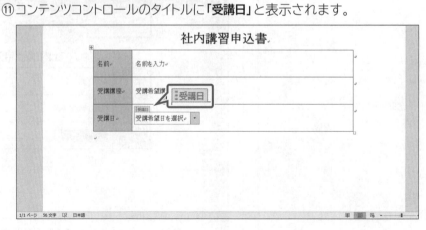

■編集の制限

コンテンツコントロールを使った申込書やアンケートなどを複数の人に利用してもらうためには、勝手に改変されないような工夫が必要です。文書内でユーザーが編集できる箇所をコンテンツコントロールだけに制限し、ほかの箇所は変更されないようにします。

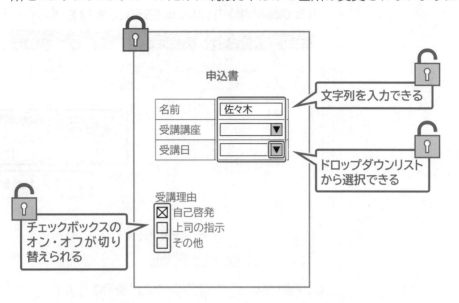

求められるスキル

出題範囲1

出題範囲2

出題範囲3

出題範囲4

確認問題 標準解答

2019　365　◆《開発》タブ→《保護》グループの ▨（編集の制限）

Lesson 52

📂 文書「Lesson52」を開いておきましょう。

次の操作を行いましょう。

(1) フォームへの入力だけができるようにしてください。制限を解除するためのパスワードを設定せず、保護します。

(2) 名前に「町田一郎」、受講講座に「ビジネス英語（中級）」、受講日に「2021年4月20日」と入力してください。

Lesson 52 Answer

(1)

①《開発》タブ→《保護》グループの ▨（編集の制限）をクリックします。
※《開発》タブを表示しておきましょう。

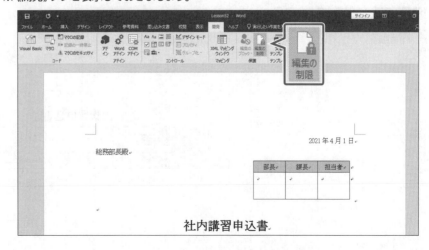

❗ Point

フォーム

Wordでは、コンテンツコントロールを使った文書を「フォーム」といいます。

🖱 その他の方法

編集の制限

2019　365

◆《校閲》タブ→《保護》グループの
　▨（編集の制限）

②《編集の制限》作業ウィンドウが表示されます。

③《2. 編集の制限》の《ユーザーに許可する編集の種類を指定する》を ☑ にします。

④ 変更不可 (読み取り専用) ▼ の ▼ をクリックし、一覧から《フォームへの入力》を選択します。

⑤《3. 保護の開始》の《はい、保護を開始します》をクリックします。

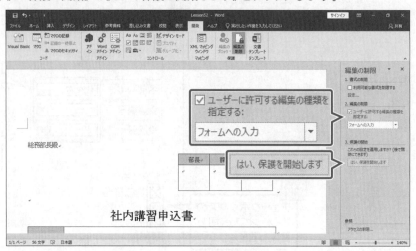

⑥《保護の開始》ダイアログボックスが表示されます。

⑦《OK》をクリックします。

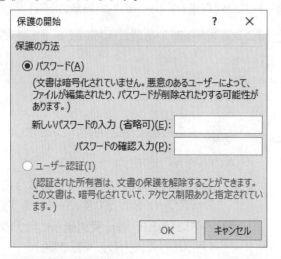

⑧保護が開始されます。

⚠ Point

保護の解除

文書の保護を解除する方法は、次のとおりです。

`2019` `365`

◆《開発》タブ→《保護》グループの （編集の制限）→《保護の中止》

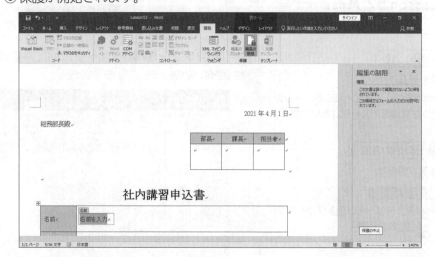

(2)

①「名前」のコンテンツコントロールに「**町田一郎**」と入力します。

※「名前を入力」が選択されている状態で入力します。

②↓を押します。

③「**受講講座**」のコンテンツコントロールの　をクリックし、一覧から「**ビジネス英語（中級）**」を選択します。

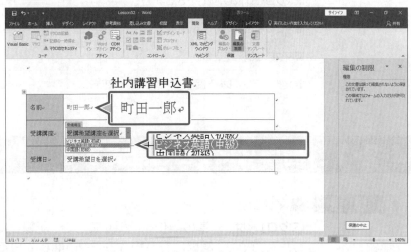

④↓を押します。

⑤「**受講日**」のコンテンツコントロールの　をクリックし、一覧から「**2021年4月20日**」を選択します。

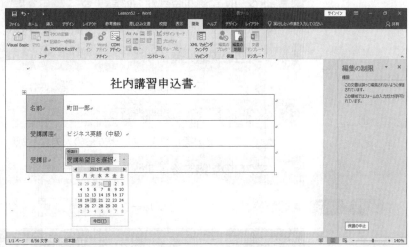

⑥日付が入力されます。

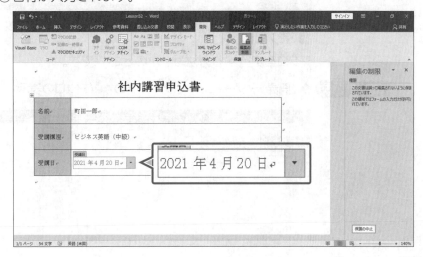

4-2 マクロを作成する、変更する

☑ 理解度チェック	習得すべき機能	参照Lesson	学習前	学習後	試験直前
■マクロを作成し、実行できる。		➡Lesson53	☑	☑	☑
■マクロ名を変更できる。		➡Lesson54	☑	☑	☑
■マクロを編集できる。		➡Lesson54	☑	☑	☑
■文書やテンプレート間でマクロをコピーできる。		➡Lesson55	☑	☑	☑

4-2-1 簡単なマクロを記録する

 解説

■マクロ

「**マクロ**」とは、一連の操作を記録しておき、記録した操作をまとめて実行できるように
したものです。頻繁に行う操作をマクロにしておくと、同じ操作を繰り返す必要がな
く、作業時間を節約し、効率的に作業できます。
マクロを記録する基本的な手順は、次のとおりです。

① マクロに記録する操作を確認する

マクロの記録を開始する前に、マクロに記録する操作を確認します。

② マクロの記録を開始する

マクロの記録を開始すると、それ以降の操作はすべて記録されます。

③ マクロに記録する操作を行う

コマンドの実行やキーボードからの入力などが記録の対象になります。

④ マクロの記録を終了する

2019 365 ◆《開発》タブ→《コード》グループの マクロの記録 （マクロの記録）

■マクロの実行

マクロを実行する方法は、次のとおりです。

2019 365 ◆《開発》タブ→《コード》グループの （マクロの表示）

Lesson 53

 文書「Lesson53」を開いておきましょう。

次の操作を行いましょう。

(1) 見出し「【春】」の下の表に、スタイル「グリッド（表）4-アクセント5」を適用するマクロ「表スタイル」を作成してください。マクロの保存先は、現在開いている文書とします。

(2) マクロ「表スタイル」を文書内のすべての表に対して実行してください。

Lesson 53 Answer

(1)

①「【春】」の下にある表内にカーソルを移動します。
※表内であればどこでもかまいません。
②《開発》タブ→《コード》グループの ▣マクロの記録 （マクロの記録）をクリックします。

③《マクロの記録》ダイアログボックスが表示されます。
④《マクロ名》に「表スタイル」と入力します。
⑤《マクロの保存先》の ∨ をクリックし、一覧から「Lesson53（文書）」を選択します。
⑥《OK》をクリックします。

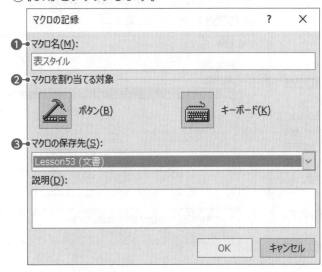

⑦マクロの記録が開始されます。
※マウスポインターの形が ⌸ に変わります。
⑧《表ツール》の《デザイン》タブ→《表のスタイル》グループの ▽ （その他）→《グリッド（表）4-アクセント5》をクリックします。

その他の方法

マクロの記録

`2019` `365`

◆《表示》タブ→《マクロ》グループの （マクロの表示）の →《マクロの記録》
◆ステータスバーの

! Point

《マクロの記録》

❶マクロ名
マクロの名前を入力します。

❷マクロを割り当てる対象
記録したマクロをクイックアクセスツールバーのボタンやショートカットキーに割り当てます。

❸マクロの保存先
現在開いている文書以外でも使用する場合は「すべての文書（Normal.dotm）」を、現在の文書だけで使用する場合は「（ファイル名）（文書）」を選択します。

! Point

マクロ記録中のカーソルの移動

マクロの記録中は、マウスを使ったカーソル移動は記録されません。キーボードを使ってカーソルを移動したり、範囲選択したりします。

求められるスキル

出題範囲1

出題範囲2

出題範囲3

出題範囲4

確認問題 標準解答

162

⑨表にスタイルが適用されます。

⑩《開発》タブ→《コード》グループの ■ 記録終了 （記録終了）をクリックします。

⑪マクロの記録が終了します。

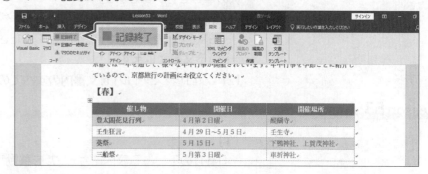

●その他の方法

マクロの記録終了

2019　365

◆《表示》タブ→《マクロ》グループ
の（マクロの表示）の マクロ →《記録終了》

◆ステータスバーの ■

(2)

①「【夏】」の下にある表内にカーソルを移動します。

※表内であればどこでもかまいません。

②《開発》タブ→《コード》グループの マクロ （マクロの表示）をクリックします。

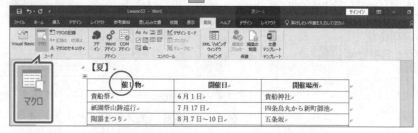

③《マクロ》ダイアログボックスが表示されます。

④《マクロ名》の一覧から「表スタイル」を選択します。

⑤《実行》をクリックします。

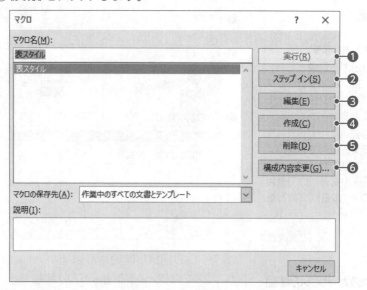

⑥マクロが実行され、表にスタイルが適用されます。

⑦同様に、「【秋】」「【冬】」の下にある表にマクロを実行します。

!Point

《マクロ》

❶実行

マクロを実行します。

❷ステップイン

VBEを起動し、マクロに記録した操作をひとつずつ実行します。

※VBEは、「Visual Basic Editor」の略で、VBA（Visual Basic for Applications）というプログラミング言語を操作するための専用のアプリケーションソフトです。

❸編集

VBEを起動し、マクロを編集します。

❹作成

VBEを起動し、マクロを新規に作成します。

❺削除

マクロを削除します。

❻構成内容変更

マクロを文書やテンプレート間でコピーしたり削除したりします。

!Point

マクロを含む文書の保存

マクロを現在作成中の文書に保存する場合、通常の「Word文書」の形式で保存すると、マクロを実行できなくなります。マクロを実行するためには、「Wordマクロ有効文書」（拡張子「.docm」）の形式で保存します。

解 説 ■**VBAとVBE**

マクロを記録すると、「**VBA(Visual Basic for Applications)**」というプログラミング言語で自動的に「**コード**」が記述されます。

記録したマクロを編集するには、「**VBE(Visual Basic Editor)**」を起動してコードを修正します。VBEは、VBAを操作するための専用のアプリケーションソフトです。

■VBEの画面構成

VBEの画面は、次のような構成になっています。

❶ プロジェクトエクスプローラー

文書の構成要素を階層的に表示します。

❷ プロパティウィンドウ

プロジェクトエクスプローラーで選択した構成要素のプロパティ(属性)を設定、表示します。

❸ コードウィンドウ

操作の内容などがコードとして表示される領域です。

コードウィンドウでコードを入力したり、編集したりできます。

文書に複数のマクロが記録されている場合、マクロとマクロの間に「**区分線**」が表示されます。「**Sub**」または「**Private Sub**」から「**End Sub**」までがひとつのマクロです。

■マクロの編集

マクロを編集するには、VBEを起動してコードを修正します。

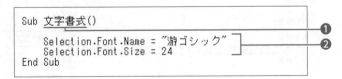

❶マクロ名

「**Sub**」と「**( )**」の間に表示されます。

❷コード

実行する命令が記述されます。よく使われるコードには、次のようなものがあります。

コードの例	説明
Font.Name	フォントを指定します。
Font.Size	フォントサイズを指定します。
Style	スタイルを指定します。

求められるスキル

出題範囲1

出題範囲2

出題範囲3

出題範囲4

確認問題 標準解答

Lesson 54

 文書「Lesson54」を開いておきましょう。
※《コンテンツの有効化》をクリックしておきましょう。

次の操作を行いましょう。

(1) 現在の文書にあるマクロ「表スタイル」のマクロ名を「歳時記の表スタイル」に変更してください。

(2) 現在の文書にあるマクロ「文字書式」を編集し、元のフォント「游ゴシック」の代わりにフォント「メイリオ」、元のフォントサイズ「24」の代わりにフォントサイズ「20」を設定してください。

Lesson 54 Answer

(1)

①《開発》タブ→《コード》グループの ▨ （マクロの表示）をクリックします。
※《開発》タブを表示しておきましょう。

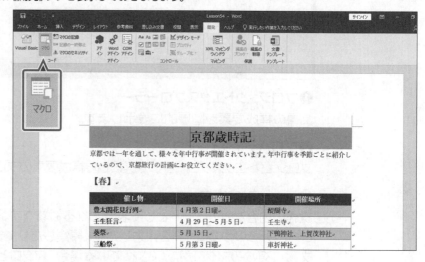

②《マクロ》ダイアログボックスが表示されます。

③《マクロ名》の一覧から「**表スタイル**」を選択します。

④《編集》をクリックします。

🖱 その他の方法

マクロの編集

2019 365

◆《開発》タブ→《コード》グループの ▨ （Visual Basic）

◆《表示》タブ→《マクロ》グループの ▨ （マクロの表示）の マクロ →《マクロの表示》→マクロ名を選択→《編集》

◆ Alt + F11

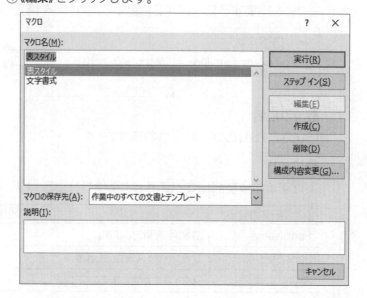

⑤VBEウィンドウが表示されます。

⑥「表スタイル」を「歳時記の表スタイル」に修正します。

⑦VBEウィンドウの 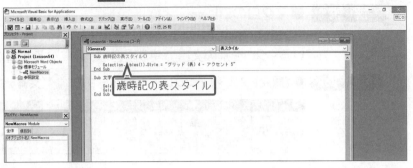　　　(閉じる) をクリックします。

⑧マクロ名が変更されます。

(2)

①《開発》タブ→《コード》グループの 🖥 (マクロの表示) をクリックします。

②《マクロ》ダイアログボックスが表示されます。

③《マクロ名》の一覧から「文字書式」を選択します。

④《編集》をクリックします。

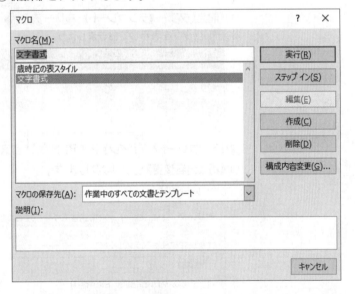

⑤VBEウィンドウが表示されます。

⑥マクロ「文字書式」の「Selection.Font.Name="游ゴシック"」を「Selection.Font.Name="メイリオ"」に修正します。

⑦「Selection.Font.Size=24」を「Selection.Font.Size=20」に修正します。
※数字は半角で入力します。

⑧VBEウィンドウの 　×　(閉じる) をクリックします。

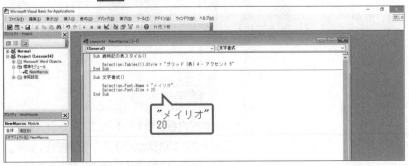

⑨マクロの内容が変更されます。

求められるスキル

出題範囲1

出題範囲2

出題範囲3

出題範囲4

確認問題 標準解答

4-2-3 マクロを他の文書やテンプレートにコピーする

解説 ■マクロのコピー

マクロは、文書またはテンプレートに保存されています。例えば、ある文書に保存されているマクロを別の文書で使う場合は、元になる文書からマクロをコピーして利用します。

2019　365　◆《開発》タブ→《テンプレート》グループの （文書テンプレート）

Lesson 55

OPEN　文書「Lesson55」を開いておきましょう。

次の操作を行いましょう。

(1) フォルダー「Lesson55」の文書「京都歳時記」から、マクロをコピーしてください。

Lesson 55 Answer

(1)

①《開発》タブ→《テンプレート》グループの  （文書テンプレート）をクリックします。
※《開発》タブを表示しておきましょう。

②《テンプレートとアドイン》ダイアログボックスが表示されます。

③《構成内容変更》をクリックします。

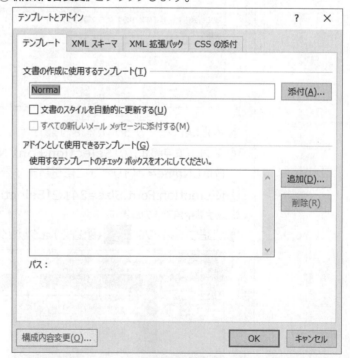

④《構成内容変更》ダイアログボックスが表示されます。

⑤《マクロプロジェクト》タブを選択します。

⑥左側の《マクロプロジェクト文書またはテンプレート》に「Lesson55（文書）」と表示されていることを確認します。

⑦右側の《マクロプロジェクト文書またはテンプレート》の《ファイルを閉じる》をクリックします。

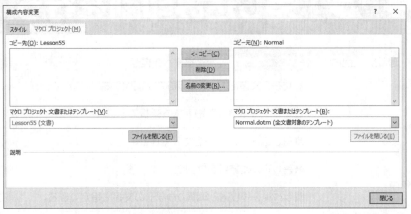

⑧右側の《マクロプロジェクト文書またはテンプレート》の《ファイルを開く》をクリックします。

⑨《ファイルを開く》ダイアログボックスが表示されます。

⑩フォルダー「**Lesson55**」を開きます。

※《PC》→《ドキュメント》→「MOS-Word 365 2019-Expert（1）」→「Lesson55」を選択します。

⑪《すべてのWordテンプレート》の ✓ をクリックし、一覧から《**Wordマクロ有効文書**》を選択します。

⑫一覧から「**京都歳時記**」を選択します。

⑬《**開く**》をクリックします。

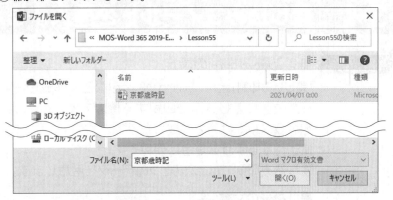

⑭右側の一覧から《**NewMacros**》を選択します。

⑮《**コピー**》をクリックします。

⑯左側の一覧に《**NewMacros**》が表示されます。

⑰《**閉じる**》をクリックします。

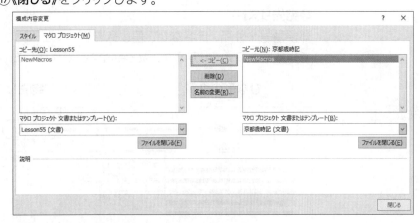

⑱マクロが作業中の文書にコピーされます。

※《開発》タブ→《コード》グループの 🖳（マクロの表示）→《マクロ名》の一覧にマクロ「表スタイル」が表示されます。

※《開発》タブを非表示にしておきましょう。

求められるスキル

出題範囲1

出題範囲2

出題範囲3

出題範囲4

確認問題 標準解答

4-3 差し込み印刷を行う

☑ 理解度チェック

習得すべき機能	参照Lesson	学習前	学習後	試験直前
■ 現在の文書を差し込み印刷のひな形の文書に指定できる。	➡Lesson56	☑	☑	☑
■ 差し込み印刷の宛先リストを選択できる。	➡Lesson56	☑	☑	☑
■ 差し込みフィールドを挿入できる。	➡Lesson56	☑	☑	☑
■ 差し込んだ結果をプレビューできる。	➡Lesson56	☑	☑	☑
■ ラベルを差し込み印刷のひな形の文書に指定できる。	➡Lesson57	☑	☑	☑
■ 宛先リストのデータを差し込んで印刷できる。	➡Lesson58	☑	☑	☑
■ 宛先リストのデータを差し込んで文書を作成できる。	➡Lesson58	☑	☑	☑
■ 新しい宛先リストを作成できる。	➡Lesson59	☑	☑	☑
■ 宛先リストの重複データをチェックできる。	➡Lesson60	☑	☑	☑
■ 宛先リストを編集できる。	➡Lesson60	☑	☑	☑

4-3-1 差し込みフィールドを挿入する

解説　■差し込み印刷の設定

「差し込み印刷」とは、WordやExcelなどで作成した別のファイルのデータを、文書の指定した位置に差し込んで印刷する機能です。文書の宛先だけを差し替えて印刷したり、宛名ラベルや封筒を作成したりできるので、同じ内容の案内状や挨拶状を複数の宛先に送付するような場合に便利です。

差し込み印刷では、次の2つのデータを用意します。

●ひな形の文書

データの差し込み先となる文書です。すべての宛先に共通の内容を入力します。ひな形の文書には、「レター」や「封筒」、「ラベル」などの種類があります。通常の文書は、「レター」にあたります。

●宛先リスト

郵便番号や住所、氏名など、差し込むデータが入力されたファイルです。WordやExcelで作成したファイルのほか、Accessなどで作成したファイルを使うこともできます。

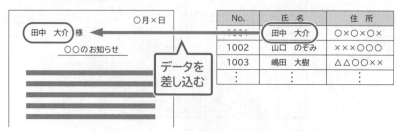

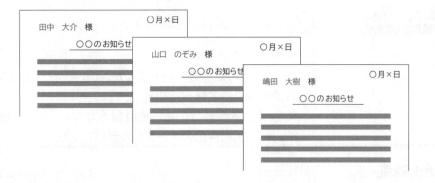

求められるスキル

出題範囲1

出題範囲2

出題範囲3

出題範囲4

確認問題 標準解答

差し込み印刷を行う手順は、次のとおりです。

❶ 差し込み印刷の開始

作業中の文書をひな形として指定します。

❷ 宛先の選択

宛先リストを選択します。

❸ 差し込みフィールドの挿入

差し込みフィールド（宛先のデータを表示する領域）をひな形の文書に挿入します。

❹ 結果のプレビュー

差し込んだ結果をプレビューで確認します。

❺ 文書の印刷

差し込んだデータをもとに、新しい文書を作成したり、印刷したりします。

`2019` `365` ◆《差し込み文書》タブのボタン

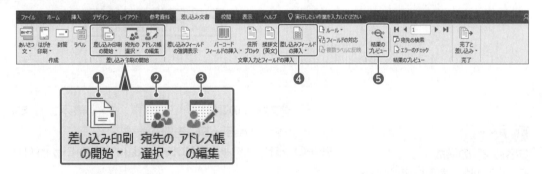

❶差し込み印刷の開始
ひな形の文書の種類を指定したり、差し込み印刷ウィザードを起動したりします。

❷宛先の選択
差し込む宛先リストを選択します。

❸アドレス帳の編集
宛先リストのデータを差し込んだあとに、差し込んだデータを編集します。

❹差し込みフィールドの挿入
宛先リストのデータを表示するためのフィールドを挿入します。

❺結果のプレビュー
差し込みフィールドに宛先リストのデータを表示します。

Lesson 56

文書「Lesson56」を開いておきましょう。

次の操作を行いましょう。

(1) 差し込み印刷の設定を行ってください。宛先リストはフォルダー「Lesson56」のブック「会員名簿」を使用します。
次に、「会員番号：」の後ろに会員番号フィールド、「様」の前に氏名フィールドを挿入し、3件目のデータを表示してください。

Lesson 56 Answer

Point

差し込み印刷ウィザード

「差し込み印刷ウィザード」とは、差し込み印刷に必要な設定を、画面に表示される指示に従って対話形式で設定する方法です。
問題文に指示がない場合は、ウィザードを使って設定しても、個別に設定してもかまいません。

(1)

①**《差し込み文書》**タブ→**《差し込み印刷の開始》**グループの（差し込み印刷の開始）→**《レター》**をクリックします。

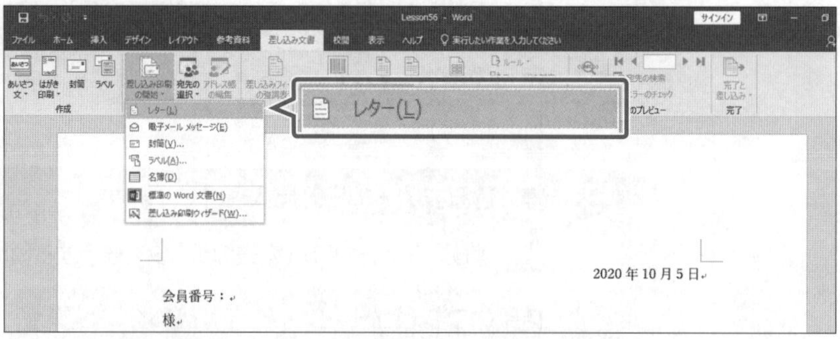

②**《差し込み文書》**タブ→**《差し込み印刷の開始》**グループの（宛先の選択）→**《既存のリストを使用》**をクリックします。

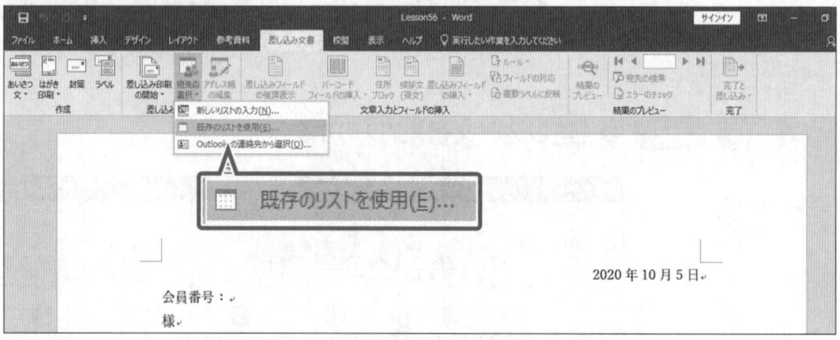

③**《データファイルの選択》**ダイアログボックスが表示されます。

④フォルダー**「Lesson56」**を開きます。

※《PC》→《ドキュメント》→「MOS-Word 365 2019-Expert(1)」→「Lesson56」を選択します。

⑤一覧から**「会員名簿」**を選択します。

⑥**《開く》**をクリックします。

⑦**《テーブルの選択》**ダイアログボックスが表示されます。

⑧**「会員$」**を選択します。

⑨**《OK》**をクリックします。

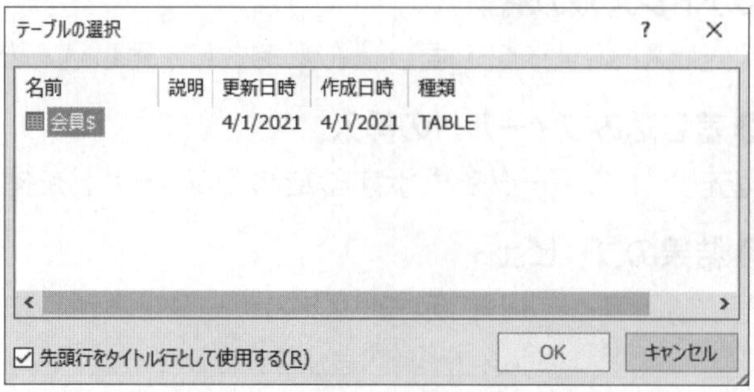

Point

宛先リストの構成

差し込み印刷で使用する宛先リストは、次のような要素で構成します。

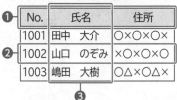

No.	氏名	住所
1001	田中　大介	○×○×○×
1002	山口　のぞみ	×○×○×○
1003	嶋田　大樹	○△×○△×

❶フィールド名(列見出し)
各列の先頭に入力されている項目名です。

❷レコード
行ごとに入力されている1件分のデータです。

❸フィールド
列ごとに入力されている同じ種類のデータです。

⑩「**会員番号：**」の後ろにカーソルを移動します。

⑪《**差し込み文書**》タブ→《**文章入力とフィールドの挿入**》グループの［差し込みフィールドの挿入］の［差し込みフィールドの挿入▼］→《**会員番号**》をクリックします。

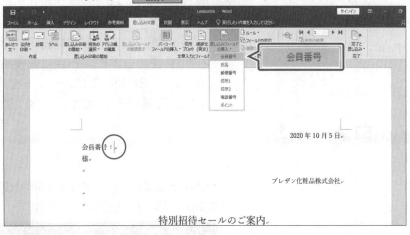

⑫「**会員番号**」フィールドが挿入されます。

⑬同様に、「**様**」の前に「**氏名**」フィールドを挿入します。

⑭《**差し込み文書**》タブ→《**結果のプレビュー**》グループの［結果のプレビュー］（結果のプレビュー）をクリックします。

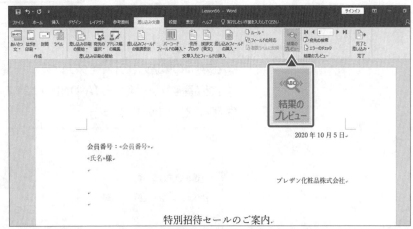

⑮差し込みフィールドに、宛先リストのデータが表示されます。

⑯《**差し込み文書**》タブ→《**結果のプレビュー**》グループの［▶］（次のレコード）を2回クリックします。

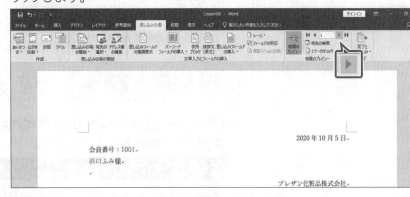

⑰3件目のデータ「**1003**」「**住吉奈々**」が表示されます。

Point

結果のプレビュー
［結果のプレビュー］（結果のプレビュー）をクリックすると、差し込まれたデータが表示されます。差し込みフィールドが表示された状態に戻すには、再度［結果のプレビュー］（結果のプレビュー）をクリックします。

Point

差し込みフィールドの強調表示
文書中の差し込みフィールドを網かけで表示して強調できます。差し込みフィールドを強調表示しておくと、文書内のどこに差し込みフィールドを挿入したのかがひと目でわかります。
差し込みフィールドを強調表示する方法は、次のとおりです。

2019 **365**

◆《差し込み文書》タブ→《文章入力とフィールドの挿入》グループの［差し込みフィールドの強調表示］（差し込みフィールドの強調表示）

Point

差し込み印刷のリセット
差し込み印刷を設定した文書を通常のWord文書に戻す方法は、次のとおりです。

2019 **365**

◆《差し込み文書》タブ→《差し込み印刷の開始》グループの［差し込み印刷の開始］（差し込み印刷の開始）→《標準のWord文書》

※文書内に挿入した差し込みフィールドは手動で削除します。

求められるスキル

出題範囲1

出題範囲2

出題範囲3

出題範囲4

確認問題 標準解答

Lesson 57

 OPEN 文書「Lesson57」を開いておきましょう。

次の操作を行いましょう。

(1) ラベルへの差し込み印刷の設定を行ってください。ラベルは製造元「A-ONE」の「A-ONE 72212」とし、宛先リストはフォルダー「Lesson57」のブック「会員名簿」を使用します。1行目に郵便番号フィールド、2行目に住所1・住所2フィールド、3行目に氏名フィールドを挿入し、氏名フィールドの後ろに「様」を入力して、結果をプレビューしてください。

Lesson 57 Answer

(1)

①《差し込み文書》タブ→《差し込み印刷の開始》グループの (差し込み印刷の開始)→《ラベル》をクリックします。

②《ラベルオプション》ダイアログボックスが表示されます。

③《ラベルの製造元》の ▽ をクリックし、一覧から《A-ONE》を選択します。

④《製品番号》の一覧から《A-ONE 72212》を選択します。

⑤《OK》をクリックします。

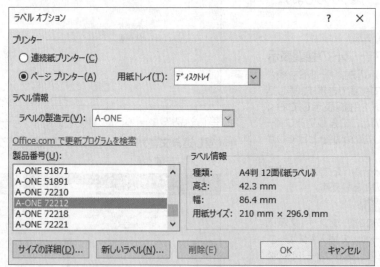

⑥《差し込み文書》タブ→《差し込み印刷の開始》グループの (宛先の選択)→《既存のリストを使用》をクリックします。

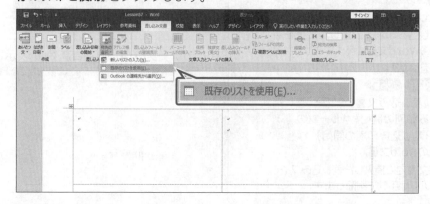

⑦《データファイルの選択》ダイアログボックスが表示されます。

⑧フォルダー「**Lesson57**」を開きます。

※《PC》→《ドキュメント》→「MOS-Word 365 2019-Expert(1)」→「Lesson57」を選択します。

⑨一覧から「**会員名簿**」を選択します。

⑩《**開く**》をクリックします。

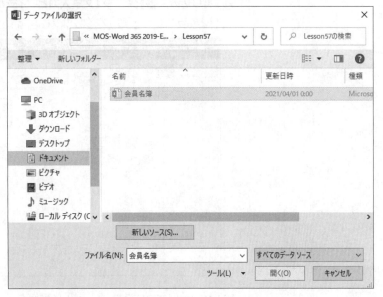

⑪《**テーブルの選択**》ダイアログボックスが表示されます。

⑫「**会員$**」を選択します。

⑬《**OK**》をクリックします。

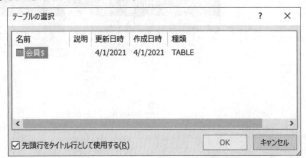

⑭1行目にカーソルがあることを確認します。

⑮《**差し込み文書**》タブ→《**文章入力とフィールドの挿入**》グループの (差し込みフィールドの挿入)の →《**郵便番号**》をクリックします。

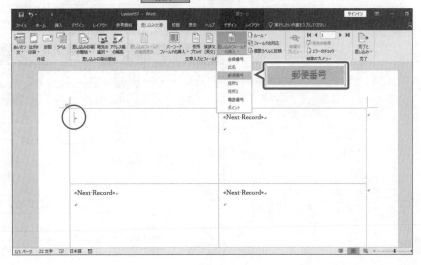

求められるスキル

出題範囲1

出題範囲2

出題範囲3

出題範囲4

確認問題 標準解答

⑯**「郵便番号」**フィールドが挿入されます。

⑰同様に、2行目に**「住所1」「住所2」**フィールドを挿入します。

⑱ Enter を押して改行します。

⑲同様に、3行目に**「氏名」**フィールドを挿入します。

⑳**「様」**と入力します。

㉑《差し込み文書》タブ→《文章入力とフィールドの挿入》グループの 複数ラベルに反映
（複数ラベルに反映）をクリックします。

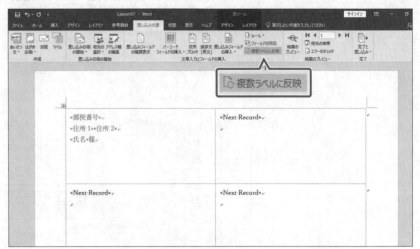

㉒他のセルに差し込みフィールドが挿入されます。

㉓《差し込み文書》タブ→《結果のプレビュー》グループの （結果のプレビュー）を
クリックします。

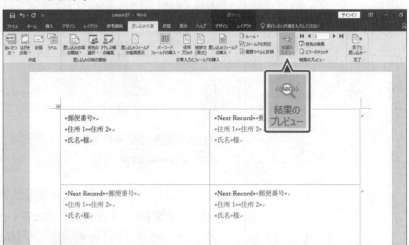

㉔差し込みフィールドに、宛先リストのデータが表示されます。

解説 ■差し込み印刷の実行

差し込み印刷の設定をした文書に、宛先リストのデータを差し込んで印刷したり、新しく別の文書を作成したりすることができます。

2019 365 ◆《差し込み文書》タブ→《完了》グループの ▣ (完了と差し込み)

❶個々のドキュメントの編集

各データを表示して新しく別の文書を作成します。

❶ 個々のドキュメントの編集(E)...

❷ 文書の印刷(P)...

❸ 電子メール メッセージの送信(S)...

❷文書の印刷

各データを表示してプリンターに出力します。

❸電子メールメッセージの送信

各データを表示した電子メールメッセージを作成します。

Lesson 58

OPEN 文書「Lesson58」を開いておきましょう。

次の操作を行いましょう。

(1)差し込み印刷の設定を行ってください。宛先リストはフォルダー「Lesson58」のブック「プレミアム会員名簿」を使用します。
次に、「会員番号：」の後ろに会員番号フィールド、「様」の前に氏名フィールドを挿入し、結果をプレビューしてください。

(2)差し込み印刷を実行し、表示しているデータを印刷してください。

(3)すべてのデータを新規文書に表示してください。

Lesson 58 Answer

(1)

①《差し込み文書》タブ→《差し込み印刷の開始》グループの ▣ (差し込み印刷の開始)→《レター》をクリックします。

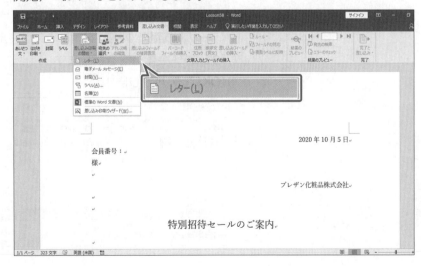

求められるスキル

出題範囲1

出題範囲2

出題範囲3

出題範囲4

確認問題 標準解答

176

② 《差し込み文書》タブ→《差し込み印刷の開始》グループの 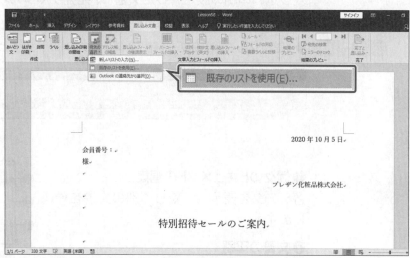 （宛先の選択）→《既存のリストを使用》をクリックします。

③ 《データファイルの選択》ダイアログボックスが表示されます。

④ フォルダー「**Lesson58**」を開きます。

※《PC》→《ドキュメント》→「MOS-Word 365 2019-Expert（1）」→「Lesson58」を選択します。

⑤ 一覧から「**プレミアム会員名簿**」を選択します。

⑥ 《**開く**》をクリックします。

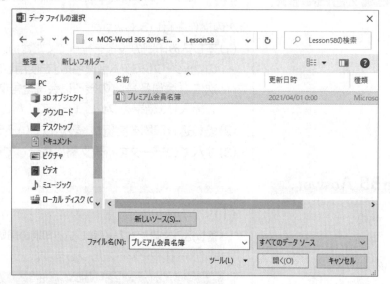

⑦ 《**テーブルの選択**》ダイアログボックスが表示されます。

⑧ 「**プレミアム会員\$**」を選択します。

⑨ 《**OK**》をクリックします。

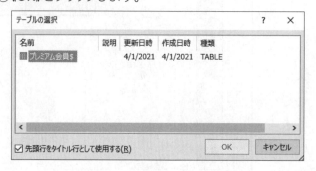

⑩「**会員番号：**」の後ろにカーソルを移動します。

⑪《**差し込み文書**》タブ→《**文章入力とフィールドの挿入**》グループの ▨ (差し込みフィールドの挿入) の ▨ →《**会員番号**》をクリックします。

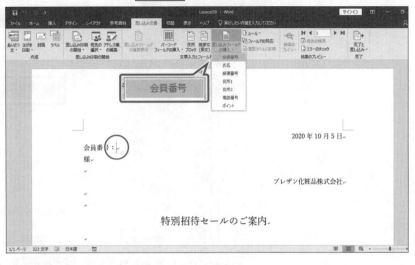

⑫「**会員番号**」フィールドが挿入されます。

⑬同様に、「**様**」の前に「**氏名**」フィールドを挿入します。

⑭《**差し込み文書**》タブ→《**結果のプレビュー**》グループの ▨ (結果のプレビュー) をクリックします。

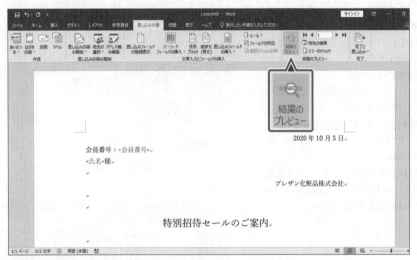

⑮差し込みフィールドに、宛先リストのデータが表示されます。

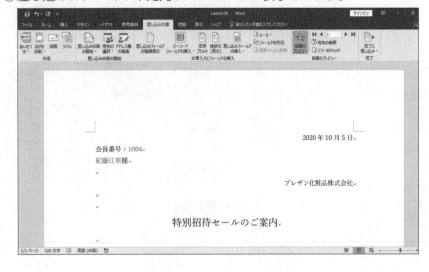

求められるスキル

出題範囲1

出題範囲2

出題範囲3

出題範囲4

確認問題 標準解答

(2)

①《差し込み文書》タブ→《完了》グループの 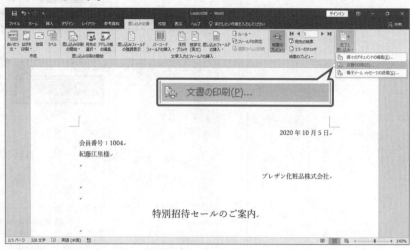（完了と差し込み）→《文書の印刷》をクリックします。

②《プリンターに差し込み》ダイアログボックスが表示されます。

③《現在のレコード》を ⦿ にします。

④《OK》をクリックします。

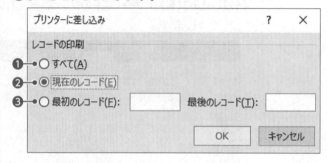

⑤《印刷》ダイアログボックスが表示されます。

⑥プリンターを確認し、《OK》をクリックします。

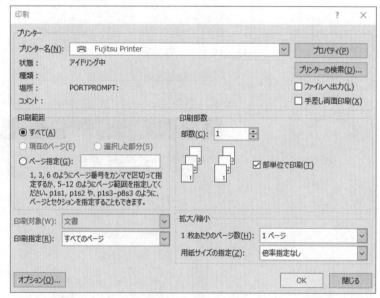

⑦印刷が実行されます。

❗ Point

《プリンターに差し込み》

❶すべて

宛先リストで指定したデータをすべて印刷します。

❷現在のレコード

プレビューで現在表示しているデータだけを印刷します。

❸最初のレコード、最後のレコード

宛先リストで指定したデータの一部分を印刷します。

※1件目から5件目の場合は、《最初のレコード》を「1」、《最後のレコード》を「5」に設定します。

(3)

①《差し込み文書》タブ→《完了》グループの 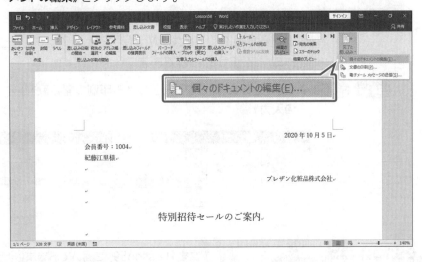（完了と差し込み）→《個々のドキュメントの編集》をクリックします。

②《新規文書への差し込み》ダイアログボックスが表示されます。

③《すべて》を⦿にします。

④《OK》をクリックします。

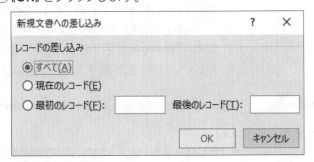

⑤新しく「**レター1**」という文書が作成されます。

※スクロールしてデータが表示されていることを確認しておきましょう。

※8件分表示されます。

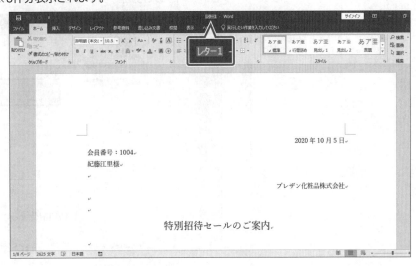

求められるスキル

出題範囲1

出題範囲2

出題範囲3

出題範囲4

確認問題 標準解答

4-3-2　宛先リストを管理する

解 説　■新しい宛先リストの作成

差し込み印刷のリストは、WordやExcelで作成した既存のファイルのほか、新しくリストを作成して使うこともできます。

2019　**365**　◆《差し込み文書》タブ→《差し込み印刷の開始》グループの ▦（宛先の選択）→《新しいリストの入力》

Lesson 59

OPEN 文書「Lesson59」を開いておきましょう。

次の操作を行いましょう。

(1)差し込み印刷の設定を行ってください。宛先リストはフォルダー「Lesson59」に「会員名簿」という名前で新しく作成し、1件目のデータとして姓「中本」、名「ふみ」、2件目のデータとして姓「大原」、名「友香」と入力します。
次に、「様」の前に姓・名フィールドを挿入し、1件目のデータを表示してください。リストを作成するとき、他のフィールドは削除しないでください。

Lesson 59 Answer

(1)

①《差し込み文書》タブ→《差し込み印刷の開始》グループの ▦（差し込み印刷の開始）→《レター》をクリックします。

②《差し込み文書》タブ→《差し込み印刷の開始》グループの ▦（宛先の選択）→《新しいリストの入力》をクリックします。

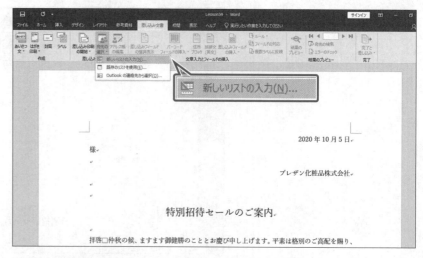

③《新しいアドレス帳》ダイアログボックスが表示されます。

④1行目の《姓》に「**中本**」と入力します。

⑤1行目の《名》に「**ふみ**」と入力します。

⑥《新しいエントリ》をクリックします。

求められるスキル

出題範囲 1

出題範囲 2

出題範囲 3

出題範囲 4

確認問題 標準解答

❗ Point

《新しいアドレス帳》

❶新しいエントリ
1件分のレコードを追加します。

❷エントリの削除
選択したレコードを削除します。

❸検索
検索したい項目を入力してレコードを検索します。

❹列のカスタマイズ
フィールド名を変更したり、フィールドを削除したりできます。

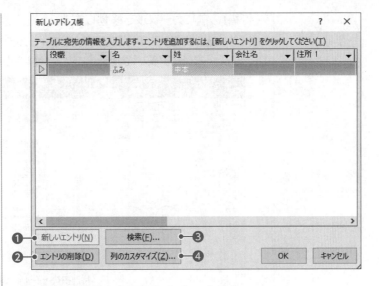

⑦2行目の《**姓**》に「**大原**」と入力します。

⑧2行目の《**名**》に「**友香**」と入力します。

⑨《**OK**》をクリックします。

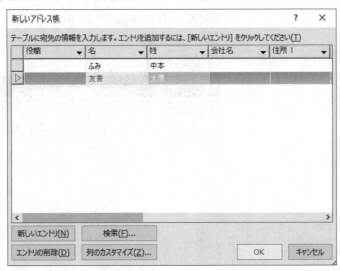

⑩《**アドレス帳の保存**》ダイアログボックスが表示されます。

⑪フォルダー「**Lesson59**」を開きます。

※《PC》→《ドキュメント》→「MOS-Word 365 2019-Expert（1）」→「Lesson59」を選択します。

⑫《**ファイル名**》に「**会員名簿**」と入力します。

⑬《**保存**》をクリックします。

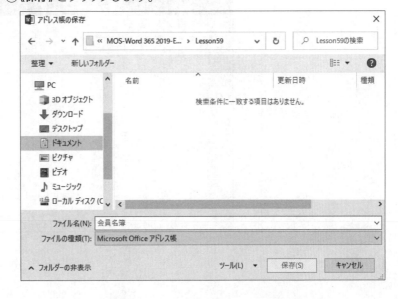

⑭「**様**」の前にカーソルを移動します。

⑮《**差し込み文書**》タブ→《**文章入力とフィールドの挿入**》グループの ▨ (差し込みフィールドの挿入) の 差し込みフィールドの挿入 → 《**姓**》をクリックします。

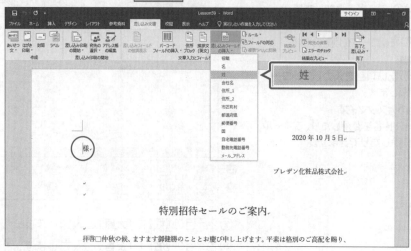

⑯「**姓**」フィールドが挿入されます。

⑰同様に、「**様**」の前に「**名**」フィールドを挿入します。

⑱《**差し込み文書**》タブ→《**結果のプレビュー**》グループの ▨ (結果のプレビュー) をクリックします。

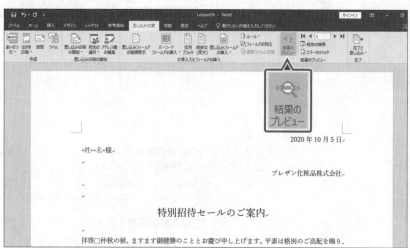

⑲差し込みフィールドに、宛先リストのデータが表示されます。
※1件目のデータ「中本ふみ」が表示されます。

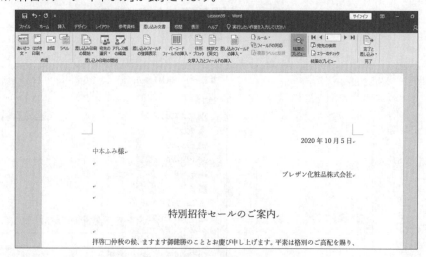

解説 ■宛先リストの編集

宛先リストのデータを差し込んだあとに、差し込んだデータを編集できます。例えば、会社の住所や担当者が変更になった場合などに、宛先リストを修正するだけで、差し込み印刷の設定をし直す必要はありません。この修正は、元のファイルにも自動的に反映されます。また、**「重複のチェック」**を使うと、宛先リストの中にある重複したレコードを検出することもできます。

2019 365 ◆《差し込み文書》タブ→《差し込み印刷の開始》グループの （アドレス帳の編集）

Lesson 60

OPEN 文書「Lesson60」を開いておきましょう。

次の操作を行いましょう。

(1) 差し込み印刷の設定を行ってください。宛先リストはフォルダー「Lesson60」のブック「会員名簿」を使用します。
次に、「会員番号：」の後ろに会員番号フィールド、「様」の前に氏名フィールドを挿入してください。

(2) 宛先リストに重複したデータがないかチェックを行ってください。重複したデータがある場合は、どちらか一方だけを宛先とします。

(3) 宛先リストにある「浜口ふみ」を「中本ふみ」に変更し、変更結果を表示してください。

Lesson 60 Answer

(1)

①《差し込み文書》タブ→《差し込み印刷の開始》グループの （差し込み印刷の開始）→《レター》をクリックします。

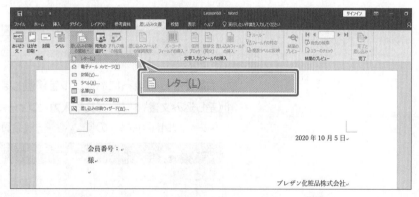

②《差し込み文書》タブ→《差し込み印刷の開始》グループの （宛先の選択）→《既存のリストを使用》をクリックします。

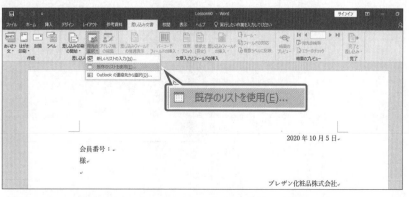

求められるスキル

出題範囲1

出題範囲2

出題範囲3

出題範囲4

確認問題 標準解答

③《データファイルの選択》ダイアログボックスが表示されます。

④フォルダー「**Lesson60**」を開きます。

※《PC》→《ドキュメント》→「MOS-Word 365 2019-Expert（1）」→「Lesson60」を選択します。

⑤一覧から「**会員名簿**」を選択します。

⑥《**開く**》をクリックします。

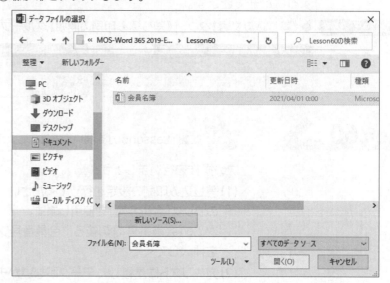

⑦《**テーブルの選択**》ダイアログボックスが表示されます。

⑧「**会員$**」を選択します。

⑨《**OK**》をクリックします。

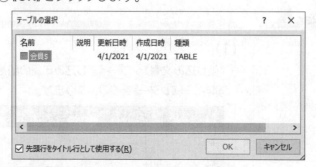

⑩「**会員番号：**」の後ろにカーソルを移動します。

⑪《**差し込み文書**》タブ→《**文章入力とフィールドの挿入**》グループの（差し込みフィールドの挿入）の →《**会員番号**》をクリックします。

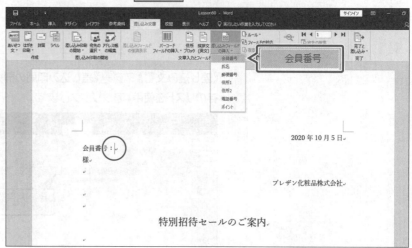

⑫「**会員番号**」フィールドが挿入されます。

⑬同様に、「**様**」の前に「**氏名**」フィールドを挿入します。

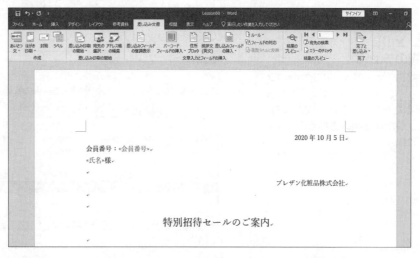

(2) (3)

①《**差し込み文書**》タブ→《**差し込み印刷の開始**》グループの（アドレス帳の編集）
をクリックします。

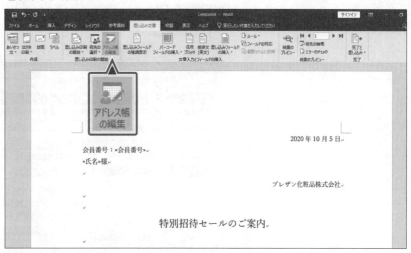

②《**差し込み印刷の宛先**》ダイアログボックスが表示されます。

③《**重複のチェック**》をクリックします。

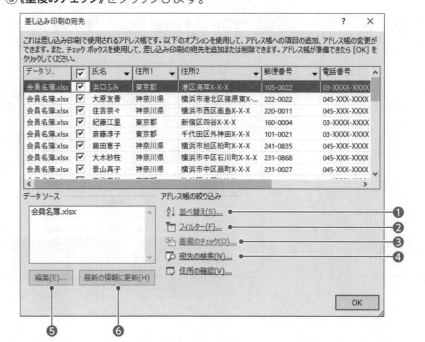

求められるスキル

出題範囲1

出題範囲2

出題範囲3

出題範囲4

確認問題 標準解答

Point

《差し込み印刷の宛先》

❶ **並べ替え**
条件を指定してデータを並べ替え
ます。

❷ **フィルター**
条件を指定してデータを抽出します。

❸ **重複のチェック**
重複しているレコードがないかを
チェックします。

❹ **宛先の検索**
検索したい項目を入力してレコード
を検索します。

❺ **編集**
差し込んだ宛先リストを編集します。

❻ **最新の情報に更新**
宛先リストを再度読み込みます。

④《重複のチェック》ダイアログボックスが表示されます。

⑤「**大原友香**」のどちらか一方を□にします。

⑥「**吉岡真理**」のどちらか一方を□にします。

⑦《**OK**》をクリックします。

Point

重複のチェック

《重複のチェック》ダイアログボックスで、□にしたレコードは挿入されません。ただし、ここで□にしても、宛先リストから削除されることはありません。

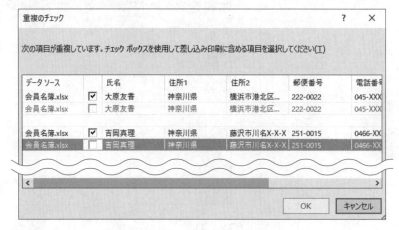

⑧《**差し込み印刷の宛先**》ダイアログボックスに戻ります。

⑨《**データソース**》の一覧から《**会員名簿.xlsx**》を選択します。

⑩《**編集**》をクリックします。

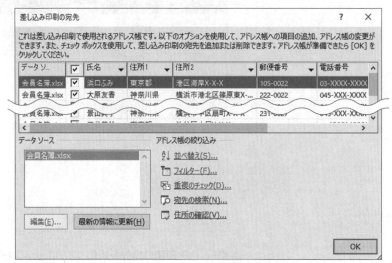

⑪《**データソースの編集**》ダイアログボックスが表示されます。

⑫「**浜口ふみ**」をクリックし、「**中本ふみ**」に修正します。

⑬《**OK**》をクリックします。

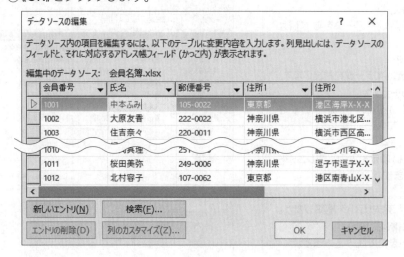

⑭ メッセージを確認し、《はい》をクリックします。

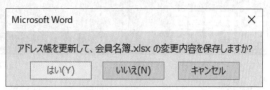

⑮ 《差し込み印刷の宛先》ダイアログボックスに戻ります。

⑯ 《OK》をクリックします。

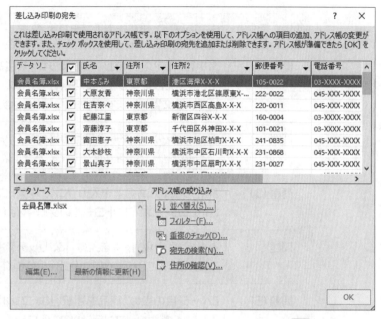

⑰ 《差し込み文書》タブ→《結果のプレビュー》グループの ![結果のプレビュー] (結果のプレビュー) をクリックします。

⑱ 差し込みフィールドに、宛先リストのデータが表示されます。

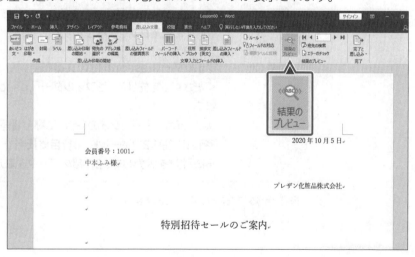

求められるスキル

出題範囲1

出題範囲2

出題範囲3

出題範囲4

確認問題 標準解答

Exercise | 確認問題

解答 ▶ P.200

Lesson 61

 文書「Lesson61」を開いておきましょう。

次の操作を行いましょう。

	会員向けに製品の案内を送付します。
問題（1）	文字列「モンクール社…のお知らせ」を選択します。次に、選択した文字列に太字、斜体を設定するマクロ「強調」を作成してください。マクロの保存先は現在開いている文書とします。ただし、マクロは実行しないこと。
問題（2）	2ページ目のヘッダーの日付の書式を「yyyy年M月d日」と表示されるように、フィールドプロパティを変更してください。
問題（3）	2ページ目の「お名前を入力」に、テキストコンテンツコントロールを挿入してください。コンテンツコントロールのタイトルは「名前」とし、削除不可にします。
問題（4）	2ページ目の「ご住所を入力」に、リッチテキストコンテンツコントロールを挿入してください。コンテンツコントロールのタイトルは「住所」とし、削除不可にします。
問題（5）	2ページ目の表の「商品を選択」に、コンボボックスコンテンツコントロールを挿入してください。コンテンツコントロールのタイトルは「商品名」とし、リストに「Casserole（深鍋）」「Marmite（土鍋）」の2つが表示されるように設定します。コンテンツコントロールは削除不可にします。
問題（6）	フォームへの入力だけができるようにしてください。制限を解除するためのパスワードを設定せず、保護します。
問題（7）	フォルダー「Lesson61」の文書「送付状」を開き、差し込み印刷の設定を行ってください。宛先リストはフォルダー「Lesson61」のブック「会員データ」を使用します。 次に、テキストボックスの1行目に郵便番号フィールド、2行目に住所1フィールド、3行目に住所2フィールド、4行目に氏名フィールドを挿入し、氏名フィールドの後ろに「様」を入力して、2件目のデータを表示してください。

※《開発》タブを非表示にしておきましょう。

MOS Word 365&2019 Expert

確認問題 標準解答

● 完成図

効果的な話し方を身に付けよう

Merci カルチャースクール

御前　奏人

どんな話し方をするかで、相手の反応や理解度も変わってきます。双方向コミュニケーションを実現するために、効果的に話をするポイントを理解しましょう。

1.話し方を工夫することの重要性

自分が話す内容がすべて相手に伝わり、相手に快く受け入れてもらったり、正しく理解してもらったりするためには、話し方を工夫する必要があります。話し方ひとつで、予想以上に仕事が順調に進むこともあれば、逆に仕事上の人間関係がうまくいかなくなったり、情報が正しく伝わらずに思わぬミスを招いたりすることもあります。

また、友人との会話でなら許されても、ビジネスシーンではふさわしくないような話し方もあります。立場や役割、年齢、相手との関係、TPOなどをわきまえて適切な話し方ができるように、普段から気を付けるようにしましょう。

2.聞き手がどんな人かを考えて話す

話し手がどんな人なのかを考えながら話を聞くのと同じで、聞き手がどんな人なのかを考えながら話すことも大切です。友人同士であれば特に意識する必要はないかもしれませんが、ビジネスシーンでは様々な人がコミュニケーションの相手となります。上司、先輩、同僚、顧客、取引先の担当者といった相手に合わせて、適切な話し方をしなければなりません。また、自分が話そうとしている内容について、相手がどの程度の知識や技術、経験を持ち合わせているかを考えることも重要です。

3.正確にわかりやすく話す

自分の考えや感情を正確に相手に伝えるためには、できるだけわかりやすく話すようにします。

具体的には、次のようなことを意識するとよいでしょう。

- 伝えたい内容を簡潔にまとめて話す
- 事実と主観を切り分けながら話す
- 長い話は短い文に分けて話す
- 複雑な話は主語を明確にして話す

5. プラス思考で肯定的に話す

常にマイナス思考で否定的な話ばかりしていたら、相手はどのように感じるでしょうか。多くの人が「この人は後ろ向きで、一緒に話していると暗い気持ちになってしまう」と感じるはずです。中には「この人は何に対しても批判的だから、私のこともよく思っていないだろうな」と感じる人もいるかもしれません。

このように、マイナス思考で否定的な話し方は、円滑な人間関係を築く上での妨げとなります。たとえトラブルに直面した場合でも、事実は事実として受けとめ、その上でプラス思考に切り替えることができれば、自分を成長させるきっかけになるはずです。「私にはこの仕事はできません」と伝えるのではなく、この経験を踏まえて自分がどうしていきたいのかを伝えるだけで、相手の印象は大きく変わってくるでしょう。相手に「この人と一緒に仕事をしてみたい」と思わせるつもりで、常にプラス思考を心がけることが大切です。

Step Up　プラス思考とマイナス思考

コップに水が半分入っているとき、半分しかないと考えるか、まだ半分もあると考えるかで、気持ちの余裕はもちろん、次に取るべき行動も変わってきます。コミュニケーションにおいても、肯定的な話し方か、否定的な話し方かによって、相手の受ける印象は大きく変わります。

例えば、「元気？」と声をかけられて、「風邪を引いていて最悪です」と答えた場合と、「風邪を引いてしまったのですが、病院に行ったので快復に向かっています」と答えた場合ではどうでしょうか。後者の方が前向きで、よい印象を与えます。このように、ちょっとした日常会話の中でも、後ろ向きの話し方をするより、前向きな話し方をすると、相手の印象は変わるものなのです。

6.決め付けて話さない

一方的に決め付けたような話し方は、相手に考えを述べる時間を与えず、それだけで会話が終わってしまいます。結果的に、自分の考えを相手に押し付けてしまうことになり、双方向コミュニケーションは成り立ちません。

7.話題を作る

二人で会話をしているときに共通の話題が見つかると、親しみが生まれ、話がどんどん広がっていきます。仕事中に、無理に仕事以外の話題を見つけて話す必要はありませんが、顧客や取引先に訪問した際などには、ちょっとした話題を提供できると、場の空気をやわらげたり、会話をつないだりすることができます。

メディアを利用して世の中の動きに関心を持つだけでなく、趣味や特技などの得意分野で話題を増やしておくなど、日ごろからアンテナをはり、身の回りにある話題を探すようにしましょう。

問題 (1)

①クイックアクセスツールバーの ▾ (クイックアクセスツールバーのユーザー設定) をクリックします。

②《その他のコマンド》をクリックします。

③左側の一覧から《クイックアクセスツールバー》が選択されていることを確認します。

④《コマンドの選択》が《基本的なコマンド》になっていることを確認します。

⑤コマンドの一覧から《クイック印刷》を選択します。

⑥《追加》をクリックします。

⑦《OK》をクリックします。

問題 (2)

①《ファイル》タブを選択します。

②《オプション》をクリックします。

③左側の一覧から《保存》を選択します。

④《文書の保存》の《次の間隔で自動回復用データを保存する》を ☑ にします。

⑤「5」分ごとに設定します。

⑥《保存しないで終了する場合、最後に自動回復されたバージョンを残す》を ☑ にします。

⑦《OK》をクリックします。

問題 (3)

①《開発》タブ→《コード》グループの 🛡マクロのセキュリティ (マクロのセキュリティ) をクリックします。

※《開発》タブを表示しておきましょう。

②左側の一覧から《マクロの設定》を選択します。

③《警告を表示せずにすべてのマクロを無効にする》を ⦿ にします。

④《OK》をクリックします。

問題 (4)

①1ページ目4行目にカーソルを移動します。

※スタイルが《標準》の箇所であれば、どこでもかまいません。

②《ホーム》タブ→《フォント》グループの 🖾 (フォント) をクリックします。

③《フォント》タブを選択します。

④《日本語用のフォント》の ∨ をクリックし、一覧から《游ゴシック》を選択します。

⑤《既定に設定》をクリックします。

⑥《この文書だけ》を ⦿ にします。

⑦《OK》をクリックします。

問題 (5)

①「Merci」を選択します。

②《校閲》タブ→《言語》グループの 🅰 (言語) →《校正言語の設定》をクリックします。

③一覧から《フランス語 (フランス)》を選択します。

④《OK》をクリックします。

問題 (6)

①「御前　奏人」を選択します。

②《ホーム》タブ→《フォント》グループの 🔣 (ルビ) をクリックします。

③《ルビ》の1行目に「みさき」と入力します。

④《ルビ》の2行目に「かなと」と表示されていることを確認します。

⑤《OK》をクリックします。

問題 (7)

①「…常にプラス思考を心がけることが大切です。」の次の行にカーソルを移動します。

②《挿入》タブ→《テキスト》グループの ▢ (オブジェクト) をクリックします。

③《ファイルから》タブを選択します。

④《参照》をクリックします。

⑤フォルダー「Lesson22」を開きます。

※《PC》→《ドキュメント》→「MOS-Word 365 2019-Expert (1)」→「Lesson22」を選択します。

⑥一覧から「StepUp」を選択します。

⑦《挿入》をクリックします。

⑧《リンク》を ☑ にします。

⑨《OK》をクリックします。

問題 (8)

①《校閲》タブ→《保護》グループの 🔒 (編集の制限) をクリックします。

②《1. 書式の制限》の《利用可能な書式を制限する》を ☑ にします。

③《設定》をクリックします。

④《なし》をクリックします。

⑤《見出し1 (推奨)》《見出し2 (推奨)》《標準 (Web) (推奨)》をそれぞれ ☑ にします。

⑥《OK》をクリックします。

⑦メッセージを確認し、《いいえ》をクリックします。

⑧《3. 保護の開始》の《はい、保護を開始します》をクリックします。

⑨《新しいパスワードの入力》に「text」と入力します。

※パスワードは大文字と小文字が区別されます。
※パスワードは「＊」で表示されます。

⑩《パスワードの確認入力》に「text」と入力します。

⑪《OK》をクリックします。

問題 (9)

①《ファイル》タブを選択します。

②《情報》→《文書の保護》→《最終版にする》をクリックします。

③メッセージを確認し、《OK》をクリックします。

④メッセージを確認し、《OK》をクリックします。

求められるスキル

出題範囲1

出題範囲2

出題範囲3

出題範囲4

確認問題 標準解答

● 完成図

デジタルカメラの

基礎知識

写真撮影の三原則

失敗写真とはどのような写真のことでしょう。被写体にうまくピントが合っていないピンボケ写真や撮影時に手ぶれ（撮影者の手が動いてぶれてしまうこと）や被写体ぶれ（被写体が動いてぶれてしまうこと）で、いい表情が撮影できなかった写真、顔が暗くなってしまった写真などが失敗写真の例といえます。そのような失敗を防ぎ、上手に写真を撮影するには、「ピントを合わせる」「手ぶれを防ぐ」「光の向きを考える」という三原則があります。

ピント

上手に写真を撮影する1つ目の原則は、「被写体にピントを合わせること」です。

ほとんどのデジタルカメラには、オートフォーカス（AF）機能が搭載されており、にあるもの、または手前にあるものにピントが合うようになっています。そのため外れていたり、後方にあったりする状態で撮影すると、ピンボケしやすくなります

ピント合わせのコツは、シャッターボタンを途中まで軽く押す「半押し」です。シ押しすると、合わせたピントを固定しておくことができます。半押しを覚えると、合わせた写真も撮れるようになります。

手ぶれ

上手に写真を撮影する2つ目の原則は、「手ぶれを防ぐこと」です。

コンパクトデジタルカメラは、小さく、持ち運びに便利ですが、カメラが小さいため、シャッターを押すときにカメラが動いてしまい、写真がぶれてしまう「手ぶれ」が起こりやすくなります。

ほとんどのデジタルカメラには、この手ぶれを軽減する機能が付いているので、この機能を設定しておくとよいでしょう。

光の向き

上手に写真を撮影する3つ目の原則は、「光の向きを考えること」です。

光の向きには次のようなものがあります。

1．順光

被写体の正面から光が当たる状態です。正面から全体に光を当てることで被写体に影ができにくくなりますが、質感を出しにくいため単調な写真になることもあります。

2．サイド光

被写体の左右から光が当たる状態です。被写体の輪郭や質感を強調することができますが、明暗差のはっきりした影ができるため、きつい感じの写真になることもあります。

3．逆光

被写体の背中から光が当たる状態です。被写体の正面が影になるため暗くなりますが、被写体をシルエットとして浮き立たせる効果もあります。

求められるスキル

出題範囲1

出題範囲2

出題範囲3

出題範囲4

確認問題 標準解答

38　デジタルカメラの持ち方

39　デジタルカメラで撮影するときは、しっかりとデジタルカメラを両手で持ちましょう。

40　デジタルカメラは手のひら全体を使ってしっかり持ちます。こうすることで、シャッターボタンを押す
41　瞬間にデジタルカメラが動いてしまうのを防ぐことができます。

42　デジタルカメラを持つ場合は、次のような点に注意します。

43　➤　フラッシュやレンズに指が掛からないように持つ
44　➤　両手でしっかりと固定する
45　➤　デジタルカメラの付属品にストラップがある場合は落下防止のため利用する
46　➤　足を肩幅程度に開き、少し膝を曲げたり足を前後に開いたりして下半身を安定
47

48　**Point**　撮影モードを使い分けよう

49　デジタルカメラは、撮影したいものに合わせて撮影モードを切り替えて使うことができます。まず
50　は、近くのものをきれいに撮りたいときに便利な「マクロモード」、夜景を撮りたいときに便利な
51　「夜景モード」の2つを使いこなせるようになるといいですね。
52

マクロモード

花や昆虫、鳥など小さい被写体を撮影する場合に、でき
るだけ近づいて大きく撮影したり、部分的に拡大して撮
影したりすることがあります。しかし、被写体にデジタ
ルカメラを近づけすぎると、ピントが合わずに被写体が
ぼけてしまいます。これは、レンズに「最短撮影距離」
があり、この距離より近い位置から撮影しようとすると
起こる現象です。このような場合は、「マクロ（接写撮
影）モード」を使うと、接写撮影してもピントが合っ
て、きれいに撮影できます。

夜景モード

光輝くきれいな夜景を撮影したのに、撮影結果を見る
と、全体的に暗くなってしまって光が見えないというこ
とがあります。このような場合は、「夜景モード」を使
います。ただし、夜景を撮影するには、カメラをしっか
りと固定した状態で撮影する必要があるので、三脚など
を利用しましょう。また、光を補うためのフラッシュ
は、夜景撮影の場合は反対に光を打ち消してしまいま
す。フラッシュは発光禁止にして撮影しましょう。

問題（1）

①《ホーム》タブ→《編集》グループの 🔍 検索 ▼ （検索）の ▼ →
　《高度な検索》をクリックします。

②《検索》タブを選択します。

③《検索する文字列》にカーソルを移動します。

④《オプション》をクリックします。

⑤《書式》をクリックします。

⑥《蛍光ペン》をクリックします。

⑦《次を検索》をクリックします。

⑧《次を検索》をクリックします。

⑨《次を検索》をクリックします。

⑩《OK》をクリックします。

⑪《キャンセル》をクリックします。

問題（2）

①《ホーム》タブ→《編集》グループの 置換 （置換）をクリッ
　クします。

②《置換》タブを選択します。

③《検索する文字列》にカーソルを移動します。

④《書式の削除》をクリックします。

⑤《あいまい検索（日）》を ☐ にします。

⑥《特殊文字》をクリックします。

⑦《セクション区切り》をクリックします。

※《検索する文字列》に「^b」と表示されます。

⑧《置換する文字列》が空欄になっていることを確認します。

⑨《すべて置換》をクリックします。

⑩《OK》をクリックします。

※2個の項目が置換されます。

⑪《閉じる》をクリックします。

問題（3）

①《ホーム》タブ→《スタイル》グループの ▼ （その他）→《表題》を右クリックします。

②《変更》をクリックします。

③ 游ゴシック Light (▼) の ▼ をクリックし、一覧から《メイリオ》を選択します。

④ B をクリックします。

⑤ ▇▇▇▇▇ ▼ （フォントの色）の ▼ をクリックし、一覧から《テーマの色》の《濃い緑、テキスト2》（左から4つ目、上から1つ目）を選択します。

⑥《この文書のみ》を ⦿ にします。

⑦《OK》をクリックします。

問題（4）

①「順光」の段落にカーソルを移動します。

※段落内であれば、どこでもかまいません。

②《ホーム》タブ→《スタイル》グループの ▼ （その他）→《スタイルの作成》をクリックします。

③《名前》に「小項目」と入力します。

④《変更》をクリックします。

⑤《種類》の ▼ をクリックし、一覧から《段落》を選択します。

⑥《基準にするスタイル》の ▼ をクリックし、一覧から《段落番号》を選択します。

⑦《次の段落のスタイル》の ▼ をクリックし、一覧から《標準》を選択します。

⑧ 游ゴシック (本文の▼) の ▼ をクリックし、一覧から《メイリオ》を選択します。

⑨ 10.▼ の ▼ をクリックし、一覧から《12》を選択します。

⑩ ▇▇▇▇▇ ▼ （フォントの色）の ▼ をクリックし、一覧から《テーマの色》の《濃い緑、テキスト2》（左から4つ目、上から1つ目）を選択します。

⑪《書式》をクリックします。

⑫《段落》をクリックします。

⑬《インデントと行間隔》タブを選択します。

⑭《段落前》を「0.5行」に設定します。

⑮《段落後》を「0.5行」に設定します。

⑯《OK》をクリックします。

⑰《この文書のみ》を ⦿ にします。

⑱《OK》をクリックします。

⑲「サイド光」の段落にカーソルを移動します。

※段落内であれば、どこでもかまいません。

⑳《ホーム》タブ→《スタイル》グループの ▼ （その他）→《小項目》をクリックします。

㉑「逆光」の段落にカーソルを移動します。

※段落内であれば、どこでもかまいません。

㉒ F4 を押します。

問題（5）

①《ホーム》タブ→《編集》グループの ab 置換 （置換）をクリックします。

②《置換》タブを選択します。

③《検索する文字列》にカーソルを移動します。

※前回検索した内容が表示されている場合は、削除します。

④《書式》をクリックします。

⑤《スタイル》をクリックします。

⑥ 一覧から《見出し3》を選択します。

⑦《OK》をクリックします。

⑧《置換後の文字列》にカーソルを移動します。

⑨《書式》をクリックします。

⑩《スタイル》をクリックします。

⑪ 一覧から《見出し2》を選択します。

⑫《OK》をクリックします。

⑬《すべて置換》をクリックします。

⑭《OK》をクリックします。

※2個の項目が置換されます。

⑮《閉じる》をクリックします。

問題（6）

①「手ぶれ」の段落にカーソルを移動します。

※段落内であれば、どこでもかまいません。

②《ホーム》タブ→《段落》グループの ▫ （段落の設定）をクリックします。

③《改ページと改行》タブを選択します。

④《次の段落と分離しない》を ☑ にします。

⑤《OK》をクリックします。

問題（7）

①「撮影モード」を選択します。

②《ホーム》タブ→《クリップボード》グループの コピー （コピー）をクリックします。

③「を使い分けよう」の前にカーソルを移動します。

④《ホーム》タブ→《クリップボード》グループの （貼り付け）の 貼り付け ▼ → （テキストのみ保持）をクリックします。

問題（8）

①文書内をクリックしてカーソルを表示します。

※テキストボックス以外の場所であれば、どこでもかまいません。

②《レイアウト》タブ→《ページ設定》グループの 行番号 ▼ （行番号の表示）→《連続番号》をクリックします。

● 完成図

FOM
CAREER DESIGN

働くということ

人はなぜ働くのでしょうか。改めて「働く」ということについて考えてみましょう。

株式会社 FOM キ

(1)「働く」ってどういうこと？

1. 目的を持つことの意味

就職活動に向けて周囲が慌ただしくなり始めると、みんなの動きに乗り遅れまいと焦り出す人がいます。まるで「就職しない」という選択肢などないかのように、何の疑問も持たずに準備を始めるのです。しかし、「みんなが就職するから」という理由で就職を目指すのは好ましくありません。例えば、将来は医者になりたいから医学部へ行く、筋力を鍛えたいからスポーツジムに通うといったように、明確な目的があって初めて具体的な行動が生まれます。そもそも「〇〇を目指したい」「〇〇を成し遂げたい」という強い思いがなければ、自ら頭を使ったり、やるべきことを探したりすることもできません。結果として、ただ指示を待つだけの人になってしまいます。どんな目的であれ、明確な目的があれば、その達成に向けて何をすればよいのか、自分に何ができるのかを考え、そして努力することができます。

2. 人生を左右する働く目的

働く目的は人によって異なります。もちろん、正解などありません。「経済的に自立するため」「家族の生活を支えるため」と答える人もいるでしょう。これも立派な目的のひとつであり、多くの人が「生きていくため」に働いているのも事実です。しかし、給料という対価さえあれば、どんなに辛い仕事や困難な問題にも立ち向かえるかといえば、そうではありません。最終的には「生きていくため」であったとしても、同じ時間を仕事に費やすのであれば、そこに新しい目的を見出し、より多くのやりがいや喜びを味わえる方がよいでしょう。また、社会に必要とされているという実感は、人を成長させる原動力にもなります。働く目的を考えることは、仕事を通じて何を得たいか、何を成し遂げたいかを考えることであり、ひいては人生をどう生きるかを考えることでもあるのです。

図表 A 仕事を通じて得られるもの

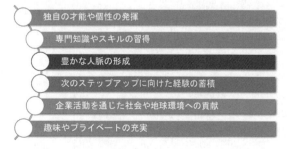

独自の才能や個性の発揮

専門知識やスキルの習得

豊かな人脈の形成

次のステップアップに向けた経験の蓄積

企業活動を通じた社会や地球環境への貢献

趣味やプライベートの充実

2

求められるスキル

出題範囲1

出題範囲2

出題範囲3

出題範囲4

確認問題 標準解答

3. 働き方のいろいろ

一口に「働く」といっても、働く目的はもちろん、働き方も様々です。働き方を考えることもまた、人生をどう生きるかを考えることにつながります。自分のライフスタイルや人生設計に応じた適切な働き方を選ぶためにも、どんな働き方があるのかを理解しておくことが大切です。

図表 B 雇用形態における働き方の特徴

分類	雇用形態	説明
正規雇用	正社員	企業から直接雇用され、雇用期限のない従業員。福利厚生があるのがメリット。かつては正社員と言えばフルタイム勤務であったが、最近では短時間正社員制度を導入する企業もある。
非正規雇用	派遣社員	人材派遣会社と雇用契約を結んでいる従業員。派遣先の企業にて指示された業務を行う。一般的にボーナスや退職金は出ない。得意分野で能力を発揮できる反面、派遣先のニーズに左右されるため、雇用は安定しない。人材派遣会社によって、福利厚生の充実度に違いがある。
	契約社員	企業から直接雇用されるが、3か月単位や半年単位など、雇用期限付きの契約を結ぶ従業員。一般的にボーナスや退職金は出ない。福利厚生制度が適用される場合と、されない場合がある。
	パート・アルバイト	臨時で雇用される従業員。一般的に正社員よりも労働時間が短く、賃金が安い。福利厚生制度は適用されない場合が多い。

図表 C 雇用形態別構成比

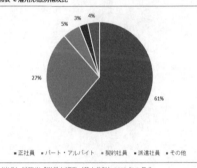

■ 正社員　■ パート・アルバイト　■ 契約社員　■ 派遣社員　■ その他

（出典）総務省「労働力調査（基本集計）2019 年 9 月分」

3

参考資料

図 表 目 次

索 引

FOM CAREER DESIGN

7

問題（1）

①《デザイン》タブ→《ドキュメントの書式設定》グループの（テーマのフォント）→《フォントのカスタマイズ》をクリックします。

②《見出しのフォント（日本語）》の をクリックし、一覧から《MSゴシック》を選択します。

③《本文のフォント（日本語）》の をクリックし、一覧から《MSゴシック》を選択します。

④《名前》に「就活資料用フォント」と入力します。

⑤《保存》をクリックします。

問題（2）

①《デザイン》タブ→《ドキュメントの書式設定》グループの（テーマの色）→《色のカスタマイズ》をクリックします。

②《アクセント4》の をクリックし、《標準の色》の《紫》（左から10番目）をクリックします。

③《アクセント5》の をクリックし、《その他の色》をクリックします。

④《ユーザー設定》タブを選択します。

⑤《カラーモデル》が《RGB》になっていることを確認します。

⑥《赤》を「244」、《緑》を「44」、《青》を「44」に設定します。

⑦《OK》をクリックします。

⑧《名前》に「就活資料用カラー」と入力します。

⑨《保存》をクリックします。

問題（3）

①《デザイン》タブ→《ドキュメントの書式設定》グループの（テーマ）→《現在のテーマを保存》をクリックします。

②保存先が《Document Themes》になっていることを確認します。

③《名前》に「就活資料」と入力します。

④《保存》をクリックします。

問題（4）

①図を選択します。

②《挿入》タブ→《テキスト》グループの（クイックパーツの表示）→《選択範囲をクイックパーツギャラリーに保存》をクリックします。

③《名前》に「company logo」と入力します。

④《ギャラリー》が《クイックパーツ》になっていることを確認します。

⑤《保存先》が《Building Blocks》になっていることを確認します。

⑥《OK》をクリックします。

問題（5）

①文末にカーソルを移動します。

②《挿入》タブ→《テキスト》グループの（クイックパーツの表示）→《全般》の《company logo》をクリックします。

③挿入されたクイックパーツを選択します。

④《書式》タブ→《配置》グループの（オブジェクトの配置）→《文字列の折り返し》の《右下に配置し、四角の枠に沿って文字列を折り返す》をクリックします。

※お使いの環境によっては、《書式》タブが《図の形式》タブと表示される場合があります。

問題（6）

①SmartArtグラフィックを選択します。

②《参考資料》タブ→《図表》グループの（図表番号の挿入）をクリックします。

③《図表番号》に「図1」と表示されていることを確認します。

④《図表番号》の「図1」の後ろに「仕事を通じて得られるもの」と入力します。

⑤《位置》の をクリックし、一覧から《選択した項目の上》を選択します。

⑥《OK》をクリックします。

問題（7）

①「図1」を選択します。

②《参考資料》タブ→《図表》グループの（図表番号の挿入）をクリックします。

③《ラベル名》をクリックします。

④《ラベル》に「図表」と入力します。

⑤《OK》をクリックします。

⑥《番号付け》をクリックします。

⑦《書式》の をクリックし、一覧から「A,B,C,…」を選択します。

⑧《OK》をクリックします。

⑨《OK》をクリックします。

⑩「表1」を選択します。

⑪《参考資料》タブ→《図表》グループの（図表番号の挿入）をクリックします。

⑫《ラベル》の をクリックし、一覧から《図表》を選択します。

⑬《図表番号》に「図表B」と表示されていることを確認します。

⑭《OK》をクリックします。

求められるスキル

出題範囲1

出題範囲2

出題範囲3

出題範囲4

確認問題 標準解答

問題(8)

①《**ホーム**》タブ→《**段落**》グループの ⟦↵⟧（編集記号の表示/非表示）をクリックしてオフにします。

※ボタンが標準の色に戻ります。

②「**図表目次**」の次の行にカーソルを移動します。

③《**参考資料**》タブ→《**図表**》グループの ⟦📄 図表目次の挿入⟧（図表目次の挿入）をクリックします。

④《**図表目次**》タブを選択します。

⑤《**書式**》の ⟦∨⟧ をクリックし、一覧から《**クラシック**》を選択します。

⑥《**タブリーダー**》の ⟦∨⟧ をクリックし、一覧から《・・・・・・》を選択します。

⑦《**図表番号のラベル**》の ⟦∨⟧ をクリックし、一覧から《**図表**》を選択します。

⑧《**OK**》をクリックします。

問題(9)

①図表目次の「**図表F新卒採用に向けた就職活動の一般的なスケジュール・・・・・・6**」を、⟦ Ctrl ⟧を押しながらクリックします。

②「**図表F中途採用に向けた就職活動の一般的なスケジュール**」に修正します。

③図表目次内にカーソルを移動します。

※図表目次内であればどこでもかまいません。

④《**参考資料**》タブ→《**図表**》グループの ⟦📄! 図表目次の更新⟧（図表目次の更新）をクリックします。

⑤《**目次をすべて更新する**》を ⟦◉⟧ にします。

⑥《**OK**》をクリックします。

問題(10)

①「**自己分析**」を選択します。

※すべて登録するため、どの「自己分析」でもかまいません。

②《**参考資料**》タブ→《**索引**》グループの ⟦📄 索引登録⟧（索引登録）をクリックします。

③《**登録（メイン）**》が「**自己分析**」になっていることを確認します。

④《**読み**》が「**じこぶんせき**」になっていることを確認します。

⑤《**すべて登録**》をクリックします。

⑥《**閉じる**》をクリックします。

問題(11)

①《**ホーム**》タブ→《**段落**》グループの ⟦↵⟧（編集記号の表示/非表示）をクリックしてオフにします。

※ボタンが標準の色に戻ります。

②「**索引**」の次の行にカーソルを移動します。

③《**参考資料**》タブ→《**索引**》グループの ⟦📄 索引の挿入⟧（索引の挿入）をクリックします。

④《**索引**》タブを選択します。

⑤《**書式**》の ⟦∨⟧ をクリックし、一覧から《**箇条書き**》を選択します。

⑥《**ページ番号を右揃えにする**》を ⟦✔⟧ にします。

⑦《**タブリーダー**》の ⟦∨⟧ をクリックし、一覧から《・・・・・・・》を選択します。

⑧《**段数**》を「**3**」に設定します。

⑨《**OK**》をクリックします。

●完成図

注文日：2021 年 4 月 1 日

注文書の返送先：order@fomkitchen.xx.xx

注文書

お名前：お名前を入力
ご住所：ご住所を入力

商品名（日本語名称）	サイズ	色	数量
商品を選択	サイズを選択	色を選択	数量
商品を選択	サイズを選択	色を選択	数量

※　ご注文の際は、この注文書をお使いください。
※　商品名、サイズ、色、数量をご選択いただき、メールにてご注文ください。
※　ご注文後、2 営業日以内にお届け予定日のご連絡を差し上げます。連絡がな
　　ですが、注文受付窓口（TEL：03-XXXX-XXXX）までお問い合わせください
※　注文が殺到することが予想されるため、おひとり様 2 種類までのご注文とさ

2020 年 10 月 1 日

101-0021
東京都
千代田区外神田 X-X-X
中山　未来様

株式会社 FOM キッチン
TEL：03-XXXX-XXXX
FAX：03-XXXX-XXXX
URL：https://www.fomkitchen.xx.xx/

送付状

拝啓　仲秋の候、ますます御健勝のこととお慶び申し上げます。いつも当店をご利用いただ
き、心より御礼申し上げます。

下記の通り、フランスのモンクール社ホーロー製品のご案内をお送りします。この機会にぜ
ひお試しください。

敬具

記

モンクール社製品取り扱い開始のお知らせ・注文書　　　1 部

以上

求められるスキル

出題範囲1

出題範囲2

出題範囲3

出題範囲4

確認問題 標準解答

問題（1）

①「モンクール社…のお知らせ」の文字列を選択します。
②《開発》タブ→《コード》グループの ■マクロの記録 （マクロの記録）をクリックします。
※《開発》タブを表示しておきましょう。
③《マクロ名》に「強調」と入力します。
④《マクロの保存先》の ∨ をクリックし、一覧から「Lesson61（文書）」を選択します。

⑤《OK》をクリックします。
⑥《ホーム》タブ→《フォント》グループの B （太字）をクリックします。
⑦《ホーム》タブ→《フォント》グループの I （斜体）をクリックします。
⑧《開発》タブ→《コード》グループの ■記録終了 （記録終了）をクリックします。

問題（2）

①2ページ目のヘッダー領域をダブルクリックします。

②元号を右クリックします。

③《フィールドの編集》をクリックします。

④《日付の書式》の一覧から《yyyy年M月d日》を選択します。
※本日の日付で表示されます。

⑤《OK》をクリックします。

⑥《ヘッダー/フッターツール》の《デザイン》タブ→《閉じる》グループの ×（ヘッダーとフッターを閉じる）をクリックします。
※お使いの環境によっては、《ヘッダー/フッターツール》の《デザイン》タブが《ヘッダーとフッター》タブと表示される場合があります。

問題（3）

①「お名前を入力」を選択します。

②《開発》タブ→《コントロール》グループの Aa （テキストコンテンツコントロール）をクリックします。

③《開発》タブ→《コントロール》グループの プロパティ （コントロールのプロパティ）をクリックします。

④《タイトル》に「名前」と入力します。

⑤《コンテンツコントロールの削除不可》を ✓ にします。

⑥《OK》をクリックします。

問題（4）

①「ご住所を入力」を選択します。

②《開発》タブ→《コントロール》グループの Aa （リッチテキストコンテンツコントロール）をクリックします。

③《開発》タブ→《コントロール》グループの プロパティ （コントロールのプロパティ）をクリックします。

④《タイトル》に「住所」と入力します。

⑤《コンテンツコントロールの削除不可》を ✓ にします。

⑥《OK》をクリックします。

問題（5）

①表の2行1列目の「商品を選択」を選択します。

②《開発》タブ→《コントロール》グループの 📇 （コンボボックスコンテンツコントロール）をクリックします。

③《開発》タブ→《コントロール》グループの プロパティ （コントロールのプロパティ）をクリックします。

④《タイトル》に「商品名」と入力します。

⑤《コンテンツコントロールの削除不可》を ✓ にします。

⑥《ドロップダウンリストのプロパティ》の一覧から《アイテムを選択してください。》を選択します。

⑦《削除》をクリックします。

⑧《追加》をクリックします。

⑨《表示名》に「Casserole（深鍋）」と入力します。
※《値》に「Casserole（深鍋）」と表示されます。

⑩《OK》をクリックします。

⑪同様に、「Marmite（土鍋）」を追加します。

⑫《OK》をクリックします。

⑬表の2行1列目のセルを選択します。

⑭《ホーム》タブ→《クリップボード》グループの コピー （コピー）をクリックします。

⑮表の3行1列目のセルを選択します。

⑯《ホーム》タブ→《クリップボード》グループの （貼り付け）をクリックします。

問題（6）

①《開発》タブ→《保護》グループの （編集の制限）をクリックします。

②《2. 編集の制限》の《ユーザーに許可する編集の種類を指定する》を ✓ にします。

③ 変更不可（読み取り専用） ▼ の ▼ をクリックし、一覧から《フォームへの入力》を選択します。

④《3. 保護の開始》の《はい、保護を開始します》をクリックします。

⑤《OK》をクリックします。

問題（7）

①文書「送付状」を開きます。

②《差し込み文書》タブ→《差し込み印刷の開始》グループの （差し込み印刷の開始）→《レター》をクリックします。

③《差し込み文書》タブ→《差し込み印刷の開始》グループの （宛先の選択）→《既存のリストを使用》をクリックします。

④フォルダー「Lesson61」を開きます。
※《PC》→《ドキュメント》→「MOS-Word 365 2019-Expert（1）」→「Lesson61」を選択します。

⑤一覧から「会員データ」を選択します。

⑥《開く》をクリックします。

⑦「会員データ$」を選択します。

⑧《OK》をクリックします。

⑨テキストボックスの1行目にカーソルを移動します。

⑩《差し込み文書》タブ→《文章入力とフィールドの挿入》グループの （差し込みフィールドの挿入）の 差し込みフィールドの挿入 ▼ →《郵便番号》をクリックします。

⑪同様に、2行目に「住所1」フィールド、3行目に「住所2」フィールド、4行目に「氏名」フィールドを挿入します。

⑫「様」と入力します。

⑬《差し込み文書》タブ→《結果のプレビュー》グループの （結果のプレビュー）をクリックします。

⑭《差し込み文書》タブ→《結果のプレビュー》グループの ▶ （次のレコード）を1回クリックして2件目のデータを表示します。
※2件目のデータの氏名は「中山　未来」になります。

MOS Word 365&2019 Expert

模擬試験プログラムの使い方

1 | 模擬試験プログラムの起動方法

模擬試験プログラムを起動しましょう。

① すべてのアプリを終了します。

※ アプリを起動していると、模擬試験プログラムが正しく動作しない場合があります。

② デスクトップを表示します。

③ ■（スタート）→《MOS Word 365＆2019 Expert》をクリックします。

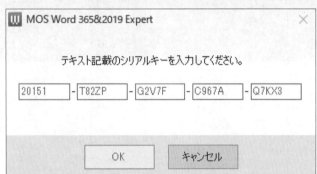

④ 《テキスト記載のシリアルキーを入力してください。》が表示されます。

⑤ 次のシリアルキーを半角で入力します。

20151-T82ZP-G2V7F-C967A-Q7KX3

※ シリアルキーは、模擬試験プログラムを初めて起動するときに、1回だけ入力します。

⑥ 《OK》をクリックします。

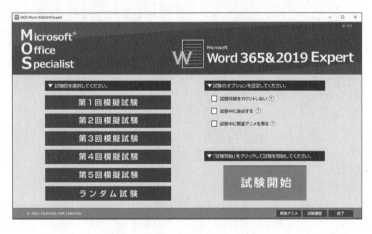

スタートメニューが表示されます。

ストアアプリをお使いの方へ
ストアアプリをお使いの方はP.218「5　ストアアプリをお使いの場合」を事前にご確認ください。

2 | 模擬試験プログラムの学習方法

模擬試験プログラムを使って、模擬試験を実施する流れを確認しましょう。

❶ スタートメニューで試験回とオプションを選択する

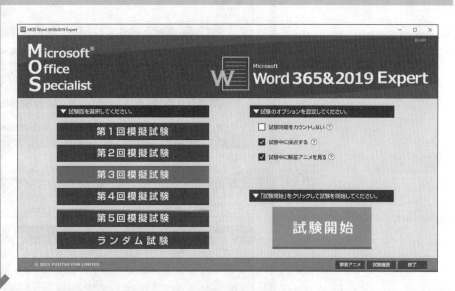

❷ 試験実施画面で問題に解答する

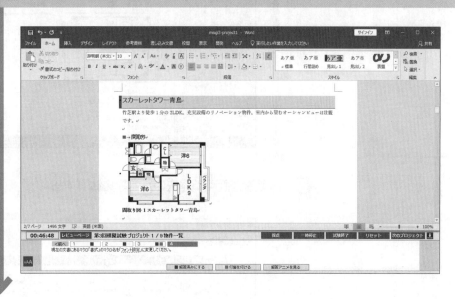

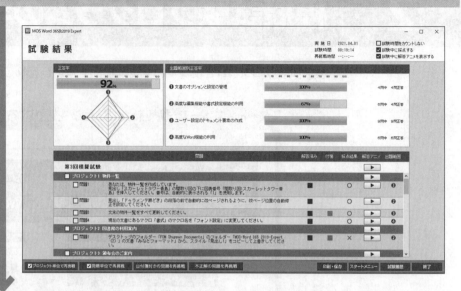

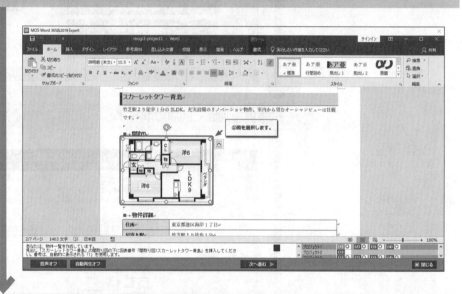

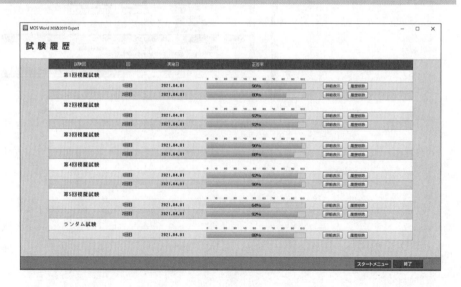

③ 試験結果画面で採点結果や正答率を確認する

④ 解答確認画面でアニメーションやナレーションを確認する

⑤ 試験履歴画面で過去の正答率を確認する

1 スタートメニュー

模擬試験プログラムを起動すると、スタートメニューが表示されます。
スタートメニューから実施する試験回を選択します。

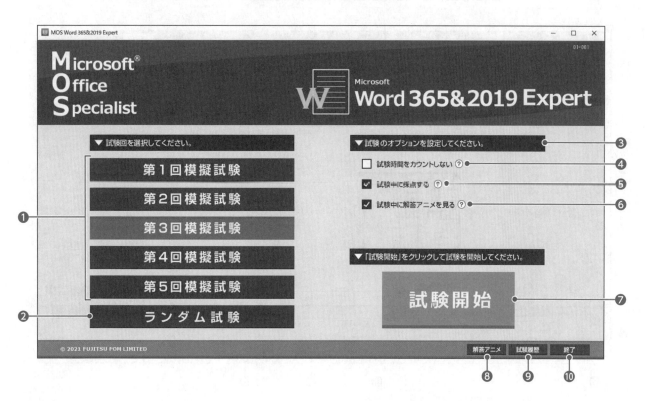

❶模擬試験
5回分の模擬試験から実施する試験を選択します。

❷ランダム試験
5回分の模擬試験のすべての問題の中からランダムに出題されます。

❸試験モードのオプション
試験モードのオプションを設定できます。⑦をポイントすると、説明が表示されます。

❹試験時間をカウントしない
✓にすると、試験時間をカウントしないで、試験を行うことができます。

❺試験中に採点する
✓にすると、試験中に問題ごとの採点結果を確認できます。

❻試験中に解答アニメを見る
✓にすると、試験中に標準解答のアニメーションとナレーションを確認できます。

❼試験開始
選択した試験回、設定したオプションで試験を開始します。

❽解答アニメ
選択した試験回の解答確認画面を表示します。

❾試験履歴
試験履歴画面を表示します。

❿終了
模擬試験プログラムを終了します。

模擬試験プログラムの使い方

第1回模擬試験

第2回模擬試験

第3回模擬試験

第4回模擬試験

第5回模擬試験

2 | 試験実施画面

試験を開始すると、次のような画面が表示されます。

> **模擬試験プログラムの試験形式について**
> 模擬試験プログラムの試験実施画面や試験形式は、FOM出版が独自に開発したもので、本試験とは異なります。
> 模擬試験プログラムはアップデートする場合があります。
> ※本書の最新情報について、P.11に記載されているFOM出版のホームページにアクセスして確認してください。

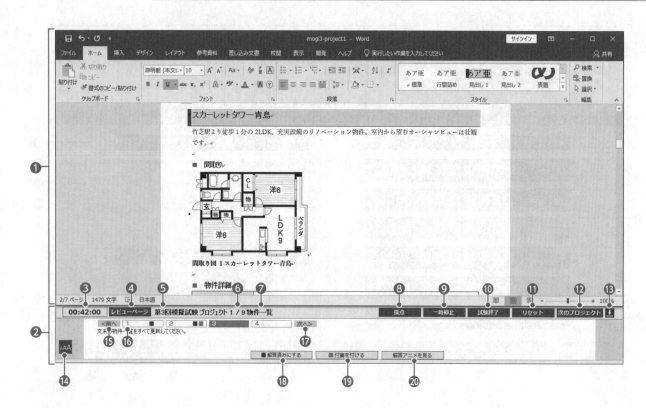

❶Wordウィンドウ

Wordが起動し、ファイルが開かれます。指示に従って、解答の操作を行います。

❷問題ウィンドウ

開かれているファイルの問題が表示されます。問題には、ファイルに対して行う具体的な指示が記述されています。1ファイルにつき、1〜7個程度の問題が用意されています。

❸タイマー

試験の残り時間が表示されます。制限時間経過後は、マイナス（－）で表示されます。
※スタートメニューで《試験時間をカウントしない》を ✓ にしている場合、タイマーは表示されません。

❹レビューページ

レビューページを表示します。ボタンは、試験中、常に表示されます。レビューページから、別のプロジェクトの問題に切り替えることができます。
※レビューページについては、P.210を参照してください。

❺試験回

選択している模擬試験の試験回が表示されます。

❻表示中のプロジェクト番号／全体のプロジェクト数

現在、表示されているプロジェクトの番号と全体のプロジェクト数が表示されます。

「**プロジェクト**」とは、操作を行うファイルのことです。1回分の試験につき、5〜10個程度のプロジェクトが用意されています。

❼プロジェクト名

現在、表示されているプロジェクト名が表示されます。
※ディスプレイの拡大率を「100%」より大きくしている場合、プロジェクト名がすべて表示されないことがあります。

❽ 採点

現在、表示されているプロジェクトの正誤を判定します。
試験を終了することなく、採点結果を確認できます。
※スタートメニューで《試験中に採点する》を ✓ にしている場合、《採点》ボタンが表示されます。

❾ 一時停止

タイマーが一時的に停止します。
※一時停止すると、一時停止中のダイアログボックスが表示されます。《再開》をクリックすると、一時停止が解除されます。

❿ 試験終了

試験を終了します。
※試験を終了すると、試験終了のダイアログボックスが表示されます。《採点して終了》をクリックすると、試験を採点して終了し、試験結果画面が表示されます。《採点せずに終了》をクリックすると、試験を採点せずに終了し、スタートメニューに戻ります。採点せずに終了した場合は、試験結果は試験履歴に残りません。

⓫ リセット

現在、表示されているプロジェクトに対して行った操作をすべてクリアし、ファイルを初期の状態に戻します。プロジェクトは最初からやり直すことができますが、経過した試験時間を元に戻すことはできません。

⓬ 次のプロジェクト

次のプロジェクトに進み、新たなファイルと問題文が表示されます。

⓭ ⬇

問題ウィンドウを折りたたんで、Wordウィンドウを大きく表示します。問題ウィンドウを折りたたむと、⬇ から ⬆ に切り替わります。クリックすると、問題ウィンドウが元のサイズに戻ります。

⓮ ᴀAА

問題文の文字サイズを調整するスケールが表示されます。 ー や ＋ をクリックするか、▮ をドラッグすると、文字サイズが変更されます。文字サイズは5段階で調整できます。
※問題文の文字サイズは、Ctrl＋＋ または Ctrl＋－ でも変更できます。

⓯ 前へ

プロジェクト内の前の問題に切り替えます。

⓰ 問題番号

問題番号をクリックして、問題の表示を切り替えます。現在、表示されている問題番号はオレンジ色で表示されます。

⓱ 次へ

プロジェクト内の次の問題に切り替えます。

⓲ 解答済みにする

現在、選択している問題を解答済みにします。クリックすると、問題番号の横に濃い灰色のマークが表示されます。解答済みマークの有無は、採点に影響しません。

⓳ 付箋を付ける

現在、選択されている問題に付箋を付けます。クリックすると、問題番号の横に緑色のマークが表示されます。付箋マークの有無は、採点に影響しません。

⓴ 解答アニメを見る

現在、選択している問題の標準解答のアニメーションを再生します。
※スタートメニューで《試験中に解答アニメを見る》を ✓ にしている場合、《解答アニメを見る》ボタンが表示されます。

模擬試験プログラムの使い方

第1回模擬試験

第2回模擬試験

第3回模擬試験

第4回模擬試験

第5回模擬試験

⚠️ Point

試験終了

試験時間の50分が経過すると、次のようなメッセージが表示されます。
試験を続けるかどうかを選択します。

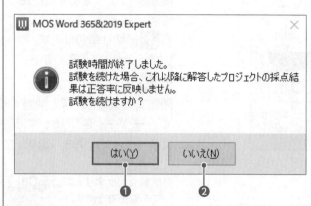

❶はい

試験時間を延長して、解答の操作を続けることができます。ただし、正答率に反映されるのは、時間内に解答したプロジェクトだけです。

❷いいえ

試験を終了します。

※《いいえ》をクリックする前に、開いているダイアログボックスを閉じてください。

⚠️ Point

問題文の文字列のコピー

入力が必要な問題の場合、問題文の文字列に下線が表示されます。下線部分の文字列をクリックすると、下線部分の文字列がクリップボードにコピーされるので、Wordウィンドウ内に貼り付けることができます。
問題文の文字列をコピーして解答すると、入力の手間や入力ミスを防ぐことができます。

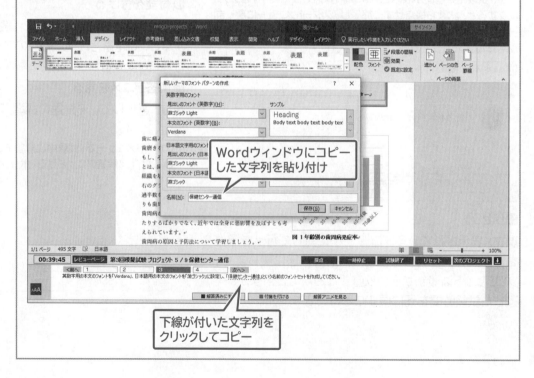

3 レビューページ

試験中に《レビューページ》のボタンをクリックすると、レビューページが表示されます。この画面で、付箋や解答済みのマークを一覧で確認できます。また、問題番号をクリックすると試験実施画面が表示され、解答の操作をやり直すこともできます。

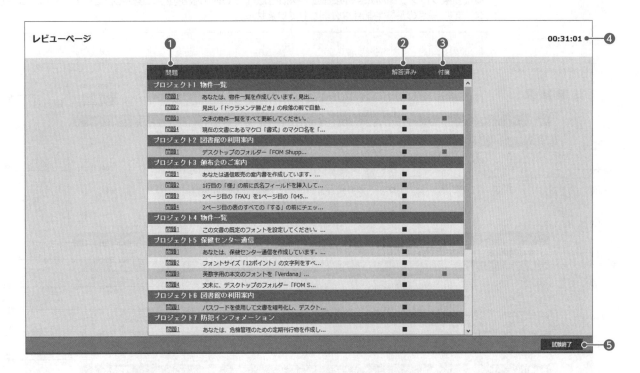

❶問題

プロジェクト番号と問題番号、問題文の先頭の文章が表示されます。

問題番号をクリックすると、その問題の試験実施画面が表示され、解答の操作をやり直すことができます。

❷解答済み

試験中に解答済みにした問題に、濃い灰色のマークが表示されます。

❸付箋

試験中に付箋を付けた問題に、緑色のマークが表示されます。

❹タイマー

試験の残り時間が表示されます。制限時間経過後は、マイナス（－）で表示されます。

※スタートメニューで《試験時間をカウントしない》を ☑ にしている場合、タイマーは表示されません。

❺試験終了

試験を終了します。

※試験を終了すると、試験終了のダイアログボックスが表示されます。《採点して終了》をクリックすると、試験を採点して終了し、試験結果画面が表示されます。《採点せずに終了》をクリックすると、試験を採点せずに終了し、スタートメニューに戻ります。採点せずに終了した場合は、試験結果は試験履歴に残りません。

4 試験結果画面

試験を採点して終了すると、試験結果画面が表示されます。

模擬試験プログラムの採点方法について
模擬試験プログラムの試験結果画面や採点方法は、FOM出版が独自に開発したもので、本試験とは異なります。採点の基準や配点は公開されていません。

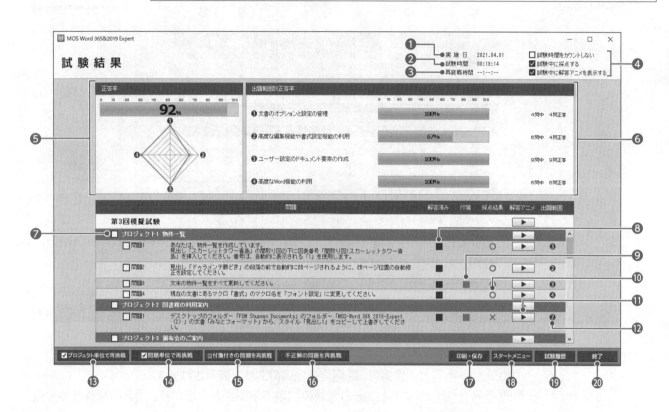

❶実施日
試験を実施した日付が表示されます。

❷試験時間
試験開始から試験終了までに要した時間が表示されます。

❸再挑戦時間
再挑戦に要した時間が表示されます。

❹試験モードのオプション
試験を実施するときに設定した試験モードのオプションが表示されます。

❺正答率
正答率が％で表示されます。
※試験時間を延長して解答した場合、時間内に解答したプロジェクトだけが正答率に反映されます。

❻出題範囲別正答率
出題範囲別の正答率が％で表示されます。
※試験時間を延長して解答した場合、時間内に解答したプロジェクトだけが正答率に反映されます。

❼チェックボックス
クリックすると、☑ と ☐ を切り替えることができます。
※プロジェクト番号の左側にあるチェックボックスをクリックすると、プロジェクト内のすべての問題のチェックボックスをまとめて切り替えることができます。

❽解答済み
試験中に解答済みにした問題に、濃い灰色のマークが表示されます。

❾付箋
試験中に付箋を付けた問題に、緑色のマークが表示されます。

❿採点結果
採点結果が表示されます。
採点は問題ごとに行われ、「○」または「×」で表示されます。
※試験時間を延長して解答した問題や再挑戦で解答した問題は、「○」や「×」が灰色で表示されます。

⑪ 解答アニメ

| ▶ | をクリックすると、解答確認画面が表示され、標準解答のアニメーションとナレーションが再生されます。

⑫ 出題範囲

出題された問題の出題範囲の番号が表示されます。

⑬ プロジェクト単位で再挑戦

チェックボックスが ☑ になっているプロジェクト、またはチェックボックスが ☑ になっている問題を含むプロジェクトを再挑戦できる画面に切り替わります。

⑭ 問題単位で再挑戦

チェックボックスが ☑ になっている問題を再挑戦できる画面に切り替わります。

⑮ 付箋付きの問題を再挑戦

付箋が付いている問題を再挑戦できる画面に切り替わります。

⑯ 不正解の問題を再挑戦

《採点結果》が「〇」になっていない問題を再挑戦できる画面に切り替わります。

⑰ 印刷・保存

試験結果レポートを印刷したり、PDFファイルとして保存したりできます。また、試験結果をCSVファイルで保存することもできます。

⑱ スタートメニュー

スタートメニューに戻ります。

⑲ 試験履歴

試験履歴画面に切り替わります。

⑳ 終了

模擬試験プログラムを終了します。

🛈 Point

試験結果レポート

《印刷・保存》ボタンをクリックすると、次のようなダイアログボックスが表示されます。
試験結果レポートやCSVファイルに出力する名前を入力して、印刷するか、PDFファイルとして保存するか、CSVファイルとして保存するかを選択します。
※名前の入力は省略してもかまいません。

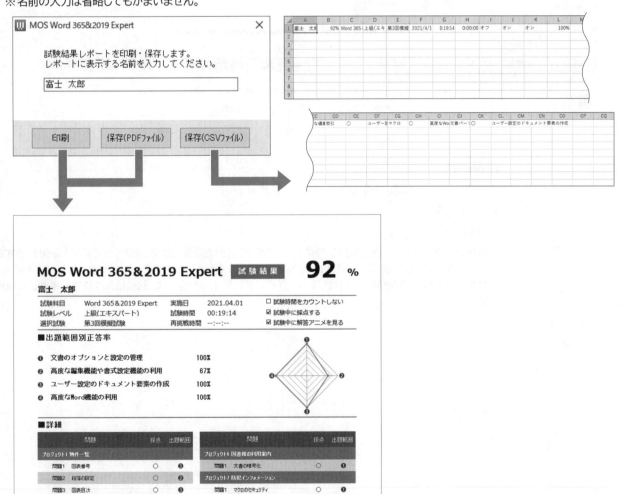

模擬試験プログラムの使い方

第1回模擬試験

第2回模擬試験

第3回模擬試験

第4回模擬試験

第5回模擬試験

5 再挑戦画面

試験結果画面の《プロジェクト単位で再挑戦》、《問題単位で再挑戦》、《付箋付きの問題を再挑戦》、《不正解の問題を再挑戦》の各ボタンをクリックすると、問題に再挑戦できます。
この再挑戦画面では、試験実施前の初期の状態のファイルが表示されます。

1 プロジェクト単位で再挑戦

試験結果画面の《プロジェクト単位で再挑戦》のボタンをクリックすると、選択したプロジェクトに含まれるすべての問題に再挑戦できます。

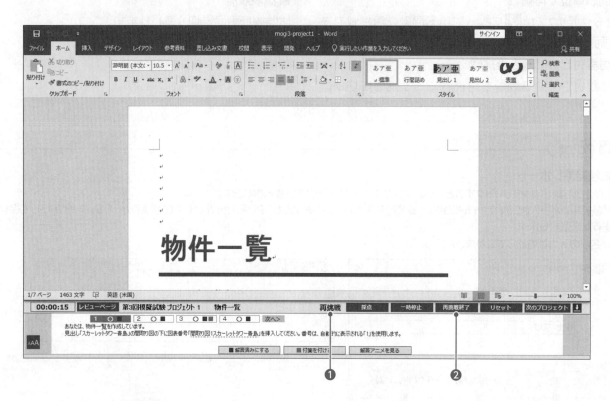

❶再挑戦

再挑戦モードの場合、「**再挑戦**」と表示されます。

❷再挑戦終了

再挑戦を終了します。

※再挑戦を終了すると、再挑戦終了のダイアログボックスが表示されます。《採点して終了》をクリックすると、試験を採点して終了し、試験結果画面に戻ります。《採点せずに終了》をクリックすると、試験を採点せずに終了し、試験結果画面に戻ります。採点せずに終了した場合は、試験結果は試験結果画面に反映されません。

2 問題単位で再挑戦

試験結果画面の《**問題単位で再挑戦**》、《**付箋付きの問題を再挑戦**》、《**不正解の問題を再挑戦**》の各ボタンをクリックすると、選択した問題に再挑戦できます。

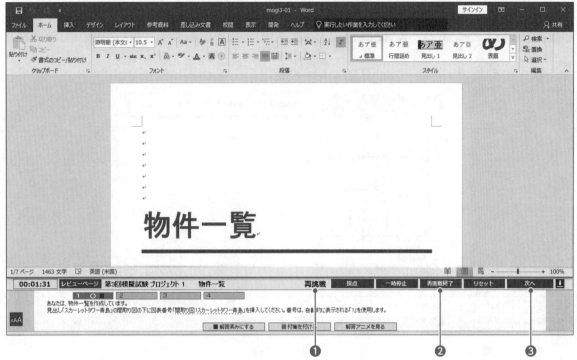

❶再挑戦

再挑戦モードの場合、「**再挑戦**」と表示されます。

❷再挑戦終了

再挑戦を終了します。

※再挑戦を終了すると、再挑戦終了のダイアログボックスが表示されます。《採点して終了》をクリックすると、試験を採点して終了し、試験結果画面に戻ります。《採点せずに終了》をクリックすると、試験を採点せずに終了し、試験結果画面に戻ります。採点せずに終了した場合は、試験結果は試験結果画面に反映されません。

❸次へ

次の問題に切り替えます。

!) Point

問題単位で再挑戦中のレビューページ

問題単位で再挑戦しているときにレビューページを表示すると、選択した問題以外は灰色で表示されます。

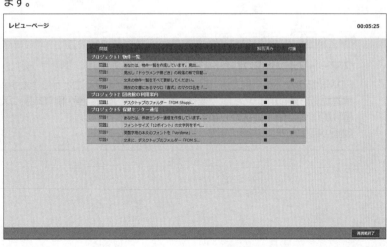

模擬試験プログラムの使い方

第1回模擬試験

第2回模擬試験

第3回模擬試験

第4回模擬試験

第5回模擬試験

6 解答確認画面

解答確認画面では、標準解答をアニメーションとナレーションで確認できます。

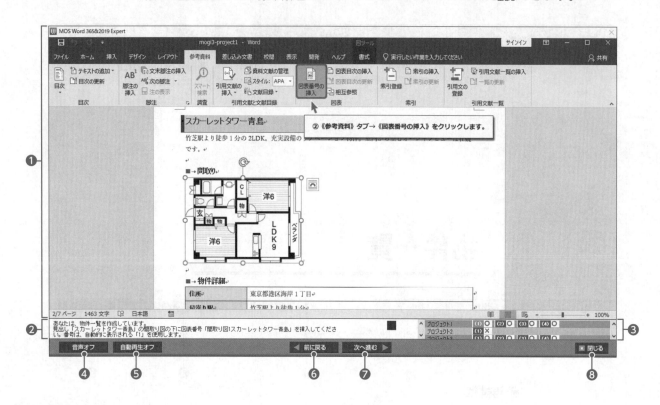

❶アニメーション

この領域にアニメーションが表示されます。

❷問題

再生中のアニメーションの問題が表示されます。

❸問題番号と採点結果

プロジェクトごとに問題番号と採点結果（「○」または「×」）が一覧で表示されます。問題番号をクリックすると、その問題の標準解答がアニメーションで再生されます。再生中の問題番号はオレンジ色で表示されます。

❹音声オフ

音声をオフにして、ナレーションを再生しないようにします。
※クリックするごとに、《音声オフ》と《音声オン》が切り替わります。

❺自動再生オフ

アニメーションの自動再生をオフにして、手動で切り替えるようにします。
※クリックするごとに、《自動再生オフ》と《自動再生オン》が切り替わります。

❻前に戻る

前の問題に戻って、再生します。
※ [Back Space] や [←] で戻ることもできます。

❼次へ進む

次の問題に進んで、再生します。
※ [Enter] や [→] で進むこともできます。

❽閉じる

解答確認画面を終了します。

❗Point

スマートフォンやタブレットで標準解答を見る

FOM出版のホームページから模擬試験の解答動画を見ることができます。スマートフォンやタブレットで解答動画を見ながらパソコンで操作したり、通学・通勤電車の隙間時間にスマートフォンで操作手順を復習したり、活用範囲が広がります。
動画の視聴方法は、表紙の裏を参照してください。

模擬試験プログラムの使い方

第1回模擬試験

第2回模擬試験

第3回模擬試験

第4回模擬試験

第5回模擬試験

7 試験履歴画面

試験履歴画面では、過去の正答率を確認できます。

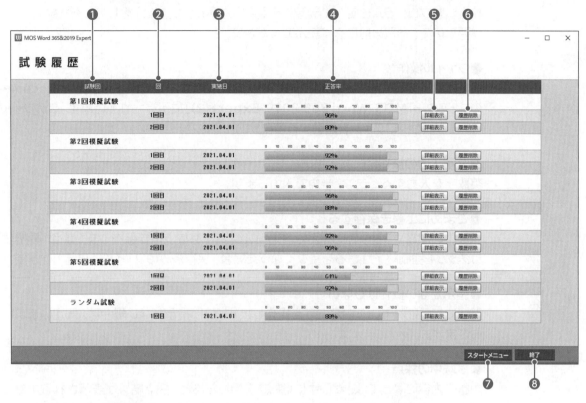

❶ 試験回

過去に実施した試験回が表示されます。

❷ 回数

試験を実施した回数が表示されます。試験履歴として記録されるのは、最も新しい10回分です。11回以上試験を実施した場合は、古いものから削除されます。

❸ 実施日

試験を実施した日付が表示されます。

❹ 正答率

過去に実施した試験の正答率が表示されます。

❺ 詳細表示

選択した回の試験結果画面に切り替わります。

❻ 履歴削除

選択した試験履歴を削除します。

❼ スタートメニュー

スタートメニューに戻ります。

❽ 終了

模擬試験プログラムを終了します。

4 模擬試験プログラムの注意事項

模擬試験プログラムを使って学習する場合、次のような点に注意してください。
重要なので、学習の前に必ず読んでください。

●ファイル操作

模擬試験で使用するファイルは、デスクトップのフォルダー「FOM Shuppan Documents」のフォルダー「MOS-Word 365 2019-Expert(2)」に保存されています。このフォルダーは、模擬試験プログラムを起動すると自動的に作成されます。

●文字入力の操作

英数字を入力するときは、半角で入力します。

●こまめに上書き保存する

試験中の停電やフリーズに備えて、ファイルはこまめに上書き保存しましょう。模擬試験プログラムを強制終了せざるをえなくなった場合、保存済みのファイルは復元できます。

●指示がない操作はしない

問題で指示されている内容だけを操作します。特に指示がない場合は、既定のままにしておきます。

●試験中の採点

問題の内容によっては、試験中に《採点》を押したあと、採点結果が表示されるまでに時間がかかる場合があります。採点は試験時間に含まれないため、試験結果が表示されるまで、しばらくお待ちください。

●ダイアログボックスは閉じて、試験を終了する

次の問題に切り替えたり、試験を終了したりする前に、必ずダイアログボックスを閉じてください。

●入力中のデータは確定して、試験を終了する

データを入力したら、必ず確定してください。確定せずに試験を終了すると、正しく動作しなくなる可能性があります。

●電源が落ちたら

停電などで、模擬試験中にパソコンの電源が落ちてしまった場合、電源を入れてから、模擬試験プログラムを再起動してください。再起動することによって、試験環境が復元され、途中から試験を再開できる状態になります。
※復元を行うと、一部の問題において正誤判定に必要なファイルや設定が読み込まれない場合があります。そのため、復元後に採点すると×になる可能性があります。

●パソコンが動かなくなったら

模擬試験プログラムがフリーズして動かなくなってしまった場合は強制終了して、パソコンを再起動してください。その後、通常の手順で模擬試験プログラムを起動してください。試験環境が復元され、途中から試験を再開できる状態になります。
※強制終了については、P.269を参照してください。

●試験開始後、Windowsの設定を変更しない

模擬試験プログラムの起動中にWindowsの設定を変更しないでください。設定を変更すると、正しく動作しなくなる可能性があります。

5 | ストアアプリをお使いの場合

Office 2019／Microsoft 365にはストアアプリとデスクトップアプリがあります。

※ ⊞（スタート）→《設定》→《アプリ》→《アプリと機能》をクリックし、一覧に《Microsoft Office Desktop Apps》」と表示されている場合は、ストアアプリがインストールされています。

ストアアプリをお使いの場合、模擬試験プログラムで学習するにあたって、次の点にご注意ください。

> 1. 模擬試験プログラムの起動前に、Wordの設定が必要です。
> 2. 《開発》タブを使う問題が出題されますが、タブが自動的に表示されません。
> 3. 標準解答どおりの操作をしても、正しく採点されない問題があります。

1 | 模擬試験プログラムの起動前の設定

模擬試験プログラムを起動する前に、次の設定を行ってください。

> ① Wordを起動します。
> ②《オプション》をクリックします。
> ③ 左側の一覧から《トラストセンター》を選択します。
> ④《トラストセンターの設定》をクリックします。
> ⑤ 左側の一覧から《マクロの設定》を選択します。
> ⑥《VBAプロジェクトオブジェクトモデルへのアクセスを信頼する》を ☑ にします。
> ⑦《OK》をクリックします。
> ⑧《OK》をクリックします。

2 《開発》タブの表示

ストアアプリの場合、模擬試験で《開発》タブが自動的に表示されません。解答時に、《開発》タブを表示してください。

---

① 《ファイル》タブを選択します。
② 《オプション》をクリックします。
③ 左側の一覧から《リボンのユーザー設定》を選択します。
④ 《リボンのユーザー設定》の ▼ をクリックし、一覧から《メインタブ》を選択します。
⑤ 《開発》を ✔ にします。
⑥ 《OK》をクリックします。

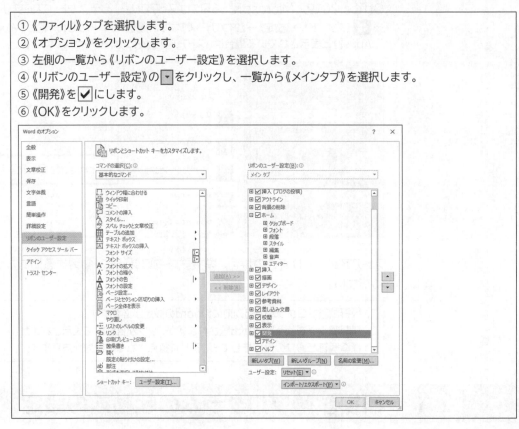

---

3 ストアアプリで採点できない問題

ストアアプリでは次の問題を採点できません。テキストに記載されている標準解答および、解答アニメーションの操作手順と同様の操作をされている場合、採点が不正解でも正解とみなしてください。

第2回	プロジェクト5 問題(1)
第3回	プロジェクト7 問題(1)

次の問題は、解答後、レビューページを経由して再度問題を表示した場合、《重複のチェック》の設定が解除され、不正解になる場合があります。レビューページを経由して再度問題を表示した場合は、問題を解答し直してください。

第2回	プロジェクト9 問題(1)

模擬試験

第1回 模擬試験 問題

 プロジェクト1

☑☑☑☑☑ 問題（1）　あなたは、大山女学院の同窓会会報を作成しています。
既存のスタイル「見出し1」を、フォント「MS P明朝」、フォントサイズ「18ポイント」、フォントの色「ブルーグレー、テキスト2」、段落前の間隔「0.5行」に変更し、この文書に保存してください。

☑☑☑☑☑ 問題（2）　デスクトップのフォルダー「FOM Shuppan Documents」のフォルダー「MOS-Word 365 2019-Expert（2）」のテンプレート「同窓会スタイルテンプレート」から、スタイル「ヘッダースタイル」と「執行部名前用スタイル」の2つをコピーしてください。テンプレートは添付しないこと。
次に、同窓会会報のヘッダーにスタイル「ヘッダースタイル」、「2021年度同窓会執行部のご紹介」の下の「会長　　10期　永山敏子」から「事務　　30期　中原未来」までの段落にスタイル「執行部名前用スタイル」を適用してください。

☑☑☑☑☑ 問題（3）　文末のテキストボックスを「編集後記」という名前でクイックパーツに保存してください。「同窓会会報の編集後記」という説明を付けて、新しく作成した分類「記事」に登録します。保存先は「Building Blocks dousoukai」とします。

☑☑☑☑☑ 問題（4）　現在の配色をもとに、アクセント1の色を標準の色「紫」に変更し、「同窓会配色」という名前の配色パターンを作成してください。

 プロジェクト2

☑☑☑☑☑ 問題（1）　現在の文書に差し込み印刷の設定を行ってください。リストはデスクトップのフォルダー「FOM Shuppan Documents」のフォルダー「MOS-Word 365 2019-Expert（2）」に「保護者名簿」という名前で新しく作成し、1件目のデータとして姓「大沢」、名「絵里」、住所 1「かえで市大杉町123」と入力します。リストを作成するとき、他のフィールドは削除しないでください。

プロジェクト3

模擬試験プログラムの使い方

第1回模擬試験

第2回模擬試験

第3回模擬試験

第4回模擬試験

第5回模擬試験

理解度チェック		
☑☑☑☑☑	問題(1)	あなたは、パソコン利用時のマニュアルを作成しています。 「侵入者対策」を索引項目に登録してください。次に、編集記号を非表示にした状態で、文末の索引を更新してください。
☑☑☑☑☑	問題(2)	見出し「(1)施設・設備の管理」の「②無停電電源装置の使用」の段落の前で自動的に改ページされるように、改ページ位置の自動修正を設定してください。
☑☑☑☑☑	問題(3)	スタイル「強調」の設定箇所を、スタイル「強調2」が適用されるように変更してください。
☑☑☑☑☑	問題(4)	ハイフンが自動的に挿入されるように、ハイフネーションを設定してください。

プロジェクト4

理解度チェック		
☑☑☑☑☑	問題(1)	現在の文書に差し込み印刷の設定を行ってください。リストはデスクトップのフォルダー「FOM Shuppan Documents」のフォルダー「MOS-Word 365 2019-Expert (2)」のブック「同窓会宛先一覧」の「Sheet1」を使用します。次に、文書の先頭にある送付状の「様」の前に氏名フィールドを挿入し、4件目のレコードをプレビューしてください。

プロジェクト5

理解度チェック		
☑☑☑☑☑	問題(1)	あなたは、小学校に通学する児童の保護者に向けたレターを作成しています。 この文書の既定のフォントを変更してください。日本語用のフォントを「MS UI Gothic」にします。
☑☑☑☑☑	問題(2)	現在の文書に適用されている書式を、「検定通知」という名前で既定のフォルダーにスタイルセットとして保存してください。
☑☑☑☑☑	問題(3)	文頭に現在の日付を表示する「Date」フィールドを挿入してください。日付の形式は「yyyy/MM/dd(aaa)」とします。
☑☑☑☑☑	問題(4)	現在の文書に適用されている書式を「漢字力検定」という名前で、既定の場所にテーマとして保存してください。

プロジェクト6

理解度チェック

☑☑☑☑☑ 問題（1） 現在開いている文書に、デスクトップのフォルダー「FOM Shuppan Documents」のフォルダー「MOS-Word 365 2019-Expert（2）」の文書「申し込みフォーム追加」を組み込んで、変更箇所を新規文書に表示してください。

プロジェクト7

理解度チェック

☑☑☑☑☑ 問題（1） あなたは、英語版原稿の査読を依頼する準備を進めています。
既存のマクロ「強調」のマクロ名を「強調書式」に変更してください。ただし、マクロは実行しないこと。

☑☑☑☑☑ 問題（2） 書式の制限を設定して、利用できるスタイルを「表題」と「副題」だけにしてください。ただし、メッセージが表示された場合は「いいえ」をクリックし、文書は保護しないこと。

☑☑☑☑☑ 問題（3） 「（ ）」内の「the PDCA Cycle」を索引項目に追加してください。

☑☑☑☑☑ 問題（4） 自動回復用データを保存しないように設定してください。

プロジェクト8

理解度チェック

☑☑☑☑☑ 問題（1） あなたは、スキー教室の参加者募集の案内を作成しています。
2ページ目の表に図表番号「表2行程表」を挿入してください。図表番号は表の上に挿入します。ラベルと番号は、自動的に表示される「表2」を使用します。

☑☑☑☑☑ 問題（2） マクロ「タイトル」を編集し、スタイル「見出し 1」の代わりにスタイル「表題」が適用されるようにしてください。ただし、マクロは実行しないこと。

☑☑☑☑☑ 問題（3） 見出し「詳細」の「集　合：」と「解　散：」の後ろに、ブックマーク「集合」と「解散」を参照する「Ref」フィールドをそれぞれ挿入してください。

☑☑☑☑☑ 問題（4） 文末の「tel」を、文字飾りを使ってすべて大文字にしてください。

☑☑☑☑☑ 問題（5） 1ページ目の「Berghütte」の校正言語をドイツ語（ドイツ）に設定してください。メッセージが表示された場合は、表示されたままにします。

プロジェクト9

理解度チェック

☑☑☑☑☑ 問題（1） クイックパーツ「著作権表示」を削除してください。

第1回 模擬試験 標準解答

模擬試験プログラムの使い方

第1回模擬試験

第2回模擬試験

第3回模擬試験

第4回模擬試験

第5回模擬試験

操作をはじめる前に
操作をはじめる前に、次の設定を行いましょう。

編集記号の表示

◆《ホーム》タブ→《段落》グループの ⮐ (編集記号の表示/非表示) をオン (濃い灰色の状態) にする。

●プロジェクト1

問題(1)

① 《ホーム》タブ→《スタイル》グループの ▼ (その他) →《見出し1》を右クリックします。
② 《変更》をクリックします。
③ 游ゴシック Light (▼ の ▼ をクリックし、一覧から《MS P明朝》を選択します。
④ 14 ▼ の ▼ をクリックし、一覧から《18》を選択します。
⑤ 《フォントの色》の ▼ をクリックし、一覧から《テーマの色》の《ブルーグレー、テキスト2》を選択します。
⑥ 《書式》をクリックします。
⑦ 《段落》をクリックします。
⑧ 《インデントと行間隔》タブを選択します。
⑨ 《段落前》を「0.5行」に設定します。
⑩ 《OK》をクリックします。
⑪ 《この文書のみ》を ◉ にします。
⑫ 《OK》をクリックします。

問題(2)

① 《開発》タブ→《テンプレート》グループの (文書テンプレート) をクリックします。
※《開発》タブが表示されていない場合は、表示しておきましょう。
② 《構成内容変更》をクリックします。
③ 《スタイル》タブを選択します。
④ 左側の《スタイル文書またはテンプレート》に「mogi1-project1 (文書)」と表示されていることを確認します。
※「mogi1-02 (文書)」と表示される場合があります。
⑤ 右側の《スタイル文書またはテンプレート》の《ファイルを閉じる》をクリックします。
⑥ 右側の《スタイル文書またはテンプレート》の《ファイルを開く》をクリックします。
⑦ デスクトップのフォルダー「FOM Shuppan Documents」のフォルダー「MOS-Word 365 2019-Expert(2)」を開きます。
⑧ 一覧から「同窓会スタイルテンプレート」を選択します。
⑨ 《開く》をクリックします。
⑩ 右側の一覧から《ヘッダースタイル》を選択します。
⑪ Ctrl を押しながら、《執行部名前用スタイル》を選択します。

⑫ 《コピー》をクリックします。
⑬ 《閉じる》をクリックします。
⑭ 2ページ目のヘッダー領域をダブルクリックします。
※2ページ目以降であれば、どこでもかまいません。
⑮ ヘッダーにカーソルが表示されていることを確認します。
⑯ 《ホーム》タブ→《スタイル》グループの ▼ (その他) →《ヘッダースタイル》をクリックします。
⑰ 《ヘッダー/フッターツール》の《デザイン》タブ→《閉じる》グループの (ヘッダーとフッターを閉じる) をクリックします。
⑱ 「会長　10期　永山敏子」から「事務　30期　中原未来」までの段落を選択します。
⑲ 《ホーム》タブ→《スタイル》グループの ▼ (その他) →《執行部名前用スタイル》をクリックします。

問題(3)

① 文末のテキストボックスを選択します。
② 《挿入》タブ→《テキスト》グループの (クイックパーツの表示) →《選択範囲をクイックパーツギャラリーに保存》をクリックします。
③ 問題文の文字列「編集後記」をクリックしてコピーします。
④ 《名前》の文字列を選択します。
⑤ Ctrl + V を押して文字列を貼り付けます。
※《名前》に直接入力してもかまいません。
⑥ 《ギャラリー》が《クイックパーツ》になっていることを確認します。
⑦ 《分類》の ▼ をクリックし、一覧から《新しい分類の作成》を選択します。
⑧ 問題文の文字列「記事」をクリックしてコピーします。
⑨ 《名前》にカーソルを移動します。
⑩ Ctrl + V を押して文字列を貼り付けます。
※《名前》に直接入力してもかまいません。
⑪ 《OK》をクリックします。
⑫ 問題文の文字列「同窓会会報の編集後記」をクリックしてコピーします。
⑬ 《説明》にカーソルを移動します。
⑭ Ctrl + V を押して文字列を貼り付けます。
※《説明》に直接入力してもかまいません。
⑮ 《保存先》の ▼ をクリックし、一覧から《Building Blocks dousoukai》を選択します。
⑯ 《OK》をクリックします。

問題(4)

① 《デザイン》タブ→《ドキュメントの書式設定》グループの (テーマの色) →《色のカスタマイズ》をクリックします。
② 《アクセント1》の ▼ をクリックし、一覧から《標準の色》の《紫》を選択します。

③ 問題文の文字列「**同窓会配色**」をクリックしてコピーします。

④《**名前**》の文字列を選択します。

⑤ Ctrl + V を押して文字列を貼り付けます。

※《**名前**》に直接入力してもかまいません。

⑥《**保存**》をクリックします。

●プロジェクト2

問題(1)

① 《**差し込み文書**》タブ→《**差し込み印刷の開始**》グループの ![icon] (差し込み印刷の開始)→《**レター**》をクリックします。

② 《**差し込み文書**》タブ→《**差し込み印刷の開始**》グループの ![icon] (宛先の選択)→《**新しいリストの入力**》をクリックします。

③ 問題文の文字列「**大沢**」をクリックしてコピーします。

④ 1行目の《**姓**》にカーソルを移動します。

⑤ Ctrl + V を押して文字列を貼り付けます。

※《**姓**》に直接入力してもかまいません。

⑥ 同様に、《**名**》に「**絵里**」、《**住所 1**》に「**かえで市大杉町123**」を貼り付けます。

⑦《**OK**》をクリックします。

⑧ デスクトップのフォルダー「**FOM Shuppan Documents**」のフォルダー「**MOS-Word 365 2019-Expert(2)**」を開きます。

⑨ 問題文の文字列「**保護者名簿**」をクリックしてコピーします。

⑩《**ファイル名**》にカーソルを移動します。

⑪ Ctrl + V を押して文字列を貼り付けます。

※《**ファイル名**》に直接入力してもかまいません。

⑫《**保存**》をクリックします。

●プロジェクト3

問題(1)

① 「**侵入者対策**」を選択します。

② 《**参考資料**》タブ→《**索引**》グループの ![icon] (索引登録)をクリックします。

③ 《**登録(メイン)**》が「**侵入者対策**」になっていることを確認します。

④ 《**読み**》が「**しんにゅうしゃたいさく**」になっていることを確認します。

⑤ 《**登録**》をクリックします。

⑥ 《**閉じる**》をクリックします。

⑦ 《**ホーム**》タブ→《**段落**》グループの ![icon] (編集記号の表示/非表示)をクリックしてオフにします。

⑧ 索引内をクリックします。

⑨ 《**参考資料**》タブ→《**索引**》グループの ![icon] 索引の更新 (索引の更新)をクリックします。

問題(2)

① 「**②無停電電源装置の使用**」の段落にカーソルを移動します。

※段落内であれば、どこでもかまいません。

② 《**ホーム**》タブ→《**段落**》グループの ![icon] (段落の設定)をクリックします。

③ 《**改ページと改行**》タブを選択します。

④ 《**段落前で改ページする**》を ☑ にします。

⑤ 《**OK**》をクリックします。

問題(3)

① 《**ホーム**》タブ→《**編集**》グループの ![icon] 置換 (置換)をクリックします。

② 《**置換**》タブを選択します。

③ 《**検索する文字列**》にカーソルを移動します。

④ 《**オプション**》をクリックします。

⑤ 《**書式**》をクリックします。

⑥ 《**スタイル**》をクリックします。

⑦ 《**検索するスタイル**》の一覧から《**強調**》を選択します。

⑧ 《**OK**》をクリックします。

⑨ 《**置換後の文字列**》にカーソルを移動します。

⑩ 《**書式**》をクリックします。

⑪ 《**スタイル**》をクリックします。

⑫ 《**置換後のスタイル**》の一覧から《**強調2**》を選択します。

⑬ 《**OK**》をクリックします。

⑭ 《**すべて置換**》をクリックします。

⑮ 《**OK**》をクリックします。

※3個の項目が置換されます。

⑯ 《**閉じる**》をクリックします。

問題(4)

① 《**レイアウト**》タブ→《**ページ設定**》グループの ![icon] ハイフネーション (ハイフネーションの変更)→《**自動**》をクリックします。

●プロジェクト4

問題(1)

① 《**差し込み文書**》タブ→《**差し込み印刷の開始**》グループの ![icon] (差し込み印刷の開始)→《**レター**》をクリックします。

② 《**差し込み文書**》タブ→《**差し込み印刷の開始**》グループの ![icon] (宛先の選択)→《**既存のリストを使用**》をクリックします。

③ デスクトップのフォルダー「**FOM Shuppan Documents**」のフォルダー「**MOS-Word 365 2019-Expert(2)**」を開きます。

④ 一覧から「**同窓会宛先一覧**」を選択します。

⑤ 《**開く**》をクリックします。

⑥ 「**Sheet1$**」を選択します。

⑦ 《**OK**》をクリックします。

⑧ 「**様**」の前にカーソルを移動します。

⑨ 《**差し込み文書**》タブ→《**文章入力とフィールドの挿入**》グループの ![icon] (差し込みフィールドの挿入)の ![icon] 差し込みフィールドの挿入 →《**氏名**》をクリックします。

⑩ 《**差し込み文書**》タブ→《**結果のプレビュー**》グループの ![icon] (結果のプレビュー)をクリックします。

⑪ 《**差し込み文書**》タブ→《**結果のプレビュー**》グループの ![icon] (次のレコード)を3回クリックします。

※4件目のデータが表示されます。

●プロジェクト5

問題 (1)

① 文頭にカーソルを移動します。
※「標準」スタイルであればどこでもかまいません。
②《ホーム》タブ→《フォント》グループの 🖪 (フォント) をクリックします。
③《フォント》タブを選択します。
④《日本語用のフォント》の ▽ をクリックし、一覧から《MS UI Gothic》を選択します。
⑤《既定に設定》をクリックします。
⑥《この文書だけ》を ⦿ にします。
⑦《OK》をクリックします。

問題 (2)

①《デザイン》タブ→《ドキュメントの書式設定》グループの ▼ (その他) →《新しいスタイルセットとして保存》をクリックします。
② 問題文の文字列「検定通知」をクリックしてコピーします。
③《ファイル名》にカーソルを移動します。
④ Ctrl + V を押して文字列を貼り付けます。
※《ファイル名》に直接入力してもかまいません。
⑤《保存》をクリックします。

問題 (3)

① 文頭にカーソルを移動します。
②《挿入》タブ→《テキスト》グループの 国▼ (クイックパーツの表示) →《フィールド》をクリックします。
③《フィールドの名前》の一覧から《Date》を選択します。
④ 問題文の文字列「yyyy/MM/dd(aaa)」をクリックしてコピーします。
⑤《日付の書式》にカーソルを移動します。
⑥ Ctrl + V を押して文字列を貼り付けます。
※《日付の書式》に直接入力してもかまいません。
⑦《OK》をクリックします。

問題 (4)

①《デザイン》タブ→《ドキュメントの書式設定》グループの 🖪 (テーマ) →《現在のテーマを保存》をクリックします。
② 問題文の文字列「漢字力検定」をクリックしてコピーします。
③《ファイル名》の文字列を選択します。
④ Ctrl + V を押して文字列を貼り付けます。
※《ファイル名》に直接入力してもかまいません。
⑤《保存》をクリックします。

●プロジェクト6

問題 (1)

①《校閲》タブ→《比較》グループの 🖪 (比較) →《組み込み》をクリックします。

②《元の文書》の ▽ をクリックし、一覧から「mogi1-project6」を選択します。
※「mogi1-15」と表示される場合があります。
③《変更された文書》の 🖪 をクリックします。
④ デスクトップのフォルダー「FOM Shuppan Documents」のフォルダー「MOS-Word 365 2019-Expert(2)」を開きます。
⑤ 一覧から「申し込みフォーム追加」を選択します。
⑥《開く》をクリックします。
⑦《オプション》をクリックします。
※《変更箇所の表示》が表示されている場合は、《オプション》をクリックする必要はありません。
⑧《変更の表示対象》の《新規文書》を ⦿ にします。
⑨《OK》をクリックします。

●プロジェクト7

問題 (1)

①《開発》タブ→《コード》グループの 🖪 (マクロの表示) をクリックします。
※《開発》タブが表示されていない場合は、表示しておきましょう。
②《マクロ名》の一覧から「強調」を選択します。
③《編集》をクリックします。
④ 問題文の文字列「強調書式」をクリックしてコピーします。
⑤ マクロ名の文字列「強調」を選択します。
⑥ Ctrl + V を押して文字列を貼り付けます。
※マクロ名を直接入力してもかまいません。
⑦ VBEウィンドウの ✕ (閉じる) をクリックします。

問題 (2)

①《校閲》タブ→《保護》グループの 🖪 (編集の制限) をクリックします。
②《1. 書式の制限》の《利用可能な書式を制限する》を ☑ にします。
③《設定》をクリックします。
④《なし》をクリックします。
⑤《表題 (推奨)》《副題 (推奨)》を ☑ にします。
⑥《OK》をクリックします。
⑦《いいえ》をクリックします。

問題 (3)

①「the PDCA Cycle」を選択します。
②《参考資料》タブ→《索引》グループの 🖪 (索引登録) をクリックします。
③《登録 (メイン)》が「the PDCA Cycle」になっていることを確認します。
④《登録》をクリックします。
⑤《閉じる》をクリックします。

模擬試験プログラムの使い方

第1回模擬試験

第2回模擬試験

第3回模擬試験

第4回模擬試験

第5回模擬試験

問題（4）

① 《ファイル》タブを選択します。

② 《オプション》をクリックします。

※お使いの環境によっては《オプション》が表示されていない場合があります。その場合は《その他》→《オプション》をクリックします。

③ 左側の一覧から《保存》を選択します。

④ 《次の間隔で自動回復用データを保存する》を ☐ にします。

⑤ 《OK》をクリックします。

●プロジェクト8

問題（1）

① 表内にカーソルを移動します。

※表内であれば、どこでもかまいません。

② 《参考資料》タブ→《図表》グループの 🖹（図表番号の挿入）をクリックします。

③ 問題文の文字列「行程表」をクリックしてコピーします。

④ 《図表番号》の「表2」の後ろにカーソルを移動します。

⑤ Ctrl + V を押して文字列を貼り付けます。

※《図表番号》に直接入力してもかまいません。

⑥ 《位置》の ⌄ をクリックし、一覧から《選択した項目の上》を選択します。

⑦ 《OK》をクリックします。

問題（2）

① 《開発》タブ→《コード》グループの 🖥（マクロの表示）をクリックします。

※《開発》タブが表示されていない場合は、表示しておきましょう。

② 《マクロ名》の一覧から「タイトル」を選択します。

③ 《編集》をクリックします。

④ 問題文の文字列「表題」をクリックしてコピーします。

⑤ 「見出し 1」を選択します。

⑥ Ctrl + V を押して文字列を貼り付けます。

※スタイル名を直接入力してもかまいません。

⑦ VBEウィンドウの ✕ （閉じる）をクリックします。

問題（3）

① 「集　合：」の後ろにカーソルを移動します。

② 《挿入》タブ→《テキスト》グループの 🖾 ▾（クイックパーツの表示）→《フィールド》をクリックします。

③ 《フィールドの名前》の一覧から《Ref》を選択します。

④ 《ブックマーク名》の一覧から《集合》を選択します。

⑤ 《OK》をクリックします。

⑥ 「解　散：」の後ろにカーソルを移動します。

⑦ 同様に、ブックマーク「解散」を参照するフィールドを挿入します。

問題（4）

① 「tel」を選択します。

② 《ホーム》タブ→《フォント》グループの ⬚（フォント）をクリックします。

③ 《フォント》タブを選択します。

④ 《文字飾り》の《すべて大文字》を ☑ にします。

⑤ 《OK》をクリックします。

問題（5）

① 「Berghütte」を選択します。

② 《校閲》タブ→《言語》グループの 🗛（言語）→《校正言語の設定》をクリックします。

③ 一覧から《ドイツ語（ドイツ）》を選択します。

④ 《OK》をクリックします。

●プロジェクト9

問題（1）

① 《挿入》タブ→《テキスト》グループの 🖾 ▾（クイックパーツの表示）→《文書パーツオーガナイザー》をクリックします。

② 一覧から《著作権表示》を選択します。

③ 《削除》をクリックします。

④ 《はい》をクリックします。

⑤ 《閉じる》をクリックします。

模擬試験プログラムの使い方

第1回模擬試験

第2回模擬試験

第3回模擬試験

第4回模擬試験

第5回模擬試験

プロジェクト1

理解度チェック

☑☑☑☑☑ 問題（1） パスワードを使用して文書を暗号化し、デスクトップのフォルダー「FOM Shuppan Documents」のフォルダー「MOS-Word 365 2019-Expert（2）」に「学校案内」と名前を付けて保存してください。パスワードは「2022」とします。

プロジェクト2

理解度チェック

☑☑☑☑☑ 問題（1） あなたは、秋のブライダルフェアの案内を作成しています。
1ページ目の差し込み印刷の結果として、3件目のレコードをプレビューしてください。

☑☑☑☑☑ 問題（2） 「■内容」から「コース料理試食会」までの段落を「内容」という名前でクイックパーツとして保存してください。内容を段落のまま挿入するようにし、保存先は「SUMIRE テンプレート」とします。

☑☑☑☑☑ 問題（3） 「■ブライダルフェアご成約特典」が次の段落と分離しないように、改ページ位置の自動修正を設定してください。

☑☑☑☑☑ 問題（4） フッターに表示されている「garden」の1文字目だけが大文字で表示されるように、フィールドプロパティを設定してください。フィールドを追加したり、削除したりしないようにします。

☑☑☑☑☑ 問題（5） 文末のテキストボックス内の「担当：」の後ろに、「UserName」フィールドを挿入してください。

プロジェクト3

理解度チェック

☑☑☑☑☑ 問題（1） 見出し「みんなの感想」内の4つの箇条書きをすべてのユーザーが変更できるようにし、それ以外の文書を読み取り専用として変更できないようにしてください。パスワードは「1234」とします。

プロジェクト4

理解度チェック

☑☑☑☑☑　問題 (1)　あなたは、保養所の案内を作成しています。
デスクトップのフォルダー「FOM Shuppan Documents」のフォルダー「MOS-Word 365 2019-Expert (2)」のテンプレート「清里スタイル」から、スタイル「見出し1」と「見出し2」をコピーして上書きしてください。テンプレートは添付しないこと。

☑☑☑☑☑　問題 (2)　スタイル「標準」を基準に、段落スタイル「説明文」を作成し、「山梨県北杜市…」で始まる段落に適用してください。作成するスタイルは、左右のインデントを「2字」とし、この文書に保存します。

☑☑☑☑☑　問題 (3)　2ページ目の写真の下に図表番号「写真2 清里カントリー倶楽部」を挿入してください。番号は、自動的に表示される「2」を使用します。

☑☑☑☑☑　問題 (4)　文末のテキストボックスにある「045-738-XXXX」という文字列をコピーして、「最新の空室状況はお電話（TEL：」の後ろに貼り付けてください。貼り付け先の書式が崩れないようにします。

プロジェクト5

理解度チェック

☑☑☑☑☑　問題 (1)　あなたは東富士小学校のPTAの会報を作成しています。
マクロに対する警告を表示せず、すべてのマクロを無効にするように設定してください。

☑☑☑☑☑　問題 (2)　文書内のすべてのタブ文字を、改行をしないスペースに置換してください。

☑☑☑☑☑　問題 (3)　見出し「みんなの笑顔をクローズアップ！」のページにある写真に設定されている図表番号「図ⅰ」を、「Figure1」に変更してください。番号は半角数字を使用すること。

☑☑☑☑☑　問題 (4)　デスクトップのフォルダー「FOM Shuppan Documents」のフォルダー「MOS-Word 365 2019-Expert (2)」の文書「東富士っ子だより原本」から、マクロをコピーしてください。ただし、マクロは実行しないこと。

プロジェクト6

理解度チェック

☑☑☑☑☑　問題 (1)　現在の文書に適用されている書式を「清里高原荘」という名前で、既定の場所にテーマとして保存してください。

プロジェクト7

理解度チェック		
☑☑☑☑☑	問題(1)	あなたは体験入学のパンフレットを作成しています。 スタイル「見出し1」を、フォント「MSPゴシック」、文字の効果の影「オフセット：右下」に変更し、この文書に保存してください。
☑☑☑☑☑	問題(2)	1ページ目の左上にある画像コンテンツコントロールに、タイトル「教育方針」を設定し、コンテンツの編集を不可にしてください。
☑☑☑☑☑	問題(3)	見出し「礼儀」の下にある文字列「人を敬う心」をもとに、選択中の文字列の書式をクリアし、波線の下線を設定するマクロ「書式設定」を、現在開いている文書に作成してください。ただし、マクロは実行しないこと。
☑☑☑☑☑	問題(4)	クイックパーツ「連絡先」の分類を、新しく作成した「事務課」に変更してください。保存先は「Building Blocks kikyo」とします。

プロジェクト8

理解度チェック		
☑☑☑☑☑	問題(1)	文末の「索引」の下に索引を挿入してください。書式は「モダン」とし、1段組みで表示します。

プロジェクト9

理解度チェック		
☑☑☑☑☑	問題(1)	あなたは、勉強会資料のメンテナンスをしています。 現在の文書に差し込み印刷の設定を行ってください。宛先リストはデスクトップのフォルダー「FOM Shuppan Documents」のフォルダー「MOS-Word 365 2019-Expert (2)」のブック「受講者名簿」を使用します。重複したデータがあれば、どちらか一方だけを宛先とします。
☑☑☑☑☑	問題(2)	2ページ目の「表一覧」の下に、表の図表目次を作成してください。書式は「シンプル」とし、タブリーダーは「.......」とします。
☑☑☑☑☑	問題(3)	英数字用の見出しのフォントを「Arial」、日本語用の見出しのフォントを「游ゴシック」に設定し、「勉強会資料」という名前のフォントセットを作成してください。
☑☑☑☑☑	問題(4)	見出し「知的財産権」で始まるページ以降に表示されている行番号が、連続した番号で表示されるように変更してください。

模擬試験プログラムの使い方

第1回模擬試験

第2回模擬試験

第3回模擬試験

第4回模擬試験

第5回模擬試験

操作をはじめる前に
操作をはじめる前に、次の設定を行いましょう。

編集記号の表示

◆《ホーム》タブ→《段落》グループの ✴ (編集記号の表示/非表示)をオン(濃い灰色の状態)にする。

●プロジェクト1

問題(1)

①《ファイル》タブを選択します。

②《情報》→《文書の保護》→《パスワードを使用して暗号化》をクリックします。

③ 問題文の文字列「2022」をクリックしてコピーします。

④《パスワード》にカーソルを移動します。

⑤ Ctrl + V を押して文字列を貼り付けます。
※《パスワード》に直接入力してもかまいません。

⑥《OK》をクリックします。

⑦《パスワードの再入力》にカーソルを移動します。

⑧ Ctrl + V を押して文字列を貼り付けます。
※《パスワードの再入力》に直接入力してもかまいません。

⑨《OK》をクリックします。

⑩《名前を付けて保存》→《参照》をクリックします。

⑪ デスクトップのフォルダー「FOM Shuppan Documents」のフォルダー「MOS-Word 365 2019-Expert(2)」を開きます。

⑫ 問題文の文字列「学校案内」をクリックしてコピーします。

⑬《ファイル名》の文字列を選択します。

⑭ Ctrl + V を押して文字列を貼り付けます。
※《ファイル名》に直接入力してもかまいません。

⑮《保存》をクリックします。

●プロジェクト2

問題(1)

①《差し込み文書》タブ→《結果のプレビュー》グループの (結果のプレビュー)をクリックします。

②《差し込み文書》タブ→《結果のプレビュー》グループの ▶ (次のレコード)を2回クリックします。
※3件目のデータが表示されます。

問題(2)

①「■内容」から「コース料理試食会」までを選択します。

②《挿入》タブ→《テキスト》グループの 国▾ (クイックパーツの表示)→《選択範囲をクイックパーツギャラリーに保存》をクリックします。

③ 問題文の文字列「内容」をクリックしてコピーします。

④《名前》の文字列を選択します。

⑤ Ctrl + V を押して文字列を貼り付けます。
※《名前》に直接入力してもかまいません。

⑥《ギャラリー》が《クイックパーツ》になっていることを確認します。

⑦《保存先》の ▾ をクリックし、一覧から《SUMIREテンプレート》を選択します。

⑧《オプション》の ▾ をクリックし、一覧から《内容を段落のまま挿入》を選択します。

⑨《OK》をクリックします。

問題(3)

①「■ブライダルフェアご成約特典」の段落にカーソルを移動します。
※段落内であれば、どこでもかまいません。

②《ホーム》タブ→《段落》グループの ⬚ (段落の設定)をクリックします。

③《改ページと改行》タブを選択します。

④《次の段落と分離しない》を ☑ にします。

⑤《OK》をクリックします。

問題(4)

① フッター領域をダブルクリックします。

② フィールドを右クリックします。

③《フィールドの編集》をクリックします。

④《書式》の一覧から《1文字目のみ大文字》を選択します。

⑤《OK》をクリックします。

⑥《ヘッダー/フッターツール》の《デザイン》タブ→《閉じる》グループの ⬚ (ヘッダーとフッターを閉じる)をクリックします。

問題(5)

①「担当:」の後ろにカーソルを移動します。

②《挿入》タブ→《テキスト》グループの 国▾ (クイックパーツの表示)→《フィールド》をクリックします。

③《フィールドの名前》の一覧から《UserName》を選択します。

④《OK》をクリックします。

●プロジェクト3

問題(1)

①《校閲》タブ→《保護》グループの ⬚ (編集の制限)をクリックします。

②《2. 編集の制限》の《ユーザーに許可する編集の種類を指定する》を ☑ にします。

③ 変更不可 (読み取り専用) ▾ の ▾ をクリックし、一覧から《変更不可(読み取り専用)》を選択します。

④「・東富士小学校での…」から「(1年2組　田中あゆみさん)」までを選択します。

⑤《例外処理》の《すべてのユーザー》を ☑ にします。

⑥《3. 保護の開始》の《はい、保護を開始します》をクリックします。

⑦ 問題文の文字列「1234」をクリックしてコピーします。

⑧《新しいパスワードの入力》にカーソルを移動します。

⑨ [Ctrl] + [V] を押して文字列を貼り付けます。
※《新しいパスワードの入力》に直接入力してもかまいません。

⑩《パスワードの確認入力》にカーソルを移動します。

⑪ [Ctrl] + [V] を押して文字列を貼り付けます。
※《パスワードの確認入力》に直接入力してもかまいません。

⑫《OK》をクリックします。

●プロジェクト4

問題 (1)

①《開発》タブ→《テンプレート》グループの 📄 (文書テンプレート) をクリックします。
※《開発》タブが表示されていない場合は、表示しておきましょう。

②《構成内容変更》をクリックします。

③《スタイル》タブを選択します。

④ 左側の《スタイル文書またはテンプレート》に「mogi2-project4 (文書)」と表示されていることを確認します。
※「mogi2-08 (文書)」と表示される場合があります。

⑤ 右側の《スタイル文書またはテンプレート》の《ファイルを閉じる》をクリックします。

⑥ 右側の《スタイル文書またはテンプレート》の《ファイルを開く》をクリックします。

⑦ デスクトップのフォルダー「FOM Shuppan Documents」のフォルダー「MOS-Word 365 2019-Expert (2)」を開きます。

⑧ 一覧から「清里スタイル」を選択します。

⑨《開く》をクリックします。

⑩ 右側の一覧から《見出し1》を選択します。

⑪ [Ctrl] を押しながら、《見出し2》を選択します。

⑫《コピー》をクリックします。

⑬《すべて上書き》をクリックします。

⑭《閉じる》をクリックします。

問題 (2)

①「山梨県北杜市…」の段落にカーソルを移動します。
※段落内であれば、どこでもかまいません。

②《ホーム》タブ→《スタイル》グループの ▾ (その他)→《スタイルの作成》をクリックします。

③ 問題文の文字列「説明文」をクリックしてコピーします。

④《名前》の文字列を選択します。

⑤ [Ctrl] + [V] を押して文字列を貼り付けます。
※《名前》に直接入力してもかまいません。

⑥《変更》をクリックします。

⑦《種類》の ▾ をクリックし、一覧から《段落》を選択します。

⑧《基準にするスタイル》の ▾ をクリックし、一覧から《標準》を選択します。

⑨《書式》をクリックします。

⑩《段落》をクリックします。

⑪《インデントと行間隔》タブを選択します。

⑫《インデント》の《左》を「2字」に設定します。

⑬《インデント》の《右》を「2字」に設定します。

⑭《OK》をクリックします。

⑮《この文書のみ》を ⦿ にします。

⑯《OK》をクリックします。

問題 (3)

① 図を選択します。

②《参考資料》タブ→《図表》グループの 📄 (図表番号の挿入) をクリックします。

③《ラベル名》をクリックします。

④ 問題文の文字列「写真」をクリックしてコピーします。

⑤《ラベル》にカーソルを移動します。

⑥ [Ctrl] + [V] を押して文字列を貼り付けます。
※《ラベル》に直接入力してもかまいません。

⑦《OK》をクリックします。

⑧ 問題文の文字列「清里カントリー倶楽部」をクリックしてコピーします。

⑨《図表番号》の「写真2」の後ろにカーソルを移動します。

⑩ [Ctrl] + [V] を押して文字列を貼り付けます。
※《図表番号》に直接入力してもかまいません。

⑪《位置》の ▾ をクリックし、一覧から《選択した項目の下》を選択します。

⑫《OK》をクリックします。

問題 (4)

①「045-738-XXXX」を選択します。

②《ホーム》タブ→《クリップボード》グループの 🗐 コピー (コピー) をクリックします。

③「最新の空室状況はお電話 (TEL:」の後ろにカーソルを移動します。

④《ホーム》タブ→《クリップボード》グループの 📋 (貼り付け) の 貼り付け →🅰 (テキストのみ保持) をクリックします。

●プロジェクト5

問題 (1)

①《開発》タブ→《コード》グループの ⚠ マクロのセキュリティ (マクロのセキュリティ) をクリックします。
※《開発》タブが表示されていない場合は、表示しておきましょう。

② 左側の一覧から《マクロの設定》を選択します。

③《マクロの設定》の《警告を表示せずにすべてのマクロを無効にする》を ⦿ にします。

④《OK》をクリックします。

問題 (2)

①《ホーム》タブ→《編集》グループの [ab-ac 置換] (置換) をクリックします。

②《置換》タブを選択します。

③《検索する文字列》にカーソルを移動します。

④《オプション》をクリックします。

⑤《あいまい検索(日)》を [ ] にします。

⑥《特殊文字》をクリックします。

⑦《タブ文字》をクリックします。

※《検索する文字列》に「^t」と表示されます。

⑧《置換後の文字列》にカーソルを移動します。

⑨《特殊文字》をクリックします。

⑩《改行をしないスペース》をクリックします。

※《置換する文字列》に「^s」と表示されます。

⑪《すべて置換》をクリックします。

⑫《OK》をクリックします。

※4個の項目が置換されます。

⑬《閉じる》をクリックします。

問題 (3)

①「図 i」を選択します。

②《参考資料》タブ→《図表》グループの [図表番号の挿入] (図表番号の挿入) をクリックします。

③《ラベル名》をクリックします。

④問題文の文字列「Figure」をクリックしてコピーします。

⑤《ラベル》にカーソルを移動します。

⑥ [Ctrl] + [V] を押して文字列を貼り付けます。

※《ラベル》に直接入力してもかまいません。

⑦《OK》をクリックします。

⑧《番号付け》をクリックします。

⑨《書式》の [v] をクリックし、一覧から《1,2,3,…》を選択します。

⑩《OK》をクリックします。

⑪《OK》をクリックします。

問題 (4)

①《開発》タブ→《テンプレート》グループの [文書テンプレート] (文書テンプレート) をクリックします。

※《開発》タブが表示されていない場合は、表示しておきましょう。

②《構成内容変更》をクリックします。

③《マクロプロジェクト》タブを選択します。

④左側の《マクロプロジェクト文書またはテンプレート》に「mogi2-project5 (文書)」と表示されていることを確認します。

※「mogi2-15 (文書)」と表示される場合があります。

⑤右側の《マクロプロジェクト文書またはテンプレート》の《ファイルを閉じる》をクリックします。

⑥右側の《マクロプロジェクト文書またはテンプレート》の《ファイルを開く》をクリックします。

⑦デスクトップのフォルダー「FOM Shuppan Documents」のフォルダー「MOS-Word 365 2019-Expert(2)」を開きます。

⑧《すべてのWordテンプレート》の [v] をクリックし、一覧から《すべてのWord文書》を選択します。

⑨一覧から「東富士っ子だより原本」を選択します。

⑩《開く》をクリックします。

⑪右側の一覧から《NewMacros》を選択します。

⑫《コピー》をクリックします。

⑬《閉じる》をクリックします。

●プロジェクト6

問題 (1)

①《デザイン》タブ→《ドキュメントの書式設定》グループの [テーマ] (テーマ)→《現在のテーマを保存》をクリックします。

②問題文の文字列「清里高原荘」をクリックしてコピーします。

③《ファイル名》の文字列を選択します。

④ [Ctrl] + [V] を押して文字列を貼り付けます。

※《ファイル名》に直接入力してもかまいません。

⑤《保存》をクリックします。

●プロジェクト7

問題 (1)

①《ホーム》タブ→《スタイル》グループの [v] (その他)→《見出し1》を右クリックします。

②《変更》をクリックします。

③ [MS P明朝] の [v] をクリックし、一覧から《MSPゴシック》を選択します。

④《書式》をクリックします。

⑤《文字の効果》をクリックします。

⑥ [A] (文字の効果) をクリックします。

⑦《影》の詳細を表示します。

⑧《標準スタイル》の [□▼] (影) をクリックし、一覧から《外側》の《オフセット:右下》を選択します。

⑨《OK》をクリックします。

⑩《この文書のみ》を [●] にします。

⑪《OK》をクリックします。

問題 (2)

①図が挿入されている画像コンテンツコントロールを選択します。

②《開発》タブ→《コントロール》グループの [プロパティ] (コントロールのプロパティ) をクリックします。

※《開発》タブが表示されていない場合は、表示しておきましょう。

③問題文の文字列「教育方針」をクリックしてコピーします。

④《タイトル》にカーソルを移動します。

⑤ [Ctrl] + [V] を押して文字列を貼り付けます。

※《タイトル》に直接入力してもかまいません。

⑥《コンテンツの編集不可》を [✓] にします。

⑦《OK》をクリックします。

問題(3)

①「人を敬う心」を選択します。

②《開発》タブ→《コード》グループの ![マクロの記録] (マクロの記録) をクリックします。

※《開発》タブが表示されていない場合は、表示しておきましょう。

③ 問題文の文字列「書式設定」をクリックしてコピーします。

④《マクロ名》の文字列を選択します。

⑤ [Ctrl] + [V] を押して文字列を貼り付けます。

※《マクロ名》に直接入力してもかまいません。

⑥《マクロの保存先》の ☑ をクリックし、一覧から「mogi2-project7(文書)」を選択します。

※「mogi2-19(文書)」と表示される場合があります。

⑦《OK》をクリックします。

⑧《ホーム》タブ→《フォント》グループの ![すべての書式をクリア] (すべての書式をクリア) をクリックします。

⑨《ホーム》タブ→《フォント》グループの ![下線] (下線) の ☑ →《 〰〰〰〰 》(波線の下線) をクリックします。

⑩《開発》タブ→《コード》グループの ![記録終了] (記録終了) をクリックします。

問題(4)

①《挿入》タブ→《テキスト》グループの ![クイックパーツの表示] (クイックパーツの表示) →《文書パーツオーガナイザー》をクリックします。

※「教育方針…」の行にカーソルを移動しておきます。

② 一覧から《連絡先》を選択します。

③《プロパティの編集》をクリックします。

④《分類》の ☑ をクリックし、一覧から《新しい分類の作成》を選択します。

⑤ 問題文の文字列「事務課」をクリックしてコピーします。

⑥《名前》にカーソルを移動します。

⑦ [Ctrl] + [V] を押して文字列を貼り付けます。

※《名前》に直接入力してもかまいません。

⑧《OK》をクリックします。

⑨《保存先》の ☑ をクリックし、一覧から《Building Blocks kikyo》を選択します。

⑩《OK》をクリックします。

⑪《はい》をクリックします。

⑫《閉じる》をクリックします。

●プロジェクト8

問題(1)

①《ホーム》タブ→《段落》グループの ![編集記号の表示/非表示] (編集記号の表示/非表示) をクリックしてオフにします。

②「索引」の次の行にカーソルを移動します。

③《参考資料》タブ→《索引》グループの ![索引の挿入] (索引の挿入) をクリックします。

④《索引》タブを選択します。

⑤《書式》の ☑ をクリックし、一覧から《モダン》を選択します。

⑥《段数》を「1」に設定します。

⑦《OK》をクリックします。

●プロジェクト9

問題(1)

①《差し込み文書》タブ→《差し込み印刷の開始》グループの ![差し込み印刷の開始] (差し込み印刷の開始) →《レター》をクリックします。

②《差し込み文書》タブ→《差し込み印刷の開始》グループの ![宛先の選択] (宛先の選択) →《既存のリストを使用》をクリックします。

③ デスクトップのフォルダー「FOM Shuppan Documents」のフォルダー「MOS-Word 365 2019-Expert(2)」を開きます。

④ 一覧から「受講者名簿」を選択します。

⑤《開く》をクリックします。

⑥「リスト$」を選択します。

⑦《OK》をクリックします。

⑧《差し込み文書》タブ→《差し込み印刷の開始》グループの ![アドレス帳の編集] (アドレス帳の編集) をクリックします。

⑨《重複のチェック》をクリックします。

⑩「村瀬 由実」のどちらか一方を ☐ にします。

⑪《OK》をクリックします。

⑫《OK》をクリックします。

問題(2)

①「表一覧」の下にカーソルを移動します。

②《参考資料》タブ→《図表》グループの ![図表目次の挿入] (図表目次の挿入) をクリックします。

③《図表目次》タブを選択します。

④《書式》の ☑ をクリックし、一覧から《シンプル》を選択します。

⑤《タブリーダー》の ☑ をクリックし、一覧から《……》を選択します。

⑥《図表番号のラベル》の ☑ をクリックし、一覧から《表》を選択します。

⑦《OK》をクリックします。

問題(3)

①《デザイン》タブ→《ドキュメントの書式設定》グループの ![テーマのフォント] (テーマのフォント) →《フォントのカスタマイズ》をクリックします。

②《見出しのフォント(英数字)》の ☑ をクリックし、一覧から《Arial》を選択します。

③《見出しのフォント(日本語)》の ☑ をクリックし、一覧から《游ゴシック》を選択します。

④ 問題文の文字列「勉強会資料」をクリックしてコピーします。

⑤《名前》の文字列を選択します。

⑥ [Ctrl] + [V] を押して文字列を貼り付けます。

※《名前》に直接入力してもかまいません。

⑦《保存》をクリックします。

問題(4)

①「知的財産権」の行にカーソルを移動します。

※3ページ目以降であれば、どこでもかまいません。

②《レイアウト》タブ→《ページ設定》グループの ![行番号] (行番号の表示) →《連続番号》をクリックします。

模擬試験プログラムの使い方

第1回模擬試験

第2回模擬試験

第3回模擬試験

第4回模擬試験

第5回模擬試験

プロジェクト1

理解度チェック

☑☑☑☑☑ 問題(1) あなたは、物件一覧を作成しています。
見出し「スカーレットタワー青島」の間取り図の下に図表番号「間取り図1スカーレットタワー青島」を挿入してください。番号は、自動的に表示される「1」を使用します。

☑☑☑☑☑ 問題(2) 見出し「ドゥラメンテ勝どき」の段落の前で自動的に改ページされるように、改ページ位置の自動修正を設定してください。

☑☑☑☑☑ 問題(3) 文末の物件一覧をすべて更新してください。

☑☑☑☑☑ 問題(4) 現在の文書にあるマクロ「書式」のマクロ名を「フォント設定」に変更してください。

 プロジェクト2

理解度チェック

☑☑☑☑☑ 問題(1) デスクトップのフォルダー「FOM Shuppan Documents」のフォルダー「MOS-Word 365 2019-Expert (2)」の文書「みなとフォーマット」から、スタイル「見出し1」をコピーして上書きしてください。

 プロジェクト3

理解度チェック

☑☑☑☑☑ 問題(1) あなたは通信販売の案内書を作成しています。
宛先リストから、会員番号「1002」の「中山　未来」のデータを削除して、変更内容を保存してください。ただし、データを非表示にしないこと。

☑☑☑☑☑ 問題(2) 1行目の「様」の前に氏名フィールドを挿入してください。

☑☑☑☑☑ 問題(3) 2ページ目の「FAX」を1ページ目の「045-555-XXXX」の上にある「↓」と「↓」の間に、書式が貼り付け先と同じになるようにコピーしてください。

☑☑☑☑☑ 問題(4) 2ページ目の表のすべての「する」の前にチェックボックスコンテンツコントロールを挿入してください。

 **プロジェクト4**

☑☑☑☑☑　問題 (1)　この文書の既定のフォントを設定してください。日本語用のフォントを「游ゴシック」にします。

 プロジェクト5

☑☑☑☑☑　問題 (1)　あなたは、保健センター通信を作成しています。
発行元のコンテンツコントロール内で改行できるように設定し、「かえで市」の後ろで改行してください。

☑☑☑☑☑　問題 (2)　フォントサイズ「12ポイント」の文字列をすべて、フォントサイズ「14ポイント」、フォントの色「濃い赤」に変更してください。

☑☑☑☑☑　問題 (3)　英数字用の本文のフォントを「Verdana」、日本語用の本文のフォントを「游ゴシック」に設定し、「保健センター通信」という名前のフォントセットを作成してください。

☑☑☑☑☑　問題 (4)　文末に、デスクトップのフォルダー「FOM Shuppan Documents」のフォルダー「MOS-Word 365 2019-Expert (2)」の文書「ブラッシング教室案内」の内容を貼り付けてください。文書「ブラッシング教室案内」を修正すると、修正内容がこの文書にも反映されるようにします。

 プロジェクト6

☑☑☑☑☑　問題 (1)　パスワードを使用して文書を暗号化し、デスクトップのフォルダー「FOM Shuppan Documents」のフォルダー「MOS-Word 365 2019-Expert (2)」に「利用案内」と名前を付けて保存してください。パスワードは「3710」とします。

模擬試験プログラムの使い方

第1回模擬試験

第2回模擬試験

第3回模擬試験

第4回模擬試験

第5回模擬試験

プロジェクト7

理解度チェック

☑☑☑☑☑ 問題 (1) あなたは、危機管理のための定期刊行物を作成しています。
マクロに対する警告を表示せず、すべてのマクロを無効にするように設定してください。

☑☑☑☑☑ 問題 (2) 2ページ目以降にセクションごとの行番号を表示してください。

☑☑☑☑☑ 問題 (3) 見出し「防犯カメラを設置します！」の表の上に「表2説明会日程」と表示されるように図表番号を挿入してください。ラベルと番号は、自動的に表示される「表2」を使用します。

☑☑☑☑☑ 問題 (4) 現在適用されている配色のうち、アクセント1を標準の色「紫」に変更し、「防犯配色」という名前の配色パターンを作成してください。

プロジェクト8

理解度チェック

☑☑☑☑☑ 問題 (1) あなたは、お客様に配布する資産運用の資料を作成しています。
スタイル「小見出し」に太字を設定し、「資産運用」という名前で既定のフォルダーにスタイルセットとして保存してください。

☑☑☑☑☑ 問題 (2) クイックパーツ「編集コラム」を削除してください。

☑☑☑☑☑ 問題 (3) スタイル「標準」を基準に、段落スタイル「回答」を作成し、「A」で始まる段落にすべて適用してください。作成するスタイルは、フォントの色「ブルーグレー、テキスト2」、英数字用のフォント「Arial Black」、ぶら下げインデント「2字」とし、この文書に保存します。

☑☑☑☑☑ 問題 (4) 文末の「索引」の下に索引を挿入してください。書式は「クラシック」、ページ番号は右揃え、タブリーダーは「.......」とし、1段組みで表示します。

☑☑☑☑☑ 問題 (5) 現在の文書にあるマクロ「資料フォント」を編集し、フォントサイズ「12」を「14」に変更してください。

プロジェクト9

理解度チェック

☑☑☑☑☑ 問題 (1) 見出し「防犯講座を開催します！」のSmartArtグラフィックを「連絡先」という名前でクイックパーツとして保存してください。「危機管理課」という説明を付け、保存先は「Building Blocks bouhan」とします。

第3回 模擬試験 標準解答

●プロジェクト1

問題（1）

① 図を選択します。
②《参考資料》タブ→《図表》グループの ⬚ （図表番号の挿入）をクリックします。
③《ラベル名》をクリックします。
④ 問題文の文字列「間取り図」をクリックしてコピーします。
⑤《ラベル》にカーソルを移動します。
⑥ Ctrl + V を押して文字列を貼り付けます。
※《ラベル》に直接入力してもかまいません。
⑦《OK》をクリックします。
⑧ 問題文の文字列「スカーレットタワー青島」をクリックしてコピーします。
⑨《図表番号》の「間取り図1」の後ろにカーソルを移動します。
⑩ Ctrl + V を押して文字列を貼り付けます。
※《図表番号》に直接入力してもかまいません。
⑪《位置》の ⬚ をクリックし、一覧から《選択した項目の下》を選択します。
⑫《OK》をクリックします。

問題（2）

①「ドゥラメンテ勝どき」の段落にカーソルを移動します。
※段落内であれば、どこでもかまいません。
②《ホーム》タブ→《段落》グループの ⬚ （段落の設定）をクリックします。
③《改ページと改行》タブを選択します。
④《段落前で改ページする》を ☑ にします。
⑤《OK》をクリックします。

問題（3）

① 文末の図表目次内をクリックします。
※図表目次内であれば、どこでもかまいません。
②《参考資料》タブ→《図表》グループの ⬚ 図表目次の更新 （図表目次の更新）をクリックします。

問題（4）

①《開発》タブ→《コード》グループの ⬚ （マクロの表示）をクリックします。
※《開発》タブが表示されていない場合は、表示しておきましょう。

② 《マクロ名》の一覧から「書式」を選択します。
③《編集》をクリックします。
④ 問題文の文字列「フォント設定」をクリックしてコピーします。
⑤ マクロ名の文字列「書式」を選択します。
⑥ Ctrl + V を押して文字列を貼り付けます。
※マクロ名を直接入力してもかまいません。
⑦ VBEウィンドウの ⬚ （閉じる）をクリックします。

●プロジェクト2

問題（1）

①《開発》タブ→《テンプレート》グループの ⬚ （文書テンプレート）をクリックします。
※《開発》タブが表示されていない場合は、表示しておきましょう。
②《構成内容変更》をクリックします。
③《スタイル》タブを選択します。
④ 左側の《スタイル文書またはテンプレート》に「mogi3-project2（文書）」と表示されていることを確認します。
※「mogi3-05（文書）」と表示される場合があります。
⑤ 右側の《スタイル文書またはテンプレート》の《ファイルを閉じる》をクリックします。
⑥ 右側の《スタイル文書またはテンプレート》の《ファイルを開く》をクリックします。
⑦ デスクトップのフォルダー「FOM Shuppan Documents」のフォルダー「MOS-Word 365 2019-Expert（2）」を開きます。
⑧《すべてのWordテンプレート》の ⬚ をクリックし、一覧から《すべてのWord文書》を選択します。
⑨ 一覧から「みなとフォーマット」を選択します。
⑩《開く》をクリックします。
⑪ 右側の一覧から《見出し1》を選択します。
⑫《コピー》をクリックします。
⑬《はい》をクリックします。
⑭《閉じる》をクリックします。

●プロジェクト3

問題（1）

①《差し込み文書》タブ→《差し込み印刷の開始》グループの ⬚ （アドレス帳の編集）をクリックします。
②《データソース》の「頒布会名簿.accdb」を選択します。
③《編集》をクリックします。
④「1002　中山　未来…」の行を選択します。
⑤《エントリの削除》をクリックします。
⑥《はい》をクリックします。
⑦《OK》をクリックします。
⑧《はい》をクリックします。
⑨《OK》をクリックします。

模擬試験プログラムの使い方

第1回模擬試験

第2回模擬試験

第3回模擬試験

第4回模擬試験

第5回模擬試験

問題（2）

① 「様」の前にカーソルを移動します。
② 《差し込み文書》タブ→《文章入力とフィールドの挿入》グループの [差し込みフィールド の挿入] （差し込みフィールドの挿入）の [差し込みフィールド の挿入 ▼]→《氏名》をクリックします。

問題（3）

① 「FAX」を選択します。
② 《ホーム》タブ→《クリップボード》グループの [コピー] （コピー）をクリックします。
③ 「↓」と「↓」の間にカーソルを移動します。
④ 《ホーム》タブ→《クリップボード》グループの [貼り付け] （貼り付け）の [貼り付け]→[書式を結合] （書式を結合）をクリックします。

問題（4）

① 1つ目の「する」の前にカーソルを移動します。
② 《開発》タブ→《コントロール》グループの [✓] （チェックボックスコンテンツコントロール）をクリックします。
※《開発》タブが表示されていない場合は、表示しておきましょう。
③ 2つ目の「する」の前にカーソルを移動します。
④ [F4] を押します。
⑤ 同様に、残りの「する」の前にチェックボックスコンテンツコントロールを挿入します。

●プロジェクト4

問題（1）

① 文頭にカーソルを移動します。
※「標準」スタイルであればどこでもかまいません
② 《ホーム》タブ→《フォント》グループの [≡] （フォント）をクリックします。
③ 《フォント》タブを選択します。
④ 《日本語用のフォント》の [∨] をクリックし、一覧から《游ゴシック》を選択します。
⑤ 《既定に設定》をクリックします。
⑥ 《この文書だけ》を ◉ にします。
⑦ 《OK》をクリックします。

●プロジェクト5

問題（1）

① 発行元のコンテンツコントロールを選択します。
② 《開発》タブ→《コントロール》グループの [プロパティ] （コントロールのプロパティ）をクリックします。
※《開発》タブが表示されていない場合は、表示しておきましょう。
③ 《改行（複数の段落）の使用可》を [✓] にします。
④ 《OK》をクリックします。
⑤ 「かえで市」の後ろにカーソルを移動します。
⑥ [Enter] を押します。

問題（2）

① 《ホーム》タブ→《編集》グループの [置換] （置換）をクリックします。
② 《置換》タブを選択します。
③ 《検索する文字列》にカーソルを移動します。
④ 《オプション》をクリックします。
⑤ 《書式》をクリックします。
⑥ 《フォント》をクリックします。
⑦ 《フォント》タブを選択します。
⑧ 《サイズ》の一覧から「12」を選択します。
⑨ 《OK》をクリックします。
⑩ 《置換後の文字列》にカーソルを移動します。
⑪ 《書式》をクリックします。
⑫ 《フォント》をクリックします。
⑬ 《フォント》タブを選択します。
⑭ 《サイズ》の一覧から「14」を選択します。
⑮ 《フォントの色》の [∨] をクリックし、一覧から《標準の色》の《濃い赤》を選択します。
⑯ 《OK》をクリックします。
⑰ 《すべて置換》をクリックします。
⑱ 《OK》をクリックします。
※3個の項目が置換されます。
⑲ 《閉じる》をクリックします。

問題（3）

① 《デザイン》タブ→《ドキュメントの書式設定》グループの [フォント] （テーマのフォント）→《フォントのカスタマイズ》をクリックします。
② 《本文のフォント（英数字）》の [∨] をクリックし、一覧から《Verdana》を選択します。
③ 《本文のフォント（日本語）》の [∨] をクリックし、一覧から《游ゴシック》を選択します。
④ 問題文の文字列「保健センター通信」をクリックしてコピーします。
⑤ 《名前》の文字列を選択します。
⑥ [Ctrl] + [V] を押して文字列を貼り付けます。
※《名前》に直接入力してもかまいません。
⑦ 《保存》をクリックします。

問題（4）

① 文末にカーソルを移動します。
② 《挿入》タブ→《テキスト》グループの [□] （オブジェクト）をクリックします。
③ 《ファイルから》タブを選択します。
④ 《参照》をクリックします。
⑤ デスクトップのフォルダー「FOM Shuppan Documents」のフォルダー「MOS-Word 365 2019-Expert（2）」を開きます。
⑥ 一覧から「ブラッシング教室案内」を選択します。
⑦ 《挿入》をクリックします。

⑧《リンク》を☑にします。
⑨《OK》をクリックします。

●プロジェクト6

問題(1)

①《ファイル》タブを選択します。
②《情報》→《文書の保護》→《パスワードを使用して暗号化》をクリックします。
③問題文の文字列「3710」をクリックしてコピーします。
④《パスワード》にカーソルを移動します。
⑤ Ctrl + V を押して文字列を貼り付けます。
※《パスワード》に直接入力してもかまいません。
⑥《OK》をクリックします。
⑦《パスワードの再入力》にカーソルを移動します。
⑧ Ctrl + V を押して文字列を貼り付けます。
※《パスワードの再入力》に直接入力してもかまいません。
⑨《OK》をクリックします。
⑩《名前を付けて保存》→《参照》をクリックします。
⑪ デスクトップのフォルダー「FOM Shuppan Documents」のフォルダー「MOS-Word 365 2019-Expert(2)」を開きます。
⑫ 問題文の文字列「利用案内」をクリックしてコピーします。
⑬《ファイル名》の文字列を選択します。
⑭ Ctrl + V を押して文字列を貼り付けます。
※《ファイル名》に直接入力してもかまいません。
⑮《保存》をクリックします。

●プロジェクト7

問題(1)

①《開発》タブ→《コード》グループの ! マクロのセキュリティ (マクロのセキュリティ)をクリックします。
※《開発》タブが表示されていない場合は、表示しておきましょう。
② 左側の一覧から《マクロの設定》を選択します。
③《マクロの設定》の《警告を表示せずにすべてのマクロを無効にする》を◉にします。
④《OK》をクリックします。

問題(2)

① 2ページ目の前にセクション区切りが挿入されていることを確認します。
② 2ページ目にカーソルを移動します。
※2ページ目以降であれば、どこでもかまいません。
③《レイアウト》タブ→《ページ設定》グループの 行番号 (行番号の表示)→《セクションごとに振り直し》をクリックします。

問題(3)

① 表内にカーソルを移動します。
※表内であれば、どこでもかまいません。
②《参考資料》タブ→《図表》グループの (図表番号の挿入)をクリックします。

③《図表番号》に「表2」と表示されていることを確認します。
④ 問題文の文字列「説明会日程」をクリックしてコピーします。
⑤《図表番号》の「表2」の後ろにカーソルを移動します。
⑥ Ctrl + V を押して文字列を貼り付けます。
※《図表番号》に直接入力してもかまいません。
⑦《位置》の をクリックし、一覧から《選択した項目の上》を選択します。
⑧《OK》をクリックします。

問題(4)

①《デザイン》タブ→《ドキュメントの書式設定》グループの (テーマの色)→《色のカスタマイズ》をクリックします。
②《アクセント1》の をクリックし、《標準の色》の《紫》をクリックします。
③ 問題文の文字列「防犯配色」をクリックしてコピーします。
④《名前》の文字列を選択します。
⑤ Ctrl + V を押して文字列を貼り付けます。
※《名前》に直接入力してもかまいません。
⑥《保存》をクリックします。

●プロジェクト8

問題(1)

①《ホーム》タブ→《スタイル》グループの (その他)→《小見出し》を右クリックします。
②《変更》をクリックします。
③ B をクリックします。
④《OK》をクリックします。
⑤《デザイン》タブ→《ドキュメントの書式設定》グループの (その他)→《新しいスタイルセットとして保存》をクリックします。
⑥ 問題文の文字列「資産運用」をクリックしてコピーします。
⑦《ファイル名》にカーソルを移動します。
⑧ Ctrl + V を押して文字列を貼り付けます。
※《ファイル名》に直接入力してもかまいません。
⑨《保存》をクリックします。

問題(2)

①《挿入》タブ→《テキスト》グループの (クイックパーツの表示)→《文書パーツオーガナイザー》をクリックします。
② 一覧から《編集コラム》を選択します。
③《削除》をクリックします。
④《はい》をクリックします。
⑤《閉じる》をクリックします。

問題(3)

①「A1 日本国内在住の…」の段落にカーソルを移動します。
※段落内であれば、どこでもかまいません。
②《ホーム》タブ→《スタイル》グループの (その他)→《スタイルの作成》をクリックします。
③ 問題文の文字列「回答」をクリックしてコピーします。

模擬試験プログラムの使い方

第1回模擬試験

第2回模擬試験

第3回模擬試験

第4回模擬試験

第5回模擬試験

④《名前》の文字列を選択します。

⑤ [Ctrl] + [V] を押して文字列を貼り付けます。

※《名前》に直接入力してもかまいません。

⑥《変更》をクリックします。

⑦《種類》の [∨] をクリックし、一覧から《段落》を選択します。

⑧《基準にするスタイル》が《標準》になっていることを確認します。

⑨《フォントの色》の [∨] をクリックし、一覧から《テーマの色》の《ブルーグレー、テキスト2》を選択します。

⑩《書式》をクリックします。

⑪《フォント》をクリックします。

⑫《フォント》タブを選択します。

⑬《英数字用のフォント》の [∨] をクリックし、一覧から《Arial Black》を選択します。

⑭《OK》をクリックします。

⑮《書式》をクリックします。

⑯《段落》をクリックします。

⑰《インデントと行間隔》タブを選択します。

⑱《最初の行》の [∨] をクリックし、一覧から《ぶら下げ》を選択します。

⑲《幅》を「2字」に設定します。

⑳《OK》をクリックします。

㉑《この文書のみ》を ⦿ にします。

㉒《OK》をクリックします。

㉓「A2 すべての…」の段落にカーソルを移動します。

※段落内であれば、どこでもかまいません。

㉔《ホーム》タブ→《スタイル》グループの [▼] (その他)→《回答》をクリックします。

㉕「A3 非課税…」の段落にカーソルを移動します。

※段落内であれば、どこでもかまいません。

㉖ [F4] を押します。

㉗ 同様に、残りの段落にスタイルを適用します。

問題 (4)

①《ホーム》タブ→《段落》グループの [↵] (編集記号の表示/非表示)をクリックしてオフにします。

②「索引」の次の行にカーソルを移動します。

③《参考資料》タブ→《索引》グループの [📄 索引の挿入] (索引の挿入)をクリックします。

④《索引》タブを選択します。

⑤《書式》の [∨] をクリックし、一覧から《クラシック》を選択します。

⑥《ページ番号を右揃えにする》を [✔] にします。

⑦《タブリーダー》の [∨] をクリックし、一覧から《.......》を選択します。

⑧《段数》を「1」に設定します。

⑨《OK》をクリックします。

問題 (5)

①《開発》タブ→《コード》グループの [📋] (マクロの表示)をクリックします。

※《開発》タブが表示されていない場合は、表示しておきましょう。

②《マクロ名》の一覧から「資料フォント」を選択します。

③《編集》をクリックします。

④ 問題文の文字列「14」をクリックしてコピーします。

⑤「12」を選択します。

⑥ [Ctrl] + [V] を押して文字列を貼り付けます。

※直接入力してもかまいません。

⑦ VBEウィンドウの [×] (閉じる)をクリックします。

●プロジェクト9

問題 (1)

① SmartArtグラフィックを選択します。

②《挿入》タブ→《テキスト》グループの [国▾] (クイックパーツの表示)→《選択範囲をクイックパーツギャラリーに保存》をクリックします。

③ 問題文の文字列「連絡先」をクリックしてコピーします。

④《名前》の文字列を選択します。

⑤ [Ctrl] + [V] を押して文字列を貼り付けます。

※《名前》に直接入力してもかまいません。

⑥《ギャラリー》が《クイックパーツ》になっていることを確認します。

⑦ 問題文の文字列「危機管理課」をクリックしてコピーします。

⑧《説明》にカーソルを移動します。

⑨ [Ctrl] + [V] を押して文字列を貼り付けます。

※《説明》に直接入力してもかまいません。

⑩《保存先》の [∨] をクリックし、一覧から《Building Blocks bouhan》を選択します。

⑪《OK》をクリックします。

プロジェクト1

理解度チェック	
☑☑☑☑☑	問題 (1) 2ページ目の表の「団体名」「申込者氏名」「住所」「電話番号」「メールアドレス」「備考」のそれぞれ右のセルに、リッチテキストコンテンツコントロールを挿入してください。

プロジェクト2

理解度チェック	
☑☑☑☑☑	問題 (1) あなたは、キーマカレーのレシピを作成しています。 文書内のすべての3点リーダーを、タブ文字に置換してください。
☑☑☑☑☑	問題 (2) 見出し「【材料】…」の下にある文字列「カレーベース」をもとに、太字、囲み線を設定するマクロ「文字書式設定」を、現在開いている文書に作成してください。マクロは実行しないこと。
☑☑☑☑☑	問題 (3) 文末にある「の作り方については、…」の前に、ブックマーク「カレーベース」を参照する「Ref」フィールドを挿入してください。
☑☑☑☑☑	問題 (4) スタイル「表題」の文字の効果を変更してください。文字の塗りつぶしを既定のグラデーション「中間グラデーション-アクセント4」、輪郭の線（単色）の幅を「1.5pt」にし、この文書に保存します。
☑☑☑☑☑	問題 (5) 自動保存の間隔を12分に設定してください。

プロジェクト3

理解度チェック	
☑☑☑☑☑	問題 (1) 差し込み印刷の設定を行ってください。リストはデスクトップのフォルダー「FOM Shuppan Documents」のフォルダー「MOS-Word 365 2019-Expert (2)」に「会員リスト」という名前で新しく作成し、1件目のデータとして姓「白井」、名「みゆき」、2件目のデータとして姓「本田」、名「壮介」と入力します。次に、文書の先頭にある送付状の「様」の前に姓、名の順にフィールドを挿入してください。 リストを作成するとき、他のフィールドは削除しないでください。

模擬試験プログラムの使い方

第1回模擬試験

第2回模擬試験

第3回模擬試験

第4回模擬試験

第5回模擬試験

242

プロジェクト4

理解度チェック

☑ ☑ ☑ ☑ ☑　問題 (1)　あなたは、会員向けにスポーツクラブご利用の手引きを作成しています。
見出し「1. 会員特典」内の「フィットネス会員」を索引項目に登録してください。

☑ ☑ ☑ ☑ ☑　問題 (2)　文書内の表に設定されている図表番号「表1…」「表2…」「表3…」を、「料金表A…」「料金表B…」「料金表C…」に変更してください。

☑ ☑ ☑ ☑ ☑　問題 (3)　現在の文書にあるマクロ「挿入」のマクロ名を「料金表作成」に変更してください。

☑ ☑ ☑ ☑ ☑　問題 (4)　文末に、デスクトップのフォルダー「FOM Shuppan Documents」のフォルダー「MOS-Word 365 2019-Expert (2)」の文書「問い合わせ」の内容を貼り付けてください。文書「問い合わせ」を修正すると、修正内容がこの文書にも反映されるようにします。

プロジェクト5

理解度チェック

☑ ☑ ☑ ☑ ☑　問題 (1)　あなたは、給食試食会を報告する会報誌を作成しています。
1行目の「vol.23」の1文字目だけが大文字で表示されるように、フィールドプロパティを設定してください。フィールドを追加したり、削除したりしないようにします。

☑ ☑ ☑ ☑ ☑　問題 (2)　文書内の「鶏肉団子スープ」という文字列を、「★当日の献立★」の「野菜ビビンバ」の下に、ほかの献立と書式が同じになるようにコピーしてください。

☑ ☑ ☑ ☑ ☑　問題 (3)　日本語用の見出しのフォントを「メイリオ」に設定し、「PTAフォント」という名前のフォントセットを作成してください。

☑ ☑ ☑ ☑ ☑　問題 (4)　すべてのスタイルの利用を制限し、スタイルセットの切り替えも制限してください。ただし、メッセージが表示された場合は「いいえ」をクリックし、文書は保護しないこと。

プロジェクト6

理解度チェック

☑ ☑ ☑ ☑ ☑　問題 (1)　現在開いている文書と、デスクトップのフォルダー「FOM Shuppan Documents」のフォルダー「MOS-Word 365 2019-Expert (2)」の文書「施設案内 (田村)」を比較し、変更箇所を現在の文書に表示してください。元の文書を現在開いている文書、変更された文書を「施設案内 (田村)」とします。

プロジェクト7

理解度チェック

☑☑☑☑☑ 問題 (1) あなたは、ダイビングクラブの会報誌を作成しています。
差し込み印刷の結果として、最後のレコードをプレビューしてください。

☑☑☑☑☑ 問題 (2) 文字スタイル「おすすめ」を作成してください。基準にするスタイルは「段落フォント」、フォントは「MSPゴシック」、フォントの色は「青、アクセント2」とし、この文書に保存します。
次に、作成したスタイルを3ページ目の「おすすめダイビングスポット」に適用してください。

☑☑☑☑☑ 問題 (3) 現在文書に適用されている書式を、「ダイビングクラブニュース」という名前で既定のフォルダーにスタイルセットとして保存してください。

☑☑☑☑☑ 問題 (4) 2ページ目の「内田亜海」にルビ「うちだ あみ」を表示してください。

プロジェクト8

理解度チェック

☑☑☑☑☑ 問題 (1) 表紙の「料金ご案内」の下に、表の図表目次を作成してください。書式は「フォーマル」とします。

プロジェクト9

理解度チェック

☑☑☑☑☑ 問題 (1) あなたは、今月のおすすめパンを紹介する文書を作成しています。
クイックパーツ「店名」の分類を、新しく作成した「ちらし」に変更してください。内容をページのまま挿入するようにし、保存先は「Building Blocks boulangerie」とします。

☑☑☑☑☑ 問題 (2) 「今月のおすすめパン」の後ろにある日付の書式を「M月」に変更してください。

☑☑☑☑☑ 問題 (3) 「パンオノア」の図の下に、図表番号「図4「パンオノア」270円」を挿入してください。ラベルと番号は、自動的に表示される「図4」を使用します。

☑☑☑☑☑ 問題 (4) デスクトップのフォルダー「FOM Shuppan Documents」のフォルダー「MOS-Word 365 2019-Expert (2)」の文書「おすすめパン」から、マクロをコピーしてください。ただし、マクロは実行しないこと。

模擬試験プログラムの使い方

第1回模擬試験

第2回模擬試験

第3回模擬試験

第4回模擬試験

第5回模擬試験

操作をはじめる前に

操作をはじめる前に、次の設定を行いましょう。

囲み記号の表示

◆《ホーム》タブ→《段落》グループの 🖋 (編集記号の表示/非表示)をオン(濃い灰色の状態)にする。

●プロジェクト1

問題(1)

① 「団体名」の右のセルにカーソルを移動します。

② 《開発》タブ→《コントロール》グループの Aa (リッチテキストコンテンツコントロール)をクリックします。

※《開発》タブが表示されていない場合は、表示しておきましょう。

③ 「申込者氏名」の右のセルにカーソルを移動します。

④ F4 を押します。

⑤ 同様に、残りのセルにリッチテキストコンテンツコントロールを挿入します。

●プロジェクト2

問題(1)

① 《ホーム》タブ→《編集》グループの ᵃᵇ 置換 (置換)をクリックします。

② 《置換》タブを選択します。

③ 《検索する文字列》にカーソルを移動します。

④ 《オプション》をクリックします。

⑤ 《あいまい検索(日)》を □ にします。

⑥ 《特殊文字》をクリックします。

⑦ 《3点リーダー》をクリックします。

※《検索する文字列》に「^j」と表示されます。

⑧ 《置換後の文字列》にカーソルを移動します。

⑨ 《特殊文字》をクリックします。

⑩ 《タブ文字》をクリックします。

※《検索する文字列》に「^t」と表示されます。

⑪ 《すべて置換》をクリックします。

⑫ 《OK》をクリックします。

※12個の項目が置換されます。

⑬ 《閉じる》をクリックします。

問題(2)

① 「カレーベース」を選択します。

② 《開発》タブ→《コード》グループの 🔴マクロの記録 (マクロの記録)をクリックします。

※《開発》タブが表示されていない場合は、表示しておきましょう。

③ 問題文の文字列「文字書式設定」をクリックしてコピーします。

---

④ 《マクロ名》の文字列を選択します。

⑤ Ctrl + V を押して文字列を貼り付けます。

※《マクロ名》に直接入力してもかまいません。

⑥ 《マクロの保存先》の ∨ をクリックし、一覧から「mogi4-project2(文書)」を選択します。

※「mogi4-03(文書)」と表示される場合があります。

⑦ 《OK》をクリックします。

⑧ 《ホーム》タブ→《フォント》グループの B (太字)をクリックします。

⑨ 《ホーム》タブ→《フォント》グループの A (囲み線)をクリックします。

⑩ 《開発》タブ→《コード》グループの ■ 記録終了 (記録終了)をクリックします。

問題(3)

① 「の作り方については、…」の前にカーソルを移動します。

② 《挿入》タブ→《テキスト》グループの 国▾ (クイックパーツの表示)→《フィールド》をクリックします。

③ 《フィールドの名前》の一覧から《Ref》を選択します。

④ 《ブックマーク名》の一覧から《カレーベース》を選択します。

⑤ 《OK》をクリックします。

問題(4)

① 《ホーム》タブ→《スタイル》グループの ▾ (その他)→《表題》を右クリックします。

② 《変更》をクリックします。

③ 《書式》をクリックします。

④ 《文字の効果》をクリックします。

⑤ A (文字の塗りつぶしと輪郭)をクリックします。

⑥ 《文字の塗りつぶし》の詳細を表示します。

⑦ 《塗りつぶし(グラデーション)》を ⦿ にします。

⑧ ■▾ (既定のグラデーション)をクリックし、一覧から《中間グラデーション-アクセント4》を選択します。

⑨ 《文字の輪郭》の詳細を表示します。

⑩ 《線(単色)》を ⦿ にします。

⑪ 《幅》を「1.5pt」に設定します。

⑫ 《OK》をクリックします。

⑬ 《この文書のみ》を ⦿ にします。

⑭ 《OK》をクリックします。

問題(5)

① 《ファイル》タブを選択します。

② 《オプション》をクリックします。

※お使いの環境によっては《オプション》が表示されていない場合があります。その場合は《その他》→《オプション》をクリックします。

③ 左側の一覧から《保存》を選択します。

④《次の間隔で自動回復用データを保存する》を ☑ にします。
⑤「12」分ごとに設定します。
⑥《OK》をクリックします。

●プロジェクト3

問題（1）

① 《差し込み文書》タブ→《差し込み印刷の開始》グループの ![icon]（差し込み印刷の開始）→《レター》をクリックします。
② 《差し込み文書》タブ→《差し込み印刷の開始》グループの ![icon]（宛先の選択）→《新しいリストの入力》をクリックします。
③ 問題文の文字列「白井」をクリックしてコピーします。
④ 1行目の《姓》にカーソルを移動します。
⑤ [Ctrl] + [V] を押して文字列を貼り付けます。
※《姓》に直接入力してもかまいません。
⑥ 同様に、《名》に「みゆき」を貼り付けます。
⑦ 《新しいエントリ》をクリックします。
⑧ 2行目の《姓》に「本田」、《名》に「壮介」を貼り付けます。
⑨ 《OK》をクリックします。
⑩ デスクトップのフォルダー「FOM Shuppan Documents」のフォルダー「MOS-Word 365 2019-Expert（2）」を開きます。
⑪ 問題文の文字列「会員リスト」をクリックしてコピーします。
⑫ 《ファイル名》にカーソルを移動します。
⑬ [Ctrl] + [V] を押して文字列を貼り付けます。
※《ファイル名》に直接入力してもかまいません。
⑭ 《保存》をクリックします。
⑮ 「様」の前にカーソルを移動します。
⑯ 《差し込み文書》タブ→《文章入力とフィールドの挿入》グループの ![icon]（差し込みフィールドの挿入）の ![icon]→《姓》をクリックします。
⑰ 《差し込み文書》タブ→《文章入力とフィールドの挿入》グループの ![icon]（差し込みフィールドの挿入）の ![icon]→《名》をクリックします。

●プロジェクト4

問題（1）

① 「フィットネス会員」を選択します。
② 《参考資料》タブ→《索引》グループの ![icon]（索引登録）をクリックします。
③ 《登録（メイン）》が「フィットネス会員」になっていることを確認します。
④ 《読み》が「ふぃっとねすかいいん」になっていることを確認します。
⑤ 《登録》をクリックします。
⑥ 《閉じる》をクリックします。

問題（2）

① 「表1」を選択します。
② 《参考資料》タブ→《図表》グループの ![icon]（図表番号の挿入）をクリックします。

③ 《ラベル名》をクリックします。
④ 問題文の文字列「料金表」をクリックしてコピーします。
⑤ 《ラベル》にカーソルを移動します。
⑥ [Ctrl] + [V] を押して文字列を貼り付けます。
※《ラベル》に直接入力してもかまいません。
⑦ 《OK》をクリックします。
⑧ 《番号付け》をクリックします。
⑨ 《書式》の ![icon] をクリックし、一覧から《A,B,C,…》を選択します。
⑩ 《OK》をクリックします。
⑪ 《OK》をクリックします。

問題（3）

① 《開発》タブ→《コード》グループの ![icon]（マクロの表示）をクリックします。
※《開発》タブが表示されていない場合は、表示しておきましょう。
② 《マクロ名》の一覧から「挿入」を選択します。
③ 《編集》をクリックします。
④ 問題文の文字列「料金表作成」をクリックしてコピーします。
⑤ マクロ名の文字列「挿入」を選択します。
⑥ [Ctrl] + [V] を押して文字列を貼り付けます。
※マクロ名を直接入力してもかまいません。
⑦ VBEウィンドウの ![icon]（閉じる）をクリックします。

問題（4）

① 文末にカーソルを移動します。
② 《挿入》タブ→《テキスト》グループの ![icon]（オブジェクト）をクリックします。
③ 《ファイルから》タブを選択します。
④ 《参照》をクリックします。
⑤ デスクトップのフォルダー「FOM Shuppan Documents」のフォルダー「MOS-Word 365 2019-Expert（2）」を開きます。
⑥ 一覧から「問い合わせ」を選択します。
⑦ 《挿入》をクリックします。
⑧ 《リンク》を ☑ にします。
⑨ 《OK》をクリックします。

●プロジェクト5

問題（1）

① 「vol.23」を右クリックします。
② 《フィールドの編集》をクリックします。
③ 《書式》の一覧から《1文字目のみ大文字》を選択します。
④ 《OK》をクリックします。

問題（2）

① 「鶏肉団子スープ」を選択します。
② 《ホーム》タブ→《クリップボード》グループの ![icon]（コピー）をクリックします。

③「野菜ビビンバ」の下にカーソルを移動します。

④《ホーム》タブ→《クリップボード》グループの ▣ (貼り付け)の 貼り付け → ▣ (書式を結合) をクリックします。

問題（3）

①《デザイン》タブ→《ドキュメントの書式設定》グループの ▣ (テーマのフォント)→《フォントのカスタマイズ》をクリックします。

②《見出しのフォント（日本語）》の ▿ をクリックし、一覧から《メイリオ》を選択します。

③ 問題文の文字列「PTAフォント」をクリックしてコピーします。

④《名前》の文字列を選択します。

⑤ [Ctrl] + [V] を押して文字列を貼り付けます。
※《名前》に直接入力してもかまいません。

⑥《保存》をクリックします。

問題（4）

①《校閲》タブ→《保護》グループの ▣ (編集の制限) をクリックします。

②《1. 書式の制限》の《利用可能な書式を制限する》を ✔ にします。

③《設定》をクリックします。

④《なし》をクリックします。

⑤《クイックスタイルセットの切り替えを許可しない》を ✔ にします。

⑥《OK》をクリックします。

⑦《いいえ》をクリックします。

●プロジェクト6

問題（1）

①《校閲》タブ→《比較》グループの ▣ (比較) →《比較》をクリックします。

②《元の文書》の ▿ をクリックし、一覧から「mogi4-project6」を選択します。
※「mogi4-16」と表示される場合があります。

③《変更された文書》の ▣ をクリックします。

④ デスクトップのフォルダー「FOM Shuppan Documents」のフォルダー「MOS-Word 365 2019-Expert（2）」を開きます。

⑤ 一覧から「施設案内（田村）」を選択します。

⑥《開く》をクリックします。

⑦《オプション》をクリックします。
※《変更箇所の表示》が表示されている場合は、《オプション》をクリックする必要はありません。

⑧《変更の表示対象》の《元の文書》を ⦿ にします。

⑨《OK》をクリックします。

●プロジェクト7

問題（1）

①《差し込み文書》タブ→《結果のプレビュー》グループの ▣ (結果のプレビュー) をクリックします。

②《差し込み文書》タブ→《結果のプレビュー》グループの ▣ (最後のレコード) をクリックします。
※15件目のデータが表示されます。

問題（2）

①《ホーム》タブ→《スタイル》グループの ▣ (その他) →《スタイルの作成》をクリックします。

② 問題文の文字列「おすすめ」をクリックしてコピーします。

③《名前》の文字列を選択します。

④ [Ctrl] + [V] を押して文字列を貼り付けます。
※《名前》に直接入力してもかまいません。

⑤《変更》をクリックします。

⑥《種類》の ▿ をクリックし、一覧から《文字》を選択します。

⑦《基準にするスタイル》が《段落フォント》になっていることを確認します。

⑧ [▿] の ▿ をクリックし、一覧から《MSPゴシック》を選択します。

⑨《フォントの色》の ▿ をクリックし、一覧から《テーマの色》の《青、アクセント2》を選択します。

⑩《この文書のみ》を ⦿ にします。

⑪《OK》をクリックします。

⑫「おすすめダイビングスポット」を選択します。

⑬《ホーム》タブ→《スタイル》グループの ▣ (その他) →《おすすめ》をクリックします。

問題（3）

①《デザイン》タブ→《ドキュメントの書式設定》グループの ▣ (その他) →《新しいスタイルセットとして保存》をクリックします。

② 問題文の文字列「ダイビングクラブニュース」をクリックしてコピーします。

③《ファイル名》にカーソルを移動します。

④ [Ctrl] + [V] を押して文字列を貼り付けます。
※《ファイル名》に直接入力してもかまいません。

⑤《保存》をクリックします。

問題（4）

①「内田亜海」を選択します。

②《ホーム》タブ→《フォント》グループの ▣ (ルビ) をクリックします。

③《ルビ》の1行目に「うちだ」と表示されていることを確認します。

④ 問題文の文字列「あみ」をクリックしてコピーします。

⑤《ルビ》の2行目の「あうみ」を選択します。

⑥ [Ctrl] + [V] を押して文字列を貼り付けます。
※《ルビ》に直接入力してもかまいません。

⑦《OK》をクリックします。

●プロジェクト8

問題(1)

① 「料金ご案内」の下にカーソルを移動します。
②《参考資料》タブ→《図表》グループの 図表目次の挿入 (図表目次の挿入)をクリックします。
③《図表目次》タブを選択します。
④《書式》の ∨ をクリックし、一覧から《フォーマル》を選択します。
⑤《図表番号のラベル》の ∨ をクリックし、一覧から《表》を選択します。
⑥《OK》をクリックします。

●プロジェクト9

問題(1)

①《挿入》タブ→《テキスト》グループの 国▼ (クイックパーツの表示)→《文書パーツオーガナイザー》をクリックします。
② 一覧から《店名》を選択します。
③《プロパティの編集》をクリックします。
④《分類》の ∨ をクリックし、一覧から《新しい分類の作成》を選択します。
⑤ 問題文の文字列「ちらし」をクリックしてコピーします。
⑥《名前》にカーソルを移動します。
⑦ [Ctrl]+[V]を押して文字列を貼り付けます。
※《名前》に直接入力してもかまいません。
⑧《OK》をクリックします。
⑨《保存先》の ∨ をクリックし、一覧から《Building Blocks boulangerie》を選択します。
⑩《オプション》の ∨ をクリックし、一覧から《内容をページのまま挿入》を選択します。
⑪《OK》をクリックします。
⑫《はい》をクリックします。
⑬《閉じる》をクリックします。

問題(2)

① 日付を右クリックします。
②《フィールドの編集》をクリックします。
③ 問題文の文字列「M月」をクリックしてコピーします。
④《日付の書式》の文字列を選択します。
⑤ [Ctrl]+[V]を押して文字列を貼り付けます。
※《日付の書式》に直接入力してもかまいません。
⑥《OK》をクリックします。

問題(3)

① 「パンオノア」の図を選択します。
②《参考資料》タブ→《図表》グループの 図表番号の挿入 (図表番号の挿入)をクリックします。
③《図表番号》に「図4」と表示されていることを確認します。
④ 問題文の文字列「「パンオノア」270円」をクリックしてコピーします。

⑤《図表番号》の「図 4」の後ろにカーソルを移動します。
⑥ [Ctrl]+[V]を押して文字列を貼り付けます。
※《図表番号》に直接入力してもかまいません。
⑦《位置》の ∨ をクリックし、一覧から《選択した項目の下》を選択します。
⑧《OK》をクリックします。

問題(4)

①《開発》タブ→《テンプレート》グループの 文書テンプレート (文書テンプレート)をクリックします。
※《開発》タブが表示されていない場合は、表示しておきましょう。
②《構成内容変更》をクリックします。
③《マクロプロジェクト》タブを選択します。
④ 左側の《マクロプロジェクト文書またはテンプレート》に「mogi4-project9(文書)」と表示されていることを確認します。
※「mogi4-25(文書)」と表示される場合があります。
⑤ 右側の《マクロプロジェクト文書またはテンプレート》の《ファイルを閉じる》をクリックします。
⑥ 右側の《マクロプロジェクト文書またはテンプレート》の《ファイルを開く》をクリックします。
⑦ デスクトップのフォルダー「FOM Shuppan Documents」のフォルダー「MOS-Word 365 2019-Expert(2)」を開きます。
⑧《すべてのWordテンプレート》の ∨ をクリックし、一覧から《すべてのWord文書》を選択します。
⑨ 一覧から「おすすめパン」を選択します。
⑩《開く》をクリックします。
⑪ 右側の一覧から《NewMacros》を選択します。
⑫《コピー》をクリックします。
⑬《閉じる》をクリックします。

模擬試験プログラムの使い方

第1回模擬試験

第2回模擬試験

第3回模擬試験

第4回模擬試験

第5回模擬試験

第5回 模擬試験 問題

プロジェクト1

理解度チェック

☑☑☑☑☑ 問題（1） あなたは、新築マンション販売開始の案内書を作成しています。
英単語がハイフンで自動的に区切られないように、ハイフネーションを設定してください。

☑☑☑☑☑ 問題（2） タイトルのテキストボックスを「案内書タイトル」という名前でクイックパーツとして保存してください。保存先は「Building Blocks fudousan」とします。

☑☑☑☑☑ 問題（3） 日本語用の見出しのフォントを「游ゴシック」に設定し、「案内書」という名前のフォントセットを作成してください。

☑☑☑☑☑ 問題（4） クイックパーツ「連絡先」に、「モデルルームの連絡先」と説明を追加してください。

プロジェクト2

理解度チェック

☑☑☑☑☑ 問題（1） 現在開いている文書に、デスクトップのフォルダー「FOM Shuppan Documents」のフォルダー「MOS-Word 365 2019-Expert（2）」の文書「案内書（武田修正）」を組み込んで、変更箇所を新規文書に表示してください。

プロジェクト3

理解度チェック

☑☑☑☑☑ 問題（1） あなたは、食と地域経済に関するレポートを作成しています。
文書内のすべての省略記号を、改行をしないスペースに置換してください。

☑☑☑☑☑ 問題（2） 表題「食と地域経済」の下にある文字列「B級グルメ」をもとに、選択中の文字列に網かけ・二重下線を設定するマクロ「文字強調」を、現在開いている文書に作成してください。マクロは実行しないこと。

☑☑☑☑☑ 問題（3） 現在適用されている配色を変更して、「資料配色」という名前の配色パターンを作成してください。変更する色は、アクセント3を赤「210」、緑「125」、青「0」とします。

☑☑☑☑☑ 問題（4） 見出し「図表一覧」の下に、表の図表目次を作成してください。書式は「シンプル」とします。

プロジェクト4

理解度チェック ☑☑☑☑☑

問題 (1) 差し込み印刷の設定を行ってください。宛先リストはデスクトップのフォルダー「FOM Shuppan Documents」のフォルダー「MOS-Word 365 2019-Expert (2)」の ブック「会員名簿」を使用します。
次に、すべての「様」の前に氏名フィールドを挿入してください。

 プロジェクト5

理解度チェック ☑☑☑☑☑

問題 (1) あなたは、秋に行われるイベントのしおりを作成しています。
スタイル「標準」のフォントを「MSゴシック」に変更し、この文書に保存してください。
ただし、フォントセットを変更しないこと。
次に、「旅行しおり」という名前でスタイルセットとして既定のフォルダーに保存してください。

問題 (2) スタイル「強調」の設定箇所を、スタイル「文字強調」が適用されるよう変更してください。

問題 (3) 見出し「スケジュール」内の「vino rosso」の校正言語をイタリア語（イタリア）に設定してください。メッセージが表示された場合は、表示されたままにします。

問題 (4) フッターにある「kanto union」がすべて大文字で表示されるように、フィールドプロパティを設定してください。フィールドを追加したり、削除したりしないようにします。

プロジェクト6

理解度チェック ☑☑☑☑☑

問題 (1) あなたは、商店街のイベントで配布するパンフレットを作成しています。
デスクトップのフォルダー「FOM Shuppan Documents」のフォルダー「MOS-Word 365 2019-Expert (2)」のテンプレート「喜多川スタイル」から、スタイル「タイトル」をコピーして上書きしてください。テンプレートは添付しないこと。

問題 (2) 表紙の「～」の前後に日付選択コンテンツコントロールを挿入してください。日付の書式は「yyyy年M月d日（aaa）」とし、編集時には自動的にコンテンツコントロールが削除されるようにします。

問題 (3) オムレツカフェ前田の写真の上に、図表番号「企画1オムレツカフェ前田「キノコオムレツ」」を挿入してください。番号は半角数字を使用すること。
次に、文末の図表目次をすべて更新してください。

問題 (4) オムレツカフェ前田の箇条書き「ほうれん草オムレツ」と「スクランブルエッグ」を、上の箇条書きの最後に移動してください。箇条書きの書式は移動先に合わせ、行頭文字が残った場合は削除します。

プロジェクト7

☑☑☑☑☑ 問題 (1) 編集の制限を使って、テーマやスタイルセットを使った書式の変更はできないようにしてください。ただし、メッセージが表示された場合は「いいえ」をクリックし、文書は保護しないこと。

プロジェクト8

☑☑☑☑☑ 問題 (1) あなたは、勉強会の資料を作成しています。
スタイル「項目名」を、フォント「MS明朝」、フォントサイズ「14ポイント」、段落前の間隔「0.5行」に変更し、この文書に保存してください。

☑☑☑☑☑ 問題 (2) 表題「ファシリティマネジメント」の下にある本文の「ファシリティマネジメント」を索引項目に登録してください。次に、編集記号を非表示にした状態で、文末の索引を更新してください。

☑☑☑☑☑ 問題 (3) 見出し「● UPS」が次の段落と分離しないように、改ページ位置の自動修正を設定してください。

☑☑☑☑☑ 問題 (4) 自動保存の間隔を5分に設定してください。

☑☑☑☑☑ 問題 (5) ヘッダーに、文書のタイトルを表示する「Title」フィールドを挿入してください。

プロジェクト9

☑☑☑☑☑ 問題 (1) パスワードを使用して文書を暗号化し、「食と地域経済」と名前を付けてデスクトップのフォルダー「FOM Shuppan Documents」のフォルダー「MOS-Word 365 2019-Expert (2)」に保存してください。パスワードは「0147」とします。

模擬試験プログラムの使い方

第1回模擬試験

第2回模擬試験

第3回模擬試験

第4回模擬試験

第5回模擬試験

操作をはじめる前に
操作をはじめる前に、次の設定を行いましょう。

| 編集記号の表示 |

◆《ホーム》タブ→《段落》グループの ¶ （編集記号の表示/非表示）をオン（濃い灰色の状態）にする。

●プロジェクト1

問題(1)

① 《レイアウト》タブ→《ページ設定》グループの bc ハイフネーション ▾ （ハイフネーションの変更）→《なし》をクリックします。

問題(2)

① テキストボックスを選択します。
② 《挿入》タブ→《テキスト》グループの 国 ▾ （クイックパーツの表示）→《選択範囲をクイックパーツギャラリーに保存》をクリックします。
③ 問題文の文字列「案内書タイトル」をクリックしてコピーします。
④ 《名前》の文字列を選択します。
⑤ Ctrl + V を押して文字列を貼り付けます。
※《名前》に直接入力してもかまいません。
⑥ 《ギャラリー》が《クイックパーツ》になっていることを確認します。
⑦ 《保存先》の ▾ をクリックし、一覧から《Building Blocks fudousan》を選択します。
⑧ 《OK》をクリックします。

問題(3)

① 《デザイン》タブ→《ドキュメントの書式設定》グループの 亜 フォント （テーマのフォント）→《フォントのカスタマイズ》をクリックします。
② 《見出しのフォント（日本語）》の ▾ をクリックし、一覧から《游ゴシック》を選択します。
③ 問題文の文字列「案内書」をクリックしてコピーします。
④ 《名前》の文字列を選択します。
⑤ Ctrl + V を押して文字列を貼り付けます。
※《名前》に直接入力してもかまいません。
⑥ 《保存》をクリックします。

問題(4)

① 《挿入》タブ→《テキスト》グループの 国 ▾ （クイックパーツの表示）→《文書パーツオーガナイザー》をクリックします。
② 一覧から《連絡先》を選択します。
③ 《プロパティの編集》をクリックします。

④ 問題文の文字列「モデルルームの連絡先」をクリックしてコピーします。
⑤ 《説明》にカーソルを移動します。
⑥ Ctrl + V を押して文字列を貼り付けます。
※《説明》に直接入力してもかまいません。
⑦ 《OK》をクリックします。
⑧ 《はい》をクリックします。
⑨ 《閉じる》をクリックします。

●プロジェクト2

問題(1)

① 《校閲》タブ→《比較》グループの 🗐 （比較）→《組み込み》をクリックします。
② 《元の文書》の ▾ をクリックし、一覧から「mogi5-project2」を選択します。
※「mogi5-05」と表示される場合があります。
③ 《変更された文書》の 🗐 をクリックします。
④ デスクトップのフォルダー「FOM Shuppan Documents」のフォルダー「MOS-Word 365 2019-Expert(2)」を開きます。
⑤ 一覧から「案内書（武田修正）」を選択します。
⑥ 《開く》をクリックします。
⑦ 《オプション》をクリックします。
※《変更箇所の表示》が表示されている場合は、《オプション》をクリックする必要はありません。
⑧ 《変更の表示対象》の《新規文書》を ⦿ にします。
⑨ 《OK》をクリックします。

●プロジェクト3

問題(1)

① 《ホーム》タブ→《編集》グループの ab置換 （置換）をクリックします。
② 《置換》タブを選択します。
③ 《検索する文字列》にカーソルを移動します。
④ 《オプション》をクリックします。
⑤ 《あいまい検索(日)》を ☐ にします。
⑥ 《特殊文字》をクリックします。
⑦ 《省略記号》をクリックします。
※《検索する文字列》に「^i」と表示されます。
⑧ 《置換後の文字列》にカーソルを移動します。
⑨ 《特殊文字》をクリックします。
⑩ 《改行をしないスペース》をクリックします。
※《置換後の文字列》に「^s」と表示されます。
⑪ 《すべて置換》をクリックします。
⑫ 《OK》をクリックします。
※4個の項目が置換されます。
⑬ 《閉じる》をクリックします。

問題（2）

①「B級グルメ」を選択します。

②《開発》タブ→《コード》グループの [マクロの記録] （マクロの記録）をクリックします。

※《開発》タブが表示されていない場合は、表示しておきましょう。

③問題文の文字列「**文字強調**」をクリックしてコピーします。

④《マクロ名》の文字列を選択します。

⑤ [Ctrl] + [V] を押して文字列を貼り付けます。

※《マクロ名》に直接入力してもかまいません。

⑥《マクロの保存先》の [∨] をクリックし、一覧から「mogi5-project3（文書）」を選択します。

※「mogi5-07（文書）」と表示される場合があります。

⑦《OK》をクリックします。

⑧《ホーム》タブ→《フォント》グループの [A] （文字の網かけ）をクリックします。

⑨《ホーム》タブ→《フォント》グループの [U▾] （下線）の [▾] →《＝＝＝＝＝＝＝》（二重下線）をクリックします。

⑩《開発》タブ→《コード》グループの [■ 記録終了] （記録終了）をクリックします。

問題（3）

①《デザイン》タブ→《ドキュメントの書式設定》グループの [配色] （テーマの色）→《色のカスタマイズ》をクリックします。

②《アクセント3》の [■▾] をクリックし、《その他の色》をクリックします。

③《ユーザー設定》タブを選択します。

④《カラーモデル》が《RGB》になっていることを確認します。

⑤《赤》を「210」、《緑》を「125」、《青》を「0」に設定します。

⑥《OK》をクリックします。

⑦問題文の文字列「**資料配色**」をクリックしてコピーします。

⑧《名前》の文字列を選択します。

⑨ [Ctrl] + [V] を押して文字列を貼り付けます。

※《名前》に直接入力してもかまいません。

⑩《保存》をクリックします。

問題（4）

①「図表一覧」の下にカーソルを移動します。

②《参考資料》タブ→《図表》グループの [図表目次の挿入] （図表目次の挿入）をクリックします。

③《図表目次》タブを選択します。

④《書式》の [∨] をクリックし、一覧から《シンプル》を選択します。

⑤《図表番号のラベル》の [∨] をクリックし、一覧から《表》を選択します。

⑥《OK》をクリックします。

●プロジェクト4

問題（1）

①《差し込み文書》タブ→《差し込み印刷の開始》グループの [差し込み印刷の開始] （差し込み印刷の開始）→《レター》をクリックします。

②《差し込み文書》タブ→《差し込み印刷の開始》グループの [宛先の選択] （宛先の選択）→《既存のリストを使用》をクリックします。

③デスクトップのフォルダー「**FOM Shuppan Documents**」のフォルダー「**MOS-Word 365 2019-Expert（2）**」を開きます。

④一覧から「**会員名簿**」を選択します。

⑤《開く》をクリックします。

⑥「**会員一覧$**」を選択します。

⑦《OK》をクリックします。

⑧2行目の「**様**」の前にカーソルを移動します。

⑨《差し込み文書》タブ→《文章入力とフィールドの挿入》グループの [差し込みフィールドの挿入] （差し込みフィールドの挿入）の [差し込みフィールドの挿入▾] →《氏名》をクリックします。

⑩同様に、表の1行2列目の「**様**」の前に氏名フィールドを挿入します。

●プロジェクト5

問題（1）

①《ホーム》タブ→《スタイル》グループの [▾] （その他）→《標準》を右クリックします。

②《変更》をクリックします。

③ [メイリオ (本文のフ|∨] の [∨] をクリックし、一覧から《MSゴシック》を選択します。

④《この文書のみ》を [◉] にします。

⑤《OK》をクリックします。

⑥《デザイン》タブ→《ドキュメントの書式設定》グループの [▾] （その他）→《新しいスタイルセットとして保存》をクリックします。

⑦問題文の文字列「**旅行しおり**」をクリックしてコピーします。

⑧《ファイル名》にカーソルを移動します。

⑨ [Ctrl] + [V] を押して文字列を貼り付けます。

※《ファイル名》に直接入力してもかまいません。

⑩《保存》をクリックします。

問題（2）

①《ホーム》タブ→《編集》グループの [置換] （置換）をクリックします。

②《置換》タブを選択します。

③《検索する文字列》にカーソルを移動します。

④《オプション》をクリックします。

⑤《書式》をクリックします。

⑥《スタイル》をクリックします。

⑦《検索するスタイル》の一覧から《強調》を選択します。

⑧《OK》をクリックします。

⑨《置換後の文字列》にカーソルを移動します。

⑩《書式》をクリックします。

⑪《スタイル》をクリックします。

⑫《置換後のスタイル》の一覧から《文字強調》を選択します。

⑬《OK》をクリックします。

⑭《すべて置換》をクリックします。

⑮《OK》をクリックします。

※2個の項目が置換されます。

⑯《閉じる》をクリックします。

問題(3)

① 「vino rosso」を選択します。

② 《校閲》タブ→《言語》グループの (言語)→《校正言語の設定》をクリックします。

③ 一覧から《イタリア語(イタリア)》を選択します。

④ 《OK》をクリックします。

問題(4)

① フッター領域をダブルクリックします。

② 「kanto union」を右クリックします。

③ 《フィールドの編集》をクリックします。

④ 《書式》の一覧から《大文字》を選択します。

⑤ 《OK》をクリックします。

⑥ 《ヘッダー/フッターツール》の《デザイン》タブ→《閉じる》グループの (ヘッダーとフッターを閉じる)をクリックします。

●プロジェクト6

問題(1)

① 《開発》タブ→《テンプレート》グループの (文書テンプレート)をクリックします。

※《開発》タブが表示されていない場合は、表示しておきましょう。

② 《構成内容変更》をクリックします。

③ 《スタイル》タブを選択します。

④ 左側の《スタイル文書またはテンプレート》に「mogi5-project6(文書)」と表示されていることを確認します。

※「mogi5-15(文書)」と表示される場合があります。

⑤ 右側の《スタイル文書またはテンプレート》の《ファイルを閉じる》をクリックします。

⑥ 右側の《スタイル文書またはテンプレート》の《ファイルを開く》をクリックします。

⑦ デスクトップのフォルダー「FOM Shuppan Documents」のフォルダー「MOS-Word 365 2019-Expert(2)」を開きます。

⑧ 一覧から「喜多川スタイル」を選択します。

⑨ 《開く》をクリックします。

⑩ 右側の一覧から《タイトル》を選択します。

⑪ 《コピー》をクリックします。

⑫ 《はい》をクリックします。

⑬ 《閉じる》をクリックします。

問題(2)

① 「~」の前にカーソルを移動します。

② 《開発》タブ→《コントロール》グループの (日付選択コンテンツコントロール)をクリックします。

※《開発》タブが表示されていない場合は、表示しておきましょう。

③ 《開発》タブ→《コントロール》グループの プロパティ (コントロールのプロパティ)をクリックします。

④ 《コンテンツの編集時にコンテンツコントロールを削除する》を にします。

⑤ 《ロケール》の をクリックし、一覧から《日本語》を選択します。

⑥ 《カレンダーの種類》の をクリックし、一覧から《グレゴリオ暦》を選択します。

⑦ 《日付の表示形式》の一覧から《yyyy年M月d日(aaa)》の形式を選択します。

※本日の日付で表示されます。

⑧ 《OK》をクリックします。

⑨ 《ホーム》タブ→《クリップボード》グループの コピー (コピー)をクリックします。

⑩ 「~」の後ろにカーソルを移動します。

⑪ 《ホーム》タブ→《クリップボード》グループの (貼り付け)をクリックします。

問題(3)

① 図を選択します。

② 《参考資料》タブ→《図表》グループの (図表番号の挿入)をクリックします。

③ 《ラベル名》をクリックします。

④ 問題文の文字列「企画」をクリックしてコピーします。

⑤ 《ラベル》にカーソルを移動します。

⑥ Ctrl + V を押して文字列を貼り付けます。

※《ラベル》に直接入力してもかまいません。

⑦ 《OK》をクリックします。

⑧ 《番号付け》をクリックします。

⑨ 《書式》の をクリックし、一覧から《1,2,3,…》を選択します。

⑩ 《OK》をクリックします。

⑪ 問題文の文字列「オムレツカフェ前田「キノコオムレツ」」をクリックしてコピーします。

⑫ 《図表番号》の「企画 1」の後ろにカーソルを移動します。

⑬ Ctrl + V を押して文字列を貼り付けます。

※《図表番号》に直接入力してもかまいません。

⑭ 《位置》の をクリックし、一覧から《選択した項目の上》を選択します。

⑮ 《OK》をクリックします。

⑯ 文末の図表目次内をクリックします。

⑰ 《参考資料》タブ→《図表》グループの 図表目次の更新 (図表目次の更新)をクリックします。

⑱ 《目次をすべて更新する》を にします。

⑲ 《OK》をクリックします。

問題(4)

① 「ほうれん草オムレツ」と「スクランブルエッグ」の段落を選択します。

② 《ホーム》タブ→《クリップボード》グループの 切り取り (切り取り)をクリックします。

③ 「ビーフオムレツ」の下の行頭文字の後ろにカーソルを移動します。

④ 《ホーム》タブ→《クリップボード》グループの (貼り付け)の 貼り付け → (リストを結合する)をクリックします。

⑤ 余分な行頭文字を削除します。

●プロジェクト7

問題(1)

① 《校閲》タブ→《保護》グループの （編集の制限）をクリックします。

② 《1. 書式の制限》の《利用可能な書式を制限する》を ☑ にします。

③ 《設定》をクリックします。

④ 《テーマまたはパターンの切り替えを許可しない》を ☑ にします。

⑤ 《クイックスタイルセットの切り替えを許可しない》を ☑ にします。

⑥ 《OK》をクリックします。

⑦ 《いいえ》をクリックします。

●プロジェクト8

問題(1)

① 《ホーム》タブ→《スタイル》グループの （その他）→《項目名》を右クリックします。

② 《変更》をクリックします。

③ 游ゴシック Light (｜ の ｜ をクリックし、一覧から《MS明朝》を選択します。

④ 12 ｜ の ｜ をクリックし、一覧から《14》を選択します。

⑤ 《書式》をクリックします。

⑥ 《段落》をクリックします。

⑦ 《インデントと行間隔》タブを選択します。

⑧ 《段落前》を「0.5行」に設定します。

⑨ 《OK》をクリックします。

⑩ 《この文書のみ》を ◉ にします。

⑪ 《OK》をクリックします。

問題(2)

① 「ファシリティマネジメント」を選択します。

② 《参考資料》タブ→《索引》グループの （索引登録）をクリックします。

③ 《登録(メイン)》が「ファシリティマネジメント」になっていることを確認します。

④ 《読み》が「ふぁしりてぃまねじめんと」になっていることを確認します。

⑤ 《登録》をクリックします。

⑥ 《閉じる》をクリックします。

⑦ 《ホーム》タブ→《段落》グループの （編集記号の表示/非表示）をクリックしてオフにします。

⑧ 索引内をクリックします。

⑨ 《参考資料》タブ→《索引》グループの 索引の更新 （索引の更新）をクリックします。

問題(3)

① 「● UPS」の段落にカーソルを移動します。
※段落内であれば、どこでもかまいません。

② 《ホーム》タブ→《段落》グループの （段落の設定）をクリックします。

③ 《改ページと改行》タブを選択します。

④ 《次の段落と分離しない》を ☑ にします。

⑤ 《OK》をクリックします。

問題(4)

① 《ファイル》タブを選択します。

② 《オプション》をクリックします。

※お使いの環境によっては《オプション》が表示されていない場合があります。その場合は《その他》→《オプション》をクリックします。

③ 左側の一覧から《保存》を選択します。

④ 《次の間隔で自動回復用データを保存する》を ☑ にします。

⑤ 「5」分ごとに設定します。

⑥ 《OK》をクリックします。

問題(5)

① ヘッダー領域をダブルクリックします。

② 《挿入》タブ→《テキスト》グループの （クイックパーツの表示）→《フィールド》をクリックします。

③ 《フィールドの名前》の一覧から《Title》を選択します。

④ 《OK》をクリックします。

⑤ 《ヘッダー/フッターツール》の《デザイン》タブ→《閉じる》グループの （ヘッダーとフッターを閉じる）をクリックします。

●プロジェクト9

問題(1)

① 《ファイル》タブを選択します。

② 《情報》→《文書の保護》→《パスワードを使用して暗号化》をクリックします。

③ 問題文の文字列「0147」をクリックしてコピーします。

④ 《パスワード》にカーソルを移動します。

⑤ Ctrl + V を押して文字列を貼り付けます。
※《パスワード》に直接入力してもかまいません。

⑥ 《OK》をクリックします。

⑦ 《パスワードの再入力》にカーソルを移動します。

⑧ Ctrl + V を押して文字列を貼り付けます。
※《パスワードの再入力》に直接入力してもかまいません。

⑨ 《OK》をクリックします。

⑩ 《名前を付けて保存》→《参照》をクリックします。

⑪ デスクトップのフォルダー「FOM Shuppan Documents」のフォルダー「MOS-Word 365 2019-Expert(2)」を開きます。

⑫ 問題文の文字列「食と地域経済」をクリックしてコピーします。

⑬ 《ファイル名》の文字列を選択します。

⑭ Ctrl + V を押して文字列を貼り付けます。
※《ファイル名》に直接入力してもかまいません。

⑮ 《保存》をクリックします。

MOS 365&2019
攻略ポイント

1 | MOS 365&2019の試験形式

Wordの機能や操作方法をマスターするだけでなく、試験そのものについても理解を深めておきましょう。

1 マルチプロジェクト形式とは

MOS 365&2019は、「**マルチプロジェクト形式**」という試験形式で実施されます。
このマルチプロジェクト形式を図解で表現すると、次のようになります。

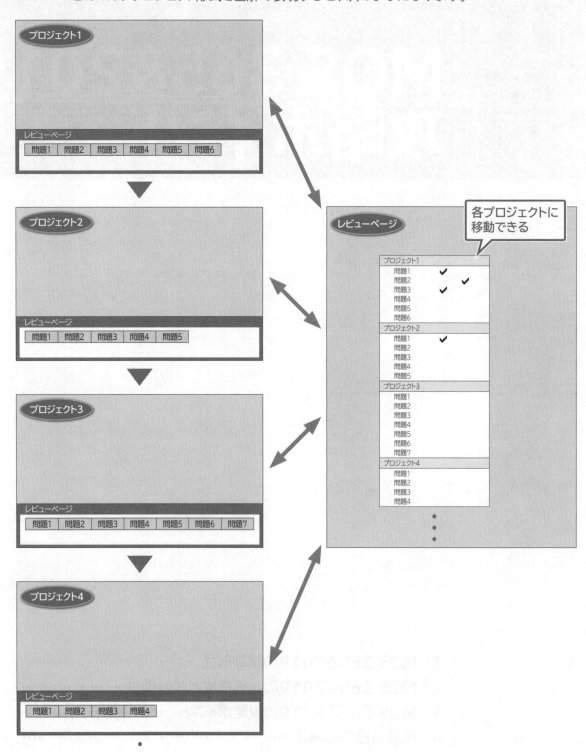

■プロジェクト

「マルチプロジェクト」の「マルチ」は"複数"という意味で、「プロジェクト」は"操作すべきファイル"を指しています。マルチプロジェクトは、言い換えると、"操作すべき複数のファイル"となります。

複数のファイルを操作して、すべて完成させていく試験、それがMOS 365＆2019の試験形式です。

1回の試験で出題されるプロジェクト数、つまりファイル数は、5～10個程度です。各プロジェクトはそれぞれ独立しており、1つ目のプロジェクトで行った操作が、2つ目以降のプロジェクトに影響することはありません。

「プロジェクト＝ファイル」
と考えると、いいんだね！

また、1つのプロジェクトには、1～7個程度の問題（タスク）が用意されています。問題には、ファイルに対してどのような操作を行うのか、具体的な指示が記述されています。

■レビューページ

すべてのプロジェクトから、「レビューページ」と呼ばれるプロジェクトの一覧に移動できます。レビューページから、未解答の問題や見直したい問題に戻ることができます。

レビューページから
見直しができるんだね！

2 | MOS 365&2019の画面構成と試験環境

本試験の画面構成や試験環境について、あらかじめ不安や疑問を解消しておきましょう。

1 | 本試験の画面構成を確認しよう

MOS 365&2019の試験画面については、模擬試験プログラムと異なる部分をあらかじめ確認しましょう。
本試験は、次のような画面で行われます。

（株式会社オデッセイコミュニケーションズ提供）

❶アプリケーションウィンドウ

本試験では、アプリケーションウィンドウのサイズ変更や移動が可能です。
※模擬試験プログラムでは、サイズ変更や移動ができません。

❷試験パネル

本試験では、試験パネルのサイズ変更や移動が可能です。
※模擬試験プログラムでは、サイズ変更や移動ができません。

❸ ⚙

試験パネルの文字のサイズの変更や、電卓を表示できます。
※文字のサイズは、キーボードからも変更できます。
※模擬試験プログラムでは電卓を表示できません。

❹レビューページ

レビューページに移動できます。

※レビューページに移動する前に確認のメッセージが表示されます。

❺次のプロジェクト

次のプロジェクトに移動できます。

※次のプロジェクトに移動する前に確認のメッセージが表示されます。

❻⬇️

試験パネルを最小化します。

❼◾️

アプリケーションウィンドウや試験パネルをサイズ変更したり移動したりした場合に、ウィンドウの配置を元に戻します。

※模擬試験プログラムには、この機能がありません。

❽解答済みにする

解答済みの問題にマークを付けることができます。レビューページで、マークの有無を確認できます。

❾あとで見直す

わからない問題や解答に自信がない問題に、マークを付けることができます。レビューページで、マークの有無を確認できるので、見直す際の目印になります。

※模擬試験プログラムでは、「付箋を付ける」がこの機能に相当します。

❿試験後にコメントする

コメントを残したい問題に、マークを付けることができます。試験中に気になる問題があれば、マークを付けておき、試験後にその問題に対するコメントを入力できます。試験主幹元のMicrosoftにコメントが配信されます。

※模擬試験プログラムには、この機能がありません。

本試験の画面について

本試験の画面は、試験システムの変更などで、予告なく変更される可能性があります。本試験を開始すると、問題が出題される前に試験に関する注意事項（チュートリアル）が表示されます。注意事項には、試験画面の操作方法や諸注意などが記載されているので、よく読んで不明な点があれば試験会場の試験官に確認しましょう。本試験の最新情報については、MOS公式サイト（https://mos.odyssey-com.co.jp/）をご確認ください。

---

2 本試験の実施環境を確認しよう

普段使い慣れている自分のパソコン環境と、試験のパソコン環境がどれくらい違うのか、あらかじめ確認しておきましょう。

●コンピューター

本試験では、原則的にデスクトップ型のパソコンが使われます。ノートブック型のパソコンは使われないので、普段ノートブック型を使っている人は注意が必要です。デスクトップ型とノートブック型では、矢印キーや Delete など一部のキーの配列が異なるので、慣れていないと使いにくいと感じるかもしれません。普段から本試験と同じ型のキーボードで練習するとよいでしょう。

●キーボード

本試験では、「109型」または「106型」のキーボードが使われます。自分のキーボードと比べて確認しておきましょう。

109型キーボード

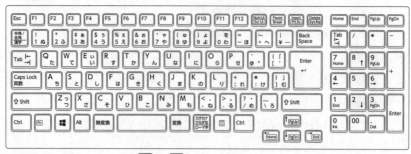

※「106型キーボード」には、⊞ と 国 のキーがありません。

●ディスプレイ

本試験では、17インチ以上のディスプレイ、「1280×1024ピクセル」以上の画面解像度が使われます。

画面解像度によって変わるのは、リボン内のボタンのサイズや配置です。例えば、「1024×768ピクセル」と「1920×1200ピクセル」で比較すると、次のようにボタンのサイズや配置が異なります。

1024×768ピクセル

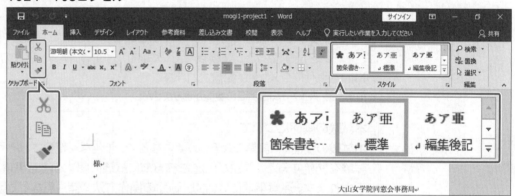

1920×1200ピクセル

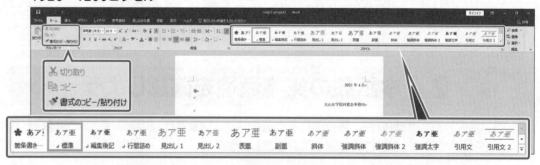

自分のパソコンと試験会場のパソコンの画面解像度が異なっても、ボタンの配置に大きな変わりはありません。ボタンのサイズが変わっても対処できるように、ボタンの大体の配置を覚えておくようにしましょう。

●日本語入力システム

本試験の日本語入力システムは、「Microsoft IME」が使われます。Windowsには、Microsoft IMEが標準で搭載されているため、多くの人が意識せずにMicrosoft IMEを使い、その入力方法に慣れているはずです。しかし、ATOKなどその他の日本語入力システムを使っている人は、入力方法が異なるので注意が必要です。普段から本試験と同じ日本語入力システムで練習するとよいでしょう。

3 | MOS 365&2019の攻略ポイント

本試験に取り組む際に、どうすれば効果的に解答できるのか、どうすればうっかりミスをなくすことができるのかなど、気を付けたいポイントを確認しましょう。

1 | 全体のプロジェクト数と問題数を確認しよう

試験が始まったら、まず、全体のプロジェクト数と問題数を確認しましょう。
出題されるプロジェクト数は5〜10個程度で、試験パターンによって変わります。また、レビューページを表示すると、プロジェクト内の問題数も確認できます。

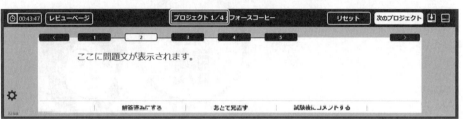

2 | 時間配分を考えよう

全体のプロジェクト数を確認したら、適切な時間配分を考えましょう。
タイマーにときどき目をやり、進み具合と残り時間を確認しながら進めましょう。

終盤の問題で焦らないために、40分前後ですべての問題に解答できるようにトレーニングしておくとよいでしょう。残った時間を見直しに充てるようにすると、気持ちが楽になります。

【例】
全体のプロジェクト数が7問の場合

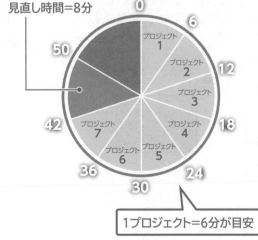

見直し時間=8分

1プロジェクト=6分が目安

【例】
全体のプロジェクト数が9問の場合

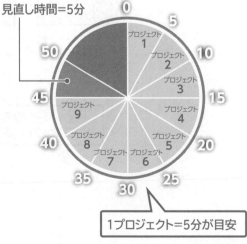

見直し時間=5分

1プロジェクト=5分が目安

3 問題文をよく読もう

問題文をよく読み、指示されている操作だけを行います。

操作に精通していると過信している人は、問題文をよく読まずに先走ったり、指示されている以上の操作までしてしまったり、という過ちをおかしがちです。指示されていない余分な操作をしてはいけません。

また、コマンド名が明示されていない問題も出題されます。問題文をしっかり読んでどのコマンドを使うのか判断しましょう。

問題文の一部には下線の付いた文字列があります。この文字列はコピーすることができるので、入力が必要な問題では、積極的に利用するとよいでしょう。文字の入力ミスを防ぐことができるので、効率よく解答することができます。

4 プロジェクト間の行き来に注意しよう

問題ウィンドウには《レビューページ》のボタンがあり、クリックするとレビューページに移動できます。

例えば、「プロジェクト1」から「プロジェクト2」に移動した後に、「プロジェクト1」での操作ミスに気付いたときなどレビューページを使って「プロジェクト1」に戻り、操作をやり直すことが可能です。レビューページから前のプロジェクトに戻った場合、自分の解答済みのファイルが保持されています。

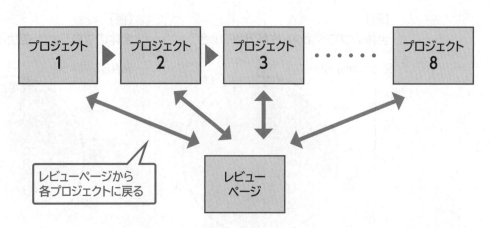

5 わかる問題から解答しよう

試験の最後にも、レビューページが表示されます。レビューページから各プロジェクトに戻ることができるので、わからない問題にはあとから取り組むようにしましょう。前半でわからない問題に時間をかけ過ぎると、後半で時間不足に陥ってしまいます。時間がなくなると、焦ってしまい、冷静に考えれば解ける問題にも対処できなくなります。わかる問題を一通り解いて確実に得点を積み上げましょう。

解答できなかった問題には《あとで見直す》のマークを付けておき、見直す際の目印にしましょう。

6 リセットに注意しよう

《リセット》をクリックすると、現在表示されているプロジェクトのファイルが初期状態に戻ります。プロジェクトに対して行ったすべての操作がクリアされるので、注意しましょう。

例えば、問題1と問題2を解答し、問題3で操作ミスをしてリセットすると、問題1や問題2の結果もクリアされます。問題1や問題2の結果を残しておきたい場合には、リセットしてはいけません。

直前の操作を取り消したい場合には、Wordの ↩ （元に戻す）を使うとよいでしょう。ただし、元に戻らない機能もあるので、頼りすぎるのは禁物です。

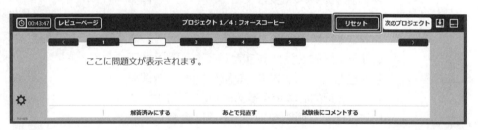

7 ナビゲーションウィンドウを活用しよう

Wordの文書は複数のページで構成されるため、どこの箇所に対して操作するか見つけづらい場合があります。そのような場合は、ナビゲーションウィンドウを利用するとよいでしょう。ナビゲーションウィンドウには文書内の見出しが一覧で表示されるため、問題文で指示されている箇所が探しやすくなります。

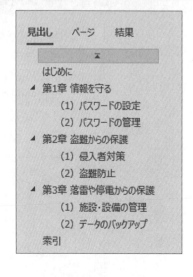

4 試験当日の心構え

本試験で緊張したり焦ったりして、本来の実力が発揮できなかった、という話がときどき聞かれます。本試験ではシーンと静まり返った会場に、キーボードをたたく音だけが響き渡り、思った以上に緊張したり焦ったりするものです。ここでは、試験当日に落ち着いて試験に臨むための心構えを解説します。

1 自分のペースで解答しよう

試験会場にはほかの受験者もいますが、他人は気にせず自分のペースで解答しましょう。受験者の中にはキー入力がとても速い人、早々に試験を終えて退出する人など様々な人がいますが、他人のスピードで焦ることはありません。30分で試験を終了しても、50分で試験を終了しても採点結果に差はありません。自分のペースを大切にして、試験時間50分を上手に使いましょう。

2 試験日に合わせて体調を整えよう

試験日の体調には、くれぐれも注意しましょう。体の調子が悪くて受験できなかったり、体調不良のまま受験しなければならなかったりすると、それまでの努力が水の泡になってしまいます。試験を受け直すとしても、費用が再度発生してしまいます。試験に向けて無理をせず、計画的に学習を進めましょう。また、前日には十分な睡眠を取り、当日は食事も十分に摂りましょう。

3 早めに試験会場に行こう

事前に試験会場までの行き方や所要時間は調べておき、試験当日に焦ることのないようにしましょう。
受付時間を過ぎると入室禁止になるので、ギリギリの行動はよくありません。早めに試験会場に行って、受付の待合室でテキストを復習するくらいの時間的な余裕をみて行動しましょう。

困ったときには

困ったときには

Q&A　模擬試験プログラムのアップデート

1 本試験の画面が変更された場合やWindowsがアップデートされた場合などに、模擬試験プログラムの内容は変更されますか?

模擬試験プログラムはアップデートする可能性があります。最新情報については、FOM出版のホームページをご確認ください。
※FOM出版のホームページへのアクセスについては、P.11を参照してください。

Q&A　模擬試験プログラム起動時のメッセージと対処方法

2 模擬試験を開始しようとすると、メッセージが表示され、模擬試験プログラムが起動しません。どうしたらいいですか?

各メッセージと対処方法は次のとおりです。

メッセージ	対処方法
Accessが起動している場合、模擬試験を起動できません。 Accessを終了してから模擬試験プログラムを起動してください。	模擬試験プログラムを終了して、Accessを終了してください。Accessが起動している場合、模擬試験プログラムを起動できません。
Adobe Readerが起動している場合、模擬試験を起動できません。 Adobe Readerを終了してから模擬試験プログラムを起動してください。	模擬試験プログラムを終了して、Adobe Readerを終了してください。Adobe Readerが起動している場合、模擬試験プログラムを起動できません。
Excelが起動している場合、模擬試験を起動できません。 Excelを終了してから模擬試験プログラムを起動してください。	模擬試験プログラムを終了して、Excelを終了してください。Excelが起動している場合、模擬試験プログラムを起動できません。
OneDriveと同期していると、模擬試験プログラムが正常に動作しない可能性があります。 OneDriveの同期を一時停止してから模擬試験プログラムを起動してください。	デスクトップとOneDriveが同期している状態で、模擬試験プログラムを起動しようとすると、このメッセージが表示されます。OneDriveの同期を一時停止してから模擬試験プログラムを起動してください。 ※OneDriveとの同期を停止する方法については、Q&A19を参照してください。
PowerPointが起動している場合、模擬試験を起動できません。 PowerPointを終了してから模擬試験プログラムを起動してください。	模擬試験プログラムを終了して、PowerPointを終了してください。 PowerPointが起動している場合、模擬試験プログラムを起動できません。

メッセージ	対処方法
Wordが起動している場合、模擬試験を起動できません。 Wordを終了してから模擬試験プログラムを起動してください。	模擬試験プログラムを終了して、Wordを終了してください。 Wordが起動している場合、模擬試験プログラムを起動できません。
XPSビューアーが起動している場合、模擬試験を起動できません。 XPSビューアーを終了してから模擬試験プログラムを起動してください。	模擬試験プログラムを終了して、XPSビューアーを終了してください。 XPSビューアーが起動している場合、模擬試験プログラムを起動できません。
ディスプレイの解像度が動作保障環境（1280×768px）より小さいためプログラムを起動できません。 ディスプレイの解像度を変更してから模擬試験プログラムを起動してください。	模擬試験プログラムを終了して、画面の解像度を「1280×768ピクセル」以上に設定してください。 ※画面の解像度については、Q&A15を参照してください。
テキスト記載のシリアルキーを入力してください。	模擬試験プログラムを初めて起動する場合に、このメッセージが表示されます。2回目以降に起動する際には表示されません。 ※模擬試験プログラムの起動については、P.203を参照してください。
パソコンにWord 2019またはMicrosoft 365がインストールされていないため、模擬試験を開始できません。プログラムを一旦終了して、Word 2019またはMicrosoft 365をパソコンにインストールしてください。	模擬試験プログラムを終了して、Word 2019／Microsoft 365をインストールしてください。 模擬試験を行うためには、Word 2019／Microsoft 365がパソコンにインストールされている必要があります。 Word 2013などのほかのバージョンのWordでは模擬試験を行うことはできません。 また、Office 2019／Microsoft 365のライセンス認証を済ませておく必要があります。 ※Word 2019／Microsoft 365がインストールされていないパソコンでも模擬試験プログラムの標準解答のアニメーションとナレーションは確認できます。
他のアプリケーションソフトが起動しています。 模擬試験プログラムを起動できますが、正常に動作しない可能性があります。 このまま処理を続けますか？	任意のアプリケーションが起動している状態で、模擬試験プログラムを起動しようとすると、このメッセージが表示されます。 また、セキュリティソフトなどの監視プログラムが常に動作している状態でも、このメッセージが表示されることがあります。 《はい》をクリックすると、アプリケーション起動中でも模擬試験プログラムを起動できます。ただし、その場合には模擬試験プログラムが正しく動作しない可能性がありますので、ご注意ください。 《いいえ》をクリックして、アプリケーションをすべて終了してから、模擬試験プログラムを起動することを推奨します。
保持していたシリアルキーが異なります。再入力してください。	初めて模擬試験プログラムを起動したときと、現在のネットワーク環境が異なる場合に表示される可能性があります。シリアルキーを再入力してください。 ※再入力しても起動しない場合は、シリアルキーを削除してください。シリアルキーの削除については、Q&A13を参照してください。
模擬試験プログラムは、すでに起動しています。模擬試験プログラムが起動していないか、または別のユーザーがサインインして模擬試験プログラムを起動していないかを確認してください。	すでに模擬試験プログラムを起動している場合に、このメッセージが表示されます。模擬試験プログラムが起動していないか、または別のユーザーがサインインして模擬試験プログラムを起動していないかを確認してください。1台のパソコンで同時に複数の模擬試験プログラムを起動することはできません。

※メッセージは五十音順に記載しています。

Q&A　模擬試験実施中のトラブル

3　模擬試験中にダイアログボックスを表示すると、問題ウィンドウのボタンや問題文が隠れて見えなくなります。どうしたらいいですか？

画面の解像度によって、問題ウィンドウのボタンや問題文が見えなくなる場合があります。ダイアログボックスのサイズや位置を変更して調整してください。

4 模擬試験の解答確認画面で音声が聞こえません。どうしたらいいですか？

次の内容を確認してください。

●音声ボタンがオフになっていませんか？
解答確認画面の表示が《音声オン》になっている場合は、クリックして《音声オフ》にします。

●音量がミュートになっていませんか？
タスクバーの音量を確認し、ミュートになっていないか確認します。

●スピーカーまたはヘッドホンが正しく接続されていますか？
音声を聞くには、スピーカーまたはヘッドホンが必要です。接続や電源を確認します。

5 標準解答どおりに操作しても正解にならない箇所があります。なぜですか？

模擬試験プログラムの動作確認は、2021年2月現在のWord 2019（16.0.10369.20032）またはMicrosoft 365（16.0.13530.20418）に基づいて行っています。自動アップデートによってWord 2019／Microsoft 365の機能が更新された場合には、模擬試験プログラムの採点が正しく行われない可能性があります。あらかじめご了承ください。

Officeのビルド番号は、次の手順で確認します。

---
① Wordを起動し、文書を表示します。
②《ファイル》タブを選択します。
③《アカウント》をクリックします。
④《Wordのバージョン情報》をクリックします。
⑤ 1行目の「Microsoft Word 2019MSO」の後ろに続くカッコ内の数字を確認します。

※本書の最新情報については、P.11に記載されているFOM出版のホームページにアクセスして確認してください。

6 模擬試験中に画面が動かなくなりました。どうしたらいいですか？

模擬試験プログラムとWordを次の手順で強制終了します。

---
①「Ctrl」+「Alt」+「Delete」を押します。
②《タスクマネージャー》をクリックします。
③《詳細》をクリックします。
④ 一覧から《MOS Word 365＆2019 Expert》を選択します。
⑤《タスクの終了》をクリックします。
⑥ 一覧から《Microsoft Word》を選択します。
⑦《タスクの終了》をクリックします。

強制終了後、模擬試験プログラムを再起動すると、次のようなメッセージが表示されます。《復元して起動》をクリックすると、ファイルを最後に上書き保存したときの状態から試験を再開できます。また、試験の残り時間は、強制終了した時点からカウントが再開されます。

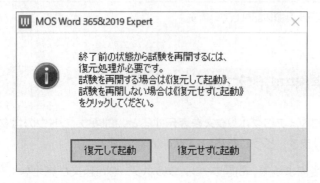

7 比較や組み込みに関する問題を解答後、レビューページからその問題を表示すると、Word ウィンドウの表示が変わってしまいました。どうしたらいいですか？

レビューページから比較や組み込みに関する問題を表示すると、《変更履歴》ウィンドウや元の文書、変更された文書が表示されません。
正しく解答できている場合、採点に影響はありません。

8 模擬試験プログラムを強制終了したら、デスクトップにフォルダー「FOM Shuppan Documents」が作成されていました。このフォルダーは何ですか？

模擬試験プログラムを起動すると、デスクトップに「FOM Shuppan Documents」というフォルダーが作成されます。模擬試験実行中は、そのフォルダーにファイルを保存したり、そのフォルダーからファイルを挿入したりします。模擬試験プログラムを終了すると、自動的にそのフォルダーも削除されますが、終了時にトラブルがあった場合や強制終了した場合などに、フォルダーを削除する処理が行われないことがあります。
このような場合は、模擬試験プログラムを一旦起動してから再度終了してください。

9 模擬試験を強制終了後、復元したら○だった問題が✕になりました。なぜですか？

復元を行うと、以下の問題において正誤判定に必要なファイルや設定が読み込まれない場合があります。そのため、復元後に採点すると✕になる可能性があります。

第1回	プロジェクト7 問題(4)	Wordのオプションに関する問題
第4回	プロジェクト2 問題(5)	Wordのオプションに関する問題
	プロジェクト6 問題(1)	文書の比較に関する問題
第5回	プロジェクト8 問題(4)	Wordのオプションに関する問題

Q&A　模擬試験プログラムのアンインストール

10 模擬試験プログラムをアンインストールするには、どうしたらいいですか？

模擬試験プログラムは、次の手順でアンインストールします。

① ⊞ (スタート)をクリックします。
② ⚙ (設定)をクリックします。
③ 《アプリ》をクリックします。
④ 左側の一覧から《アプリと機能》を選択します。
⑤ 一覧から《MOS Word 365&2019 Expert》を選択します。
⑥ 《アンインストール》をクリックします。
⑦ メッセージに従って操作します。

模擬試験プログラムをインストールすると、プログラム以外に次のファイルも作成されます。
これらのファイルは模擬試験プログラムをアンインストールしても削除されないため、手動で
削除します。

その他のファイル	参照Q&A
「出題範囲1」から「出題範囲4」までの各Lessonで使用するデータファイル	Q&A11
模擬試験のデータファイル	Q&A11
模擬試験の履歴	Q&A12
シリアルキー	Q&A13

Q&A ファイルの削除

11 「出題範囲1」から「出題範囲4」の各Lessonで使用したファイルと、模擬試験のデータファ
イルを削除するにはどうしたらいいですか？

次の手順で削除します。

> ① タスクバーの ■ （エクスプローラー）をクリックします。
> ②《ドキュメント》を表示します。
> ※CD-ROMのインストール時にデータファイルの保存先を変更した場合は、その場所を表示します。
> ③ フォルダー「MOS-Word 365 2019-Expert（1）」を右クリックします。
> ④《削除》をクリックします。
> ⑤ フォルダー「MOS-Word 365 2019-Expert（2）」を右クリックします。
> ⑥《削除》をクリックします。

12 模擬試験の履歴を削除するにはどうしたらいいですか？

パソコンに保存されている模擬試験の履歴は、次の手順で削除します。
模擬試験の履歴を管理しているフォルダーは、隠しフォルダーになっています。削除する前
に隠しフォルダーを表示しておく必要があります。

> ① タスクバーの ■ （エクスプローラー）をクリックします。
> ②《表示》タブ→《表示/非表示》グループの《隠しファイル》を ☑ にします。
> ③《PC》をクリックします。
> ④《ローカルディスク（C：）》をダブルクリックします。
> ⑤《ユーザー》をダブルクリックします。
> ⑥ ユーザー名のフォルダーをダブルクリックします。
> ⑦《AppData》をダブルクリックします。
> ⑧《Roaming》をダブルクリックします。
> ⑨《FOM Shuppan History》をダブルクリックします。
> ⑩ フォルダー「MOS-Word365＆2019 Expert」を右クリックします。
> ⑪《削除》をクリックします。

※フォルダーを削除したあと、隠しフォルダーの表示を元の設定に戻しておきましょう。

13 模擬試験プログラムのシリアルキーを削除するにはどうしたらいいですか？

パソコンに保存されている模擬試験プログラムのシリアルキーは、次の手順で削除します。
模擬試験プログラムのシリアルキーを管理しているファイルは、隠しファイルになっていま
す。削除する前に隠しファイルを表示しておく必要があります。

① タスクバーの ■ （エクスプローラー）をクリックします。
② 《表示》タブ→《表示/非表示》グループの《隠しファイル》を☑にします。
③ 《PC》をクリックします。
④ 《ローカルディスク（C:）》をダブルクリックします。
⑤ 《ProgramData》をダブルクリックします。
⑥ 《FOM Shuppan Auth》をダブルクリックします。
⑦ フォルダー「MOS-Word365&2019 Expert」を右クリックします。
⑧ 《削除》をクリックします。

※ファイルを削除したあと、隠しファイルの表示を元の設定に戻しておきましょう。

Q&A 模擬試験プログラムを使用しない場合の注意点

14 模擬試験プログラムを使わずに、問題ファイルを直接開いて操作することはできますか？

問題ファイルを直接開いて操作することはできますが、文書パーツの挿入や編集に関する問題には解答できません。
次の問題を解答するには、模擬試験プログラムを起動して操作してください。

第1回	プロジェクト1 問題（3）、プロジェクト9 問題（1）
第2回	プロジェクト2 問題（2）、プロジェクト7 問題（4）
第3回	プロジェクト8 問題（2）、プロジェクト9 問題（1）
第4回	プロジェクト9 問題（1）
第5回	プロジェクト1 問題（2）・問題（4）

Q&A パソコンの環境について

15 画面の解像度はどうやって変更したらいいですか？

画面の解像度は、次の手順で変更します。

① デスクトップを右クリックします。
② 《ディスプレイ設定》をクリックします。
③ 左側の一覧から《ディスプレイ》を選択します。
④ 《ディスプレイの解像度》の☑をクリックし、一覧から選択します。

16 Office 2019／Microsoft 365を使っていますが、本書に記載されている操作手順のとおりに操作できない箇所や画面の表示が異なる箇所があります。なぜですか？

Office 2019やMicrosoft 365は自動アップデートによって、定期的に不具合が修正され、機能が向上する仕様となっています。そのため、アップデート後に、コマンドの名称が変更されたり、リボンに新しいボタンが追加されたりといった現象が発生する可能性があります。本書に記載されている操作方法や模擬試験プログラムの動作確認は、2021年2月現在のWord 2019（16.0.10369.20032）またはMicrosoft 365（16.0.13530.20418）に基づいて行っています。自動アップデートによってWordの機能が更新された場合には、本書の記載のとおりにならない、模擬試験プログラムの採点が正しく行われないなどの不整合が生じる可能性があります。あらかじめご了承ください。
※Officeのバージョンの確認については、Q&A5を参照してください。

17 パソコンにインストールされているOfficeが2019／Microsoft 365ではありません。他の
バージョンのOfficeでも学習できますか？

他のバージョンのOfficeでは学習することはできません。
※模擬試験プログラムの標準解答のアニメーションとナレーションは確認できます。

18 パソコンに複数のバージョンのOfficeがインストールされています。模擬試験プログラムを
使って学習するのに何か支障がありますか？

複数のバージョンのOfficeが同じパソコンにインストールされている環境では、模擬試験プ
ログラムが正しく動作しない場合があります。Office 2019／Microsoft 365だけの環境
にして模擬試験プログラムをご利用ください。

19 OneDriveの同期を一時停止するにはどうしたらいいですか？

OneDriveの同期を一時停止するには、次の手順で操作します。

① タスクバーの ☁ (OneDrive)をクリックします。
②《ヘルプと設定》→《同期の一時停止》をクリックします。
③ 一覧から停止する時間を選択します。

20 パソコンにプリンターが接続されていません。このテキストを使って学習するのに何か支障
がありますか？

パソコンにプリンターが物理的に接続されていなくてもかまいませんが、Windows上でプ
リンターが設定されている必要があります。接続するプリンターがない場合は、「**Microsoft
XPS Document Writer**」を通常使うプリンターに設定して操作してください。
次の手順で操作します。

① ⊞ (スタート)をクリックします。
② ⚙ (設定)をクリックします。
③《デバイス》をクリックします。
④ 左側の一覧から《プリンターとスキャナー》を選択します。
⑤《Windowsで通常使うプリンターを管理する》を ☐ にします。
⑥《プリンターとスキャナー》の一覧から「Microsoft XPS Document Writer」を選択します。
⑦《管理》をクリックします。
⑧《既定として設定する》をクリックします。

索引

Index 索引

索引

そ

た

ち

て

と

は

ひ

ふ

■CD-ROM使用許諾契約について

本書に添付されているCD-ROMをパソコンにセットアップする際、契約内容に関する次の画面が表示されます。お客様が同意される場合のみ本CD-ROMを使用することができます。よくお読みいただき、ご了承のうえ、お使いください。

使用許諾契約

この使用許諾契約（以下「本契約」とします）は、富士通エフ・オー・エム株式会社（以下「弊社」とします）とお客様との本製品の使用権許諾です。本契約の条項に同意されない場合、お客様は、本製品をご使用になることはできません。

1.（定義）
「本製品」とは、このCD-ROMに記憶されたコンピューター・プログラムおよび問題等のデータのすべてを含みます。

2.（使用許諾）
お客様は、本製品を同時に一台のコンピューター上でご使用になれます。

3.（著作権）
本製品の著作権は弊社及びその他著作権者に帰属し、著作権法その他の法律により保護されています。お客様は、本契約に定める以外の方法で本製品を使用することはできません。

4.（禁止事項）
本製品について、次の事項を禁止します。

① 本製品の全部または一部を、第三者に譲渡、貸与および再使用許諾すること。

② 本製品に表示されている著作権その他権利者の表示を削除したり、変更を加えたりすること。

③ プログラムを改造またはリバースエンジニアリングすること。

④ 本製品を日本の輸出規制の対象である国に輸出すること。

5.（契約の解除および損害賠償）
お客様が本契約のいずれかの条項に違反したときは、弊社は本製品の使用の終了と、相当額の損害賠償額を請求させていただきます。

6.（限定補償および免責）
弊社のお客様に対する補償と責任は、次に記載する内容に限らせていただきます。

① 本製品の格納されたCD-ROMの使用開始時に不具合があった場合は、使用開始後30日以内に弊社までご連絡ください。新しいCD-ROMと交換いたします。

② 本製品に関する責任は上記①に限られるものとします。弊社及びその販売店や代理店並びに本製品に係わった者は、お客様が期待する成果を得るための本製品の導入、使用、及び使用結果より生じた直接的、間接的な損害から免れるものとします。

よくわかるマスター
Microsoft® Office Specialist
Word 365&2019 Expert
対策テキスト&問題集
（FPT2015）

2021年 3 月31日　初版発行
2024年 9 月16日　初版第 8 刷発行

著作／制作：富士通エフ・オー・エム株式会社

発行者：山下　秀二

発行所：FOM出版 （富士通エフ・オー・エム株式会社）
　　　　〒212-0014　神奈川県川崎市幸区大宮町 1 番地 5　JR川崎タワー
　　　　　　　　　　株式会社富士通ラーニングメディア内
　　　　https://www.fom.fujitsu.com/goods/

印刷／製本：アベイズム株式会社

表紙デザインシステム：株式会社アイロン・ママ

📖 FOM出版 のシリーズラインアップ

定番の よくわかる シリーズ

「よくわかる」シリーズは、長年の研修事業で培ったスキルをベースに、ポイントを押さえたテキスト構成になっています。すぐに役立つ内容を、丁寧に、わかりやすく解説しているシリーズです。

資格試験の よくわかるマスター シリーズ

「よくわかるマスター」シリーズは、IT資格試験の合格を目的とした試験対策用教材です。

■MOS試験対策

■情報処理技術者試験対策

ITパスポート試験　　　　基本情報技術者試験

FOM出版テキスト
最新情報 のご案内

FOM出版では、お客様の利用シーンに合わせて、最適なテキストをご提供するために、様々なシリーズをご用意しています。

FOM出版　🔍検索

https://www.fom.fujitsu.com/goods/

FAQ のご案内

［テキストに関する
よくあるご質問］

FOM出版テキストのお客様Q&A窓口に皆様から多く寄せられたご質問に回答を付けて掲載しています。

FOM出版　FAQ　🔍検索

https://www.fom.fujitsu.com/goods/faq/